盆景美学

与

创作技法

薛以平 著

中国林業出版社
China Forestry Publishing House

薛以平简介

薛以平，1962年12月出生，汉族，早年就读于著名的“211”大学——华中农业大学，选修园艺专业。现为江苏省园林与盆景艺术家协会副主席，江苏省盆景协会联盟副主席，中国风景园林学会花卉盆景赏石分会常务理事，连云港市非物质文化遗产盆景制作技艺代表性传承人，高级工程师，盆景高级技师，江苏盆景作家。

20世纪80年代开始从事盆景栽培及艺术创作，理论功底深厚，创作经验丰富，先后在国家级专业刊物上发表有影响力的论文数十篇，制作盆景数百件，且大多数被业内知名人士收藏。曾多次参加全国盆景创作大赛均获金奖，其中2019全国盆景职业技能竞赛总分第一名，2020（人社部）全国盆景职业技能竞赛理论第一名、总分第三名（树木组）。作品先后在全国各类展览中获得数十枚奖牌，其中，国家级展览金奖9枚。是一位集深厚理论与丰富实践于一体的盆景作家。

作者在2020全国盆景职业技能竞赛决赛现场

图书在版编目（CIP）数据

盆景美学与创作技法 / 薛以平著. -- 北京：中国林业出版社, 2022.9

ISBN 978-7-5219-1708-6

Ⅰ. ①盆… Ⅱ. ①薛… Ⅲ. ①盆景—观赏园艺 Ⅳ. ①S688.1

中国版本图书馆CIP数据核字(2022)第094064号

封面题字： 刘传刚

责任编辑： 张华

出版 中国林业出版社（100009 北京市西城区刘海胡同 7 号）
http://www.forestry.gov.cn/lycb.html

电话 （010）83143566

发行 中国林业出版社

印刷 北京博海升彩色印刷有限公司

版次 2022 年 9 月第 1 版

印次 2022 年 9 月第 1 次印刷

开本 889mm × 1194mm 1/16

印张 19

字数 569 千字

定价 298.00 元

盆景美学
与创作技法

序一

Foreword One

博大精深的中华传统文化，是多种哲学思想完美的文化，具有高度的包容性和涵盖性，其主要哲学体系中的儒、道、禅哲学基础，在历史发展中相互渗透融合，形成了具有中华民族特色的传统美学思想，并一直指引着中华传统艺术的发展，是盆景艺术的根基和创新发展的源泉。

薛以平先生执着追求盆景艺术多年，近些年来，在积累了一定实践经验的基础上，致力于盆景理论的研究，特别是盆景美学渊源上的探索，并以此为主题，默默耕耘，经过多年的不懈努力，完成了近 50 万字的《盆景美学与创作技法》一书的艰巨编著工作。全书分上、中、下三篇及附属四个部分，上篇概括阐述儒、道、禅以及相关联的《易传》，玄学的哲学和美学思想精髓，论证了其对盆景艺术的形式内涵、意蕴境界的深刻影响；中篇以儒、道、禅为立论依据，对美学理念在盆景创作中的运用和表现，包括盆景美的来源、盆景美的本质、盆景美的形态和表现形式以及盆景美的创造和鉴赏等一系列盆景美学命题进行较系统的论证阐释；下篇以图文形式，对盆景创新中的常用科学和创新技法进行了具有可操作性的、具体的讲解示范。

盆景文化起源于中国，历史悠久，源远流长，经几度兴衰，至近几十年得到迅猛发展，但由于受多重因素的局限，盆景艺术自身的理论体系尚有待进一步充实完善，而继承和创新仍是当今盆景界面临思考的重要课题。

《盆景美学与创作技法》一书，图文并茂，以盆景美学为主题，以传统美学为理论基础，以盆景命题的形式贯穿全书，书中引用大量相关资料，对盆景艺术的源头，儒、道、禅的哲学基础及其互补包容所形成的传统美学思想和本质特征、核心灵魂、最高境界等作出系统阐述，其论点明确、论证概括到位、层次分明，让读者在盆景美学的历史根源和文化脉络上增进了认知和共识，而在盆景命题的阐述部分，具有一定新意，特别是诸如“盆景的空寂之美”“禅宗自然的心相化及于盆景艺术的意义”“般若观照与盆景艺术的审美体验”等，是以前尚未有人提出的新命题，其中对禅意、禅境的审美表现和写意盆景的意蕴表达的论述，有独到之处。作者还列举了不少盆景作品实例，逐项、系统地进行论证阐述，这对构建盆景美学的基本架构提供了相当有价值的启示和参考。

《盆景美学与创作技法》一书的出版，是对盆景艺术理论的进一步充实完善，对盆景艺术的传播以及在继承传统民族文化的基础上，结合现代审美理念、先进技艺等现代元素不断创新，更好地向更高层次发展，将起到十分重要的作用。

《盆景美学与创作技法》是一部不可多得的好书，建议认真阅读，相信定当会受益多多。

中国盆景艺术大师 郑永泰

2022 年 2 月 20 日

壬子歲七月五日雲林生寫
屋角春風多杏花小齋容膝
度年華金梭躍水池魚戲彩鳳
棲林澗竹斜亹亹清談霏玉屑
蕭蕭白髮岸烏紗而今不二韓
康價市上懸壺未足誇甲寅三
月四日檗軒翁復携此圖來索
謬詩贈寄仁仲醫師且錫山
予之故鄉也容膝齋則仁仲燕
居之所他日將歸故鄉登斯齋
持卮酒展斯圖為仁仲壽當
遂吾志也雲林子識

序二

Foreword Two

如果园林是把某一代表性自然景观提炼性地放置于一块场地中形成的作品的话，则盆景就是把某一代表性景观经过抽象化处理浓缩于一盆钵中形成的作品。可想而知，在哲学思想与文化艺术方面，盆景要比园林更深奥和更有内涵。所以，对于盆景理论和盆景美学等方面的探讨就显得十分必要。

众所周知，由于我国盆景界专业人士多重作品创作轻理论探讨、多重技术总结轻学术研究，多年来，在出版发行的盆景书刊中，多以作品集和技术性总结为主，鲜有理论探讨研究著作，这在一定程度上限制了我国盆景艺术水平的提高和盆景事业的快速发展。

著者以平学兄早年求学于华中农学院（现改名为华中农业大学），选修园艺专业，自 20 世纪 80 年代开始盆景理论探讨和创造实践，在专业刊物上发表有影响力的研究文章数十篇，获得全国性盆景展览奖项多项，显示出著者深厚的理论功底和丰富的创作经验。《盆景美学与创作技法》就是其理论研究与创作作品的代表性力作。

《盆景美学与创作技法》分为上、中、下三篇，分别进行盆景文化基础研究、盆景美学命题论述以及盆景创作技法总结。在上篇的盆景文化基础研究部分，提出作为中国传统美学哲学基础的儒、道、禅是盆景艺术的“源头”“活水”：盆景的和谐美、温柔敦厚的中和之美来自儒家思想，简洁空灵的自然美来自道家思想，以写意为特色的清高淡远的意境美来自禅宗思想。在中篇的盆景美学命题论述部分，分专题对于盆景美学进行详尽创新性探讨，不少具有新意，读后收益颇丰，表现出著者敏锐的观察力和深邃的思考力。在下篇的盆景创作技法部分，以图文形式总结了实用的盆景创作技术方法。总之，本书试图以中国传统哲学思想为理论基础，以盆景美学命题形式、内在相连的逻辑结构，构建盆景美学与技法的基本架构。

最后，期待着以平学兄《盆景美学与创作技法》大作的出版，能够对于我国盆景理论研究的推进和盆景创作技术水平的提高起到大的推动作用。

清华大学建筑学院景观学系教授
清华大学建筑学院绿色疗法与康养景观研究中心主任
中国风景园林学会园林康养与园艺疗法专业委员会主任

2022 年 5 月 10 日

前言

Preface

“半亩方塘一鉴开，天光云影共徘徊。问渠那得清如许？为有源头活水来”这是南宋大儒、理学大师朱熹的一首哲理诗，用源头之水对方塘清新的重要性来启示人们加强对知识的学习与更新。

赵庆泉大师在《再谈盆景的继承和创新》一文中明确指出：“盆景的继承，首先是激活传统盆景文化中有价值的资源，使之成为今天盆景的源头活水。”他在谈到如何具体继承时又说道：“盆景艺术的继承，并不仅仅局限于盆景本身。中华民族的传统文化博大精深，其三大主要哲学体系——儒、道、禅，对包括盆景在内的各类艺术深刻影响，应该从整个传统文化中汲取营养。”赵庆泉大师的这一论述极有启示意义。

中国主要哲学体系中的儒、道、禅是中国传统美学的哲学基础，其中蕴含着丰富的美学思想，而这些丰富的美学思想正是盆景艺术的“源头”“活水”，比如，盆景的和谐美、温柔敦厚的中和之美来自儒家思想，简洁空灵的自然美来自道家思想，以写意为特色的清高淡远的意境美来自禅宗思想，盆景的阳刚之美和阴柔之美则来自以儒、道为哲学基础的《易传》所阐发的美学思想……传统美学不仅为盆景艺术美的来源、审美标准、美的形式等给予了阐发，而且对盆景艺术创作提供了具有民族特色的方法论。可以说传统美学包罗万象，堪称中华美学宝库，盆景美的来源、美的本质、美的创造在其中都能找到答案；师自然、师造化、观物取象等理论都来自于其中；盆景的自然美、意境美这两个最核心审美范畴追根溯源也来自于这一艺术宝库。可以说传统美学是盆景艺术的根基也是盆景艺术创新永不枯竭的源泉。深入研究和探讨传统美学并从中体悟美学意蕴对盆景艺术创作创新具有不可替代的现实意义和深远意义。

具象盆景艺术及意象盆景艺术是当下盆景艺术的两种主要艺术表现形式，具象盆景就是利用盆景艺术语言，按照创作需要和美的规律法则，进行集中概括和综合的艺术处理，艺术形象具有写实性，主要以再现自然美、歌颂自然美为主，作者认为具象盆景艺术是当今盆景的主体；意象盆景是盆景艺术家审美理想和审美意蕴追求的体现，作品形式简洁、空灵，具有虚拟性、感性、想象性、情感性的特点，所表现的往往是“景”即“我”“我”即“景”“景”“我”圆融统一的天人合一的审美境界。当今部分优秀的文人树盆景，部分具有诗情画意、蕴含清高淡远意境的水旱盆景、山水盆景等均属于此类。意象盆景艺术追根溯源是道家尤其是禅宗思想的产物。我们认为，意象盆景艺术表现形式更有艺术性，更有韵味，更有个性，虽然不是当今盆景艺术的主体，但随着人们审美的进一步觉醒，必定会成为盆景艺术发展方向的艺术主流。然而，不管是具象盆景艺术还是意象盆景艺术都离不开传统哲学以及传统美学的哺育，这是具有东方特色艺术的根基，也是盆景艺术创新发展的源泉和动力，立足于这一艺术宝库，发扬光大盆景艺术，正是我撰写拙作的目的所在。

本书以中国传统儒、道、禅等美学思想为理论基础，以盆景美学命题的形式，以内在相连的逻辑结构，试图构建盆景美学的基本架构。其中阐发的部分盆景美学命题具有一定的前瞻性或者新意，如“盆景的空寂之美”“盆景的禅意及禅意表现”“‘比德’的美学意蕴及在盆景艺术上的应用”“禅宗自然的心相化及于盆景艺术之意义”“般若观照与盆景艺术的审美体验”“盆景美的阐释”等，这些盆景美学命题，不仅涉及盆景美学认识论、审美方法论、审美创造论，而且涉及盆景美的本质、盆景美的鉴赏等一系列盆景美学问题。本书对这些以前未曾或者说很少从理论层面论及的盆景美学问题都进行了系统阐发。

本书分为上篇、中篇、下篇及附属四个部分。上篇为理论基础篇。概括阐述了和盆景艺术紧密相关的儒、道、禅哲学及美学思想。并且为了方便阐述，保持美学思想发展的延展性以及关联性，将由《易传》阐发的古典美学思想归入儒家美学思想一大类中；将魏晋玄学（有的学者称为新道家）及其阐发的美学思想并入道家美学思想一大类中；中篇为盆景美学篇。以分论的形式阐发盆景美学命题与盆景艺术的融合及应用；下篇为实践应用篇。以图文形式阐释了目前常用的较为先进的盆景创作技法；附属部分包括部分作品赏析及作者在美学理论指导下培养的具有潜在艺术价值的素材展示。

需要说明的是，中国传统哲学以及传统美学的博大精深不是区区几个篇章、几个命题就可以概括的，本人所体悟并阐发的盆景美学命题也只不过是沧海一粟，对一些美学命题的理解也只是囫囵吞枣，对一些美学观点的看法也仅局限于管中窥豹，即使如此，所得一斑也仅仅是浅尝辄止而已。谨以此抛砖引玉吧！

薛以平

2022 年 3 月 10 日

目录

Contents

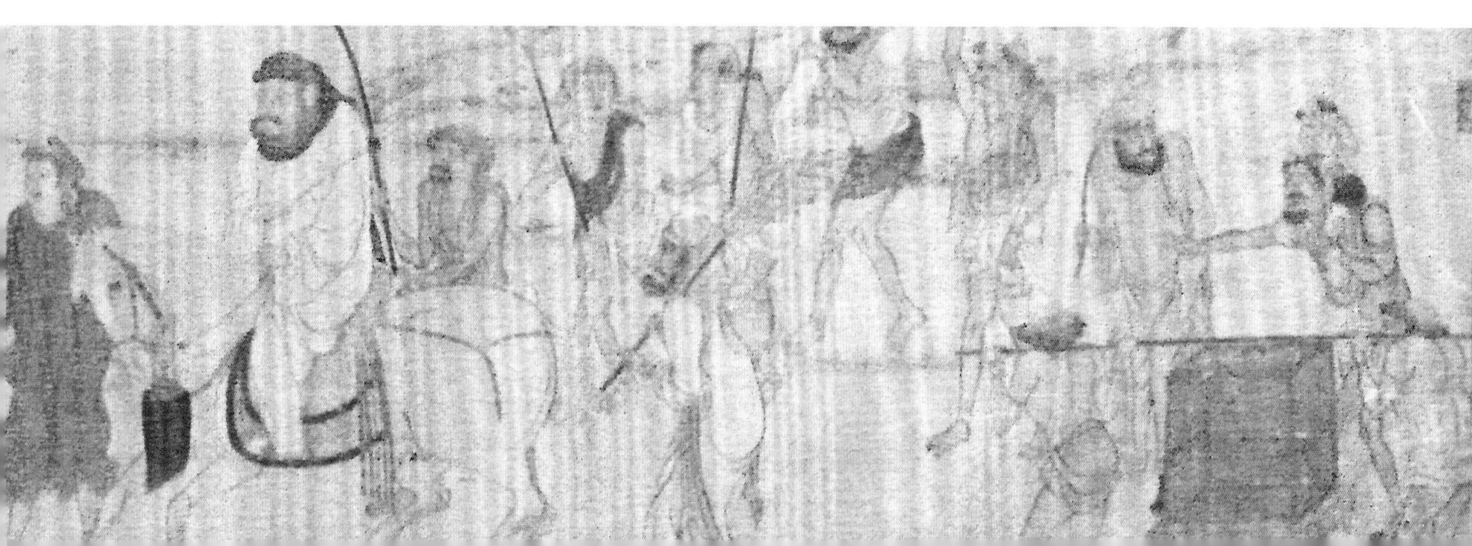

上篇

盆景美学的理论基础

在中国儒、道、禅等古典哲学基础上逐步发展形成的美学思想，博大精深，源远流长。在众多思想流派中，以孔子、孟子、荀子为代表的儒家思想，以老子、庄子为代表的道家思想，以六祖慧能为代表的禅宗思想，对中国传统美学影响最大。

儒家思想构成中国传统美学的文化基础。它始终不脱离通过人与社会的关系去观察美和艺术问题，高度重视道德人格美以及审美与艺术对陶冶人的道德情操、实现社会和谐的重大作用，因此尽善尽美是儒家追求的最高理想。

道家思想构成中国传统美学的自然观和方法论基础。它从“道”的本体论出发，把美与艺术同人类生活中超功利的自由境界联系起来，从自然与自由的统一上来观察美与艺术问题。道家的崇尚自然，主张心灵观照、无为而无不为、见素抱朴的辩证法思想，对艺术审美、艺术创作实践乃至艺术理论的丰富和发展均产生了深远的影响。

禅宗思想以“空观”为理论基础，以“禅、心、悟”为理论纲骨，追求超越的自由境界。它从主体心灵自由出发，通过内省直觉顿悟的认识方法，感悟超越一切的艺术境界。对传统美学审美境界产生了突破性影响。

此外，以儒道为基础的《易传》、新道家魏晋玄学等也都从各自角度阐发了其美学思想。它们共同构成了具有我国民族特色的传统美学体系。

概括地讲，儒家美在文明、文化；道家美在自然；禅宗美在空灵。

中国传统美学的基本特征是强调天人合一，心物感应，强调主观心灵感受和意趣抒发，讲求写意、情感寄托，将理性、功利、伦理道德融于美感直觉，不主张对现实物象的机械式模仿。这些和西方美学有本质不同（西方美学追求的是对客观物象的逼真描写）。同时在方法论上和西方美学也有本质区别，西方钟情于“美是什么”，而中国传统美学追求的是“美从哪里来”。

中国传统美学的上述特征，在传统艺术领域尤其是绘画、园林以及盆景艺术等视觉艺术领域得到了充分运用并在应用实践中得到了丰富和发展：认为艺术的本质是情景交融的审美意象；人与现实的审美关系的基本特征是以天人合一为基础的情以物兴，物以情观，神与物游的关系中实现主客体圆融统一，产生艺术的表现。

意境是包括盆景艺术在内的中国传统艺术的灵魂和核心，它是超以象外的审美境界，意境创造既要“外师造化”，又需“中得心源”，意境的创成既需要“庄子的超旷空灵”，又需要“屈原的缠绵悱恻”。

真善美是中国传统艺术追求的最高境界，艺术美应当乐而不淫，哀而不伤，不偏不倚，中正无邪。

在艺术表现上，以气韵为先，不追求单纯的形似，也不追求脱离形似的抽象主义，而是强调“形神兼备”；在形式美上注重把形式因素同主观情志相联系，而不是把形式作为孤立的纯粹外饰，即主张形式和内容的高度统一。

纵观艺术发展史，以哲学为基础的传统美学思想自始至终都伴随着包括盆景艺术在内的中国传统艺术的发展，指引着包括盆景艺术在内的中国传统艺术的前进方向。深入研究传统美学思想并创新运用到盆景艺术创作中，对盆景艺术的传播推广以及向更高层次发展具有十分重要的意义。

01 儒家及《易传》主要美学思想及对盆景美学的贡献

第一节　儒家美学主要内容特征及对盆景美学的贡献

孔子是儒家美学的创始人，他继承和发展了中国古代礼乐制度，以包含理性内容的“仁学”为基础，从人的内在心理要求出发，去探讨现实生活中的审美和艺术问题，并以此展开了儒家美学一系列命题。

儒家历来把“诗”“乐”“艺”看作“成孝敬、厚人伦、美教化、移风俗”的重要手段，看成实现“仁学”、定国安邦的必由之道。注重美学的社会教化功能是儒家美学的根本特征。儒家美学命题都是围绕这个根本展开的。

一、儒家美学主要内容、特征

（一）“诗”“乐”“艺”是实现“仁”“礼”的重要手段

孔子强调“志于道，据于德，依与仁，游于艺”。意思是说，以道为方向，以德为立脚点，以仁为根本，通过熟练掌握技艺而获得自由和愉快。在他看来，“诗”“乐”“艺”对于实现“仁”“礼”十分重要。“诗可以兴，可以观，可以群，可以怨。”所谓兴，即引譬言类，感发意志，通过某一个别形象比喻，可以使人通过联想领会到带有社会性的道理，并用艺术的形象去教育人、感染人；所谓观，即观风俗之盛衰，体社会精神之状态；所谓群，即通过艺把人陶冶得具有社会责任感，与人们和谐相处，能自觉行“仁”，推动社会和谐发展；所谓怨，即可以在符合伦理道德的前提下对情感欲求的合理诉求。总之，诗能激发人兴起扬善去恶之心，“乐”有助于陶冶人的性情，唤起道德之心，“艺”更能让人自由和愉快，使人情操升华。其目的都是在唤起“仁爱之心”，造就“仁人君子”。同时，孔子所提出的“兴于诗，立于礼，成于乐”的育人思想，实质上可以归结为儒家审美教育思想，美学最终统一于伦理学，服务于社会教化功能。

孔子像

孟子像

（二）尽善尽美是儒家美学追求的最高境界

尽善尽美的美学命题出自《论语·八佾》，“子谓韶，‘尽美矣，又尽善也。’谓武，‘尽美矣，未尽善也。’”虽然都作为礼制音乐，《韶乐》所体现的内容为尧舜禅让之事，表达了一种仁义礼智的理想，是符合道德要求的，故而孔子评其为“尽善尽美”；而《武乐》表现了战争内容，不符合道德要求，所以，孔子认为尽美而未尽善。作为古代著名教育家，孔子也酷爱音乐艺术，对音乐艺术造诣很深。《论语·述而》中讲到，孔子在齐国听到《韶乐》时，“竟三月不知肉味”，说明孔子对美善高度统一的艺术境界是极为欣赏的。

在“尽善尽美”论中，孔子首次将“善”“美”的哲学范畴创造性地引用到自己的美学观念中，既肯定“善”和“美”的联系，即“美”是“善”的

题名：儒雅胸怀
树种：真柏
作者：邓衍明

题名：鹤立
树种：真柏
作者：赵庆泉

题名：傲骨凌风
树种：真柏
作者：石景涛

题名：凛然正气
树种：金弹子
作者：周润武

外在表现，“善”是“美”要表现的内容，“善”只有通过“美”的形式才能表现出来；但又首次将二者加以区分，“善”是对艺术的社会作用和伦理道德的规范和要求，“美”则是艺术形式的审美评价和要求。将“善”“美”并列，并把“尽善”的内容和完美形式的统一视为艺术的最高境界，是儒家美学目标，充分体现儒家思想对艺术理想的追求。

孔子把美善统一的要求延伸到人格修养，又强调了文质统一，提出了“文质彬彬”命题。子曰：“质胜文则野，文胜质则史，文质彬彬然后君子。”意思是说，质朴胜过了文采则显得粗野，文采胜过了质朴则显得华而不实，只有文和质配合适宜，才可以成为有学问有修养的人。真正的仁人君子，修养必须是全面的，只有高尚的道德品质还不够，还须有文化素养；同样，仅有文采之美也不够，还须有“仁”“善”的道德伦理品质。

儒家学派另一代表人物孟子，继承和发展了孔子美善统一、文质统一的美学思想，把人格美提升到更高的高度。孟子提出的把人格精神、道德上的善同人的审美愉悦相联系是对孔子美学的进一步发展，也是孟子美学对中国传统美学的重大贡献之一。

“浩然之气”是孟子主张的人格美的最高境界，它是指个体的情感意志与个人所追求的伦理道德目标交融统一所产生出来的一种精神境界。“穷则独善其身，达则兼济天下”“富贵不能淫，威武不能屈，贫贱不能移，至大至刚，无所畏惧”。高尚的人格必将催生高尚的审美境界。

（三）儒家的“天人合一”美学思想其精神实质是通向审美的

儒家的“天人合一”思想萌芽于孔子，历经诸代儒家的继承与阐扬，到了宋明理学时期已表现出完备的思维形式，形成了主客观统一的具有审美意义的美学命题。儒家所指的天，主要是自然之天和道德之天，称之为“天理”。孔子把天作为主宰一切的力量，对天怀有敬畏之心。“生死有命，富贵在天”，天人合一是建立在天道和人道的统一上。孟子继承了孔子的天命观，形成了以“性善论”为理论基础，以“人”为中心的“天人合一”思想。孟子曰：“诚者，天之道也，诚之者，人之道也”，意思是说：“诚实是天道法则，做到诚实是人道法则”。由此可见，孟子“天人合一”思想实质还是天道和人道的统一，但更强化了人的主体性和道德伦理的自觉性。

儒家另一代表人物荀子，在继承孔子“天人合

题名：惊涛秋韵图
树种：千层石
作者：张长青

一”思想的同时，提出了“天人相分”“制天命而用之”的思想。荀子认为“天”“人”具有不同的含义，“天”指自然界及其规律，它的存在及运行规律是不以人的意志为转移的；“人”是客观世界中之一物，是有知识、有道德、有认知能力的特殊存在物，“是为天下贵”。主张尊重自然规律，顺应天道的同时，应该积极有为，改造自然，不要坐等自然赐予。荀子的这一主张弥补了庄子消极无为的思想。

汉代著名儒家人物董仲舒对儒学做了改造，提出了“天人感应”说，强调天与人的一致性：“春，喜气也，故生；秋，怒气也，故杀；夏，和气也，故美；冬哀气也，故藏。四者，天人同有之。”天能干预人事，人亦能感应上天。自然可以体现人的情感和道德理想，“仁者乐山，知者乐水”。审美主体和审美客体存在比德关系，将天人统一起来。宋明理学堪称儒家“天人合一”美学思想集大成者，理学家们将“天人合一”建立在人的心性的基础上，将本没有思想感情的“天”（自然）人情化，同时又将本不具形象的情感思想形象化，既移情于物，又移物于情，情物合一。这种阐发实质上已经将“天人合一”的儒家思想上升为艺术的审美境界。清代著名戏曲家、小说家李渔说：“才情者，人心之山水；山水者，天地之才情。”明代著名画家、画论家董其昌谈山水画时说：“诗以山川为境，山川亦以诗为境。”事实上，进入审美情境中的自然无不是人的情感思想的化身，已与原初的自然有了性质上的差异，“天”与“人”浑然一体。

（四）“中庸”的美学批评尺度，“过犹不及”的中和准则，“乐而不淫，哀而不伤”的艺术心理效果

“中庸”的提出始于孔子。“中庸之为德也，甚至矣乎！”当代著名历史学家庞朴先生认为“中庸”包含“执两用中，用中常道，中和可常行”三层相互关联的意思。“过犹不及”“叩其两端”“允执其中”，这就是“中庸”思想所包含的基本思维法则，它隐含着对事物矛盾关系的辩证认识及合理调和法则，是儒家哲学、儒家美学的重要方法论和本体论，中庸目的是为了达到一种中和的状态。儒家美学强调情感的心理需求要“止乎礼仪”“乐而不淫，哀而不伤”情为理制的认识，便成了审美上中庸的基本准则，为儒家所充实发展。

子思继承和发展了孔子的中庸思想，提出“中和”范畴。“喜怒哀乐之未发，谓之中；发而皆中节，谓之和。中也者，天下之大本也；和也者，天下之达道也。致中和，天地位焉，万物育焉。”“中”指的是喜怒哀乐情感未发时的平常状态，它是天地的根本；“和”是喜怒哀乐情感发生了，但适中有节度，这是天下共同遵循的法度。达到了中和状态，天地就会各安其位，万物就会生长发育。“中和”这一美学范畴饱含着浓厚的政治道德观念，因此“中和”的概念既指美学的，也是指道德的。

前文述及，在儒学体系中，“仁”是总体道德内容，“礼”是总体的道德规范，两者构成了儒学

题名：历尽沧桑
树种：石榴
作者：张忠涛

总纲。“孝”“悌”“忠”“信”等是“仁”与“礼”体现在伦理规范中的要目，而“中和”则是“仁”与“礼”体现在一般为人处事上的总原则。“礼之用和为贵”，个人道德以“中庸为至”。孔子论艺术虽未直接讲过“中和”，但“乐而不淫，哀而不伤”情为理制的认识显然是儒家审美上中和的基本准则。

儒家“中和美”的思想包含两层含义，一是，艺术活动（包括审美、创作、评鉴等）应坚持“中庸”的尺度：“不偏不倚，叩其两端，允执其中”，“乐而不淫，哀而不伤”“过犹不及”是其规范；二是，“和”是指多样或对立统一，“和”是儒家追求的大美目标。“大乐与天地同和”，意思是说“壮美的音乐和天地和谐”，指的是音乐和天地的和谐统一。“中和为美”的美学思想是儒家哲学思想和美学思想的结晶。

早在西周时期，周太史史伯就提出“和”与“同”的概念，他说：“和实生物，同则不继”，说明不同的东西彼此和谐能生成新物，相同的东西相加只能停滞不前，主张去“同”而取“和”。他进一步论证说：“声一无听，物一无文，味一无果，物一不讲。”意思是说，“同一音调形不成动听的音乐，同一颜色形不成美丽的纹饰，同一味道构不成美食，同一物品形成不了多彩世界。”进一步说明“和”不是整齐划一的同类相加，而是在差异矛盾中现出和谐。事实上，“和”既是相融相和的状态，又是调节矛盾因素以达到均衡统一的方法，“和”以多样变化为基础，离开了多样变化，“和”自然不能产生。

汉代大儒董仲舒从“天人合一”的角度阐发了“中和之美”的产生。他在《春秋繁露》中说：“天地之美恶，在两和之处，二中之所来归，天地之美来归，而遂其为也。……中者，天下之所始终也；而和，天地之所生成也。夫德莫大于和，而道莫正于中。中者，天地之美达理也。……中者，天之用也，和者，天之功也，举天地之道而美于和。”他认为，“中”是天地之美的至理，是阴阳的平衡，是阴阳二气运行到的最理想位置；而“和”是由天地阴阳矛盾生成，是大德，天地之美来自“和”。“中”符合天地之道，“和”符合大德，所以中和是美的。

中和为美的美学思想已深深植根于中国传统文化，对文学艺术的发展产生了重要影响。

二、儒家美学思想对盆景美学的主要贡献

自先秦以来，儒家思想一直是中国的主流文化，对社会意识形态自始至终都产生着重要影响，尤其对包括盆景在内的艺术领域影响更为深刻。

首先，从宏观上看，儒家对道德人格的追求对包括盆景在内的艺术审美境界产生了极为重要的影响。深受儒家思想影响的中国传统艺术，历来重视人格美，并将人格美始终放在首要位置，艺术家高尚的品德可以催生优秀的作品，人品即作品已成共识。宋代郭若虚在《图画见闻志》中说：“人品既已高矣，气韵不得不高”，将人品和画品统一起来。明朝董其昌诟病赵孟頫身为赵宗室后人而仕于元朝。再如，蔡京的书法作品在古代不为人所称道的主要原因正是他的人品卑劣（被称为北宋六贼之一）。相反，梅、兰、竹、菊“四君子”备受人们推崇，并不是因为它们比别的植物更美，而是因为它们在中国传统文化中被视为完美人格的象征。儒家所秉承的“德成而上，艺成而下”的思想充分体现了人格美的重要性。中国传统文化历来将“品”放在首位，儒家思想对艺术审美影响之大，由此可见一斑。

盆景艺术历来都极为重视主体的人格道德修养，强调“德艺双馨”，并始终把“德”放在首位，盆景作家如果没有高尚的品德、坚韧不拔的意志、登高望远的胸怀是不可能创造出美的盆景作品的（参见中篇《盆景艺术之道》《论盆景艺术的创作境界》）。

其次，从儒家自然观上看，儒家从“天”（自然、自然之道）与“人”（人及人的意志情感、人道）的统一中寻找美的本质正是儒家美学的一大特色，由此阐发出来的“比德”说、“情景”说等美学命题，为盆景艺术审美创造提供了理论支撑。“仁者”之所以“乐山”，就是因为“山”有“仁”的品德，“智者”之所以“乐水”，就是因为“水”有“智者”的智慧。所以人可以与自然“比德”。（参见中篇《“比德”的美学意蕴及在盆景艺术上的应用》）。

儒家认为“人道”与“天道”的统一是美产生的根源，在审美活动中将情（人道）与景（自然、天道）统一起来去探寻美的本质，这也就是中国传统艺术意境产生的本源。这方面清人王夫之谈的最透彻、最深刻。他说：“情景名为二，而实不可离。神于诗者，妙合无垠，巧者则有情中景，景中情……情景一合，必得妙悟”，情与景的有机融合，正是中国传统艺术包括盆景艺术意境结构特征（参见中篇《盆景意境审美体系构成与创构途径》）。

再次，从儒家审美追求上看，儒家追求的尽善尽美、美善统一最高审美理想、中和为美的审美尺度等，为盆景艺术审美标准树立了标杆。盆景艺术具有一定的社会性，源于生活又反映生活，修身养性、陶冶情操也是盆景艺术的社会功能之一。因此，盆景艺术应该是、也必须是真善美的化身。此外，由中庸思想阐发出来的“中和为美”的美学命题，也是盆景美学追求的理想标准，其中不仅蕴含包括对盆景美的创造、鉴赏等审美活动的合理规范，而且为多样统一的和谐美创造提供了方法论（参见中篇《多干盆景中和美的艺术表现》）。

总而言之，从孔子直到宋明理学，儒家美学有其完整的逻辑发展过程。虽然儒家美学有其保守的一面，如过分强调艺术的社会功能忽视艺术的独立性，重善轻美，重理轻文。然而，儒家美学对中国传统文化的贡献和影响是巨大和深远的，中国艺术理论中的“比德”说、“明道”说、“风骨”说、“情景交融”说、“文以载道”说以及“中和之美”说等，都出自儒家美学思想，“尽善尽美”不仅是儒家追求的最高审美境界，同时也是一切中国传统艺术的最高审美追求。此外，中国文人历来注重人格修养，追求儒家风范，华夏民族的文化风采，有着儒家美学的深刻印记。

题名：海风吹拂五千年
规格：130cm × 75cm
石种、树种：龟纹石、对节白蜡
作者：贺淦荪

第二节　《易传》的美学思想及对盆景美学的贡献

《易传》是中国古代一部具有深远影响的哲学著作，相传为孔子或孔子后人所撰。《易传》继承了儒家思想，同时又吸收了部分道家思想，以阴阳为主立论，系统阐释了《易经》的主要思想，形成了一阴一阳为主要思想的哲学体系，其中蕴含了丰富的美学思想，是中国古典美学思想的重要组成部分，对后世艺术理论的形成和发展产生了深远的影响，也在盆景艺术领域留下深深的印记。如《易传》阐发的"美产生于运动变化"的美学思想，是后世"艺术遵循变化法则"的理论滥觞。同时，盆景艺术常用的"道法自然，意在笔先"的创作法则，盆景的美的形态（阳刚之美与阴柔之美），甚至是盆景线条的形式美规律等，无不来自《易传》所阐发的美学思想。

一、《易传》所阐发的美学思想

（一）"立象以尽意"的美学思想

人有制造符号使用符号的功能，易象就是先民创造的一种特殊的符号，通过卦象进行占卜活动。"易也者，象也；象也者，像也。"这里的"象"不是概念性的所指，而是一种法象，即圣人制定的行为法式。唐人孔颖达解释说："凡《易》者，象也，以物象而明人事，若诗之比喻也。"作家钱钟书先生也说："《易》之有象，取譬明理也；所以喻道，而非道也。"这些例子都说明"象"有取法象征之意。圣人取象制卦的目的就在于"以通神明之德，以类万物之情"，即与天地万物神明之德会通，与宇宙万象之美相联结。"象"在这里被赋予了形

题名：涌动的山林
树种：博兰
作者：王礼勇

题名：秋上枝头（花姿）
树种：木瓜
规格：高 118cm，宽 130cm
作者：薛以平

而上的意义，“在天成象，在地成形”。朱熹《周易本义》解释道“象者，日月星辰之属；形者，山川动植之属。”可见，“象”指在天之象，如日月星辰等天象，《系辞》称为“天文”；“形”指在地之形，如山川草木鸟兽，《系辞》称为“地理”。

“象”的呈现具有瞬时性、易变性；“形”一般指可以感知的实体，具有稳态性。“象”与天相通，“形”与地相应；“象”虚，“形”实；“象”隐，“形”显；“象”简，“形”繁；“象”概括，“形”具体；“象”偏重主体，“形”偏重客体；“象”与道通，“形”与器连；“象”靠想象才能摄取，“形”靠感官就能感知。“象”是形而上的，形乃形而下的。从这个意义上说，“象”有道家的“大象无形”之意。象的象征性、暗指性、不确定性正是一切艺术符号所具有的基本特征，是中国传统美学意象理论的滥觞。

不仅如此，《易传》对“象”这种特殊符号创造过程的解释也具有一定的美学意义。“古者庖羲氏之王天下也，仰则观象于天，俯则观法于地，观鸟兽之文与天地之宜，近取诸身，远取诸物，于是始作八卦，以通神明之德，以类万物之情。”这段话里所用的“仰”“俯”“观”“通”“类”等动词，生动地再现了圣人“观物取象”制作卦象的过程以及制象的目的意义，说明只有深入细致由表及里全方位地体察才能把握事物的本质，做到去粗存精，从繁杂的客观自然中概括提取并制作有象征意义、启示意义的“象”，这样才能“通神明之德”“类万物之情”。

“象”作为一种文化符号，不是物的模仿，而是一种融入主体情感主客观统一的“意象”。圣人之所以要苦心研究宇宙万物创造意象，其目的在于要探究自然社会的规律，用于“察以往而知未来”，表达自己的思想意志。《系辞上》有一段话说明了圣人创造意象的目的意义。原话是这样说的：子曰：“书不尽言，言不尽意。”然则圣人之意，其不可见乎？子曰：“圣人立象以尽意……”意思是说“书”“言”不能完全表达“意”的丰富的内容，所以用立象的方式来象征“意”。那么，为什么“书”“言”难以表达的圣人之意，而象能呈现出来呢？因为其具有“其称名也小，其取类也大，其旨远其辞文，其言曲而中，其事肆而隐”的特征，它以小喻大，以少总多，有限中含着无限，使得丰富复杂的意思蕴含于易象之中，使人寻思不尽。很显然，作为符号的“象”在表意功能上远远超过了作为符号的“言”，故可以尽意。从《易传》关于易象的解释我们不难看出，“象”不是摹拟的客观物象，而是蕴含圣人主观情意的“意象”，是主观与客观的统一，具象与抽象的统一，有限与无限的统一。虽然《易传》的这一论断具有神学的思想，但已具有后世“意象”理论的基本特征，如唐张璪提出的“外师造化，中得心源”论；唐司空图的“象外之象”论等，其美学思想是一致的，因此不能不说是中国审美符号的意象理论的滥觞，对后世意象理论、意境理论的形成和发展产生了深远的影响。

（二）阳刚阴柔的美学思想

阳刚阴柔的美学命题，系由《易传》阐发的阴阳说和天刚地柔的哲学思想演化而来。

《易传》认为宇宙间万物发展变化的根本动力在于阴阳的相磨相推，“一阴一阳之为道”。《系辞上》云：“是故易有太极，是生两仪，两仪生四象，四象生八卦，八卦定吉凶，吉凶生大业。是故，法象莫大乎天地，变通莫大乎四时，象县著明莫大乎日月。”《易传》把阴阳提升到了“范围天地之化”“弥纶天地之道”的哲学高度，通过阴阳的变化来解释宇宙自然社会人生的产生变化发展的规律。

中国古代的太极图（据传为宋朝著名道家陈抟所发明创作）深刻揭示了阴阳的运动变化规律。太极图由黑白组成，黑代表阴，白代表阳。黑从大到小，化入白；白由小变大又化入黑，阴阳相推互为转化，无往不复，变化无穷。“天地氤氲，万物化醇，男女构精，万物化生。”“日月相推而明生，寒暑相推而岁成。”天地万物的变化都是阴阳相互作用的产物，变化动态产生的无限的生机活力，正是美的源泉。

《易传》认为“立天之道曰阴与阳，立地之道

题名：松摩苍穹
树种：大阪松
作者：陈锡松

曰柔与刚，立人之道曰仁与义”“刚柔相推，变在其中矣。”《易传》对事物内部对立的阴与阳、柔与刚两种因素各自特点和彼此关系的深入阐发，为“阳刚之美”与“阴柔之美”两种美的形态的形成打下了坚实的美学理论基础。

首先让我们看看《易传上》对事物内部对立的阴与阳（坤与乾）的各自特征的论述：

“辟户谓之乾。”

“乾，使能以美利利天下，不言所利，大矣哉！大哉乾乎，刚健中正，纯粹精也。六爻发挥，旁通情也。时乘六龙，以御天也。云行雨施，天下平也。”“确乎其不可拔，潜龙也”。

“夫乾，天下之至健也。”

从《易传》以上论述中，我们可以看到“乾”具有辟（开放）的功能，“确”（坚强）的性态，“以美利利天下，不言所利”的高尚品格，“时乘六龙以御天”的磅礴气势。刚、健是乾（阳）的性格特征。

“阖户谓之坤”。

“阴虽有美，含之以从王事。”

“至哉坤元，万物资生，乃顺承天。坤厚载物，德合无疆，含弘光大，品物咸亨，牝马地类，行地无疆，柔顺利贞。”

“夫坤，天下之至顺也”。

与乾（阳）对立的坤（阴），具有“阖”（闭合）的功能，“含”的形态，“厚德载物”的博大胸怀，“牝马地类，行地无疆”的坚韧品格。而“柔”或“顺”则是坤（阴）最基本的性格特征。

其次，《易传》同时又认为，乾（阳）与坤（阴）虽然具有截然不同的个性特征，然而两者并不是孤立的，而是既相反又相成的关系。

《易传》上说：“乾，阳物也；坤，阴物也。阴阳合德，而刚柔有体。”

说明阴和阳不仅相互对立，而且还相融相合，刚与柔是一体的，所谓柔中有刚，刚中有柔。阴与阳、刚与柔既是相克的又是相生的。

再次，《易传》主张“纯阳不长，纯阴不生，阴阳相合，万物皆长”只有阴阳交泰，才能万物和谐。因此，《易传》主张的是柔中有刚，刚中有柔的和谐美。不仅如此，阳刚和阴柔也可以相互转化，至刚致柔，至柔致刚。由于具体事物中阳刚与阴柔构成的主导不同，也就产生了阳刚与阴柔两种不同类型的美，即我们所说的阳刚之美和阴柔之美。总的来说，《易传》主张的还是阳刚之美。

总之，宇宙万物的发展变化是阴与阳、刚与柔的矛盾运动的结果。《系辞上》说：“一阖一辟谓之变，往来不穷谓之通。”《系辞上》还说：“刚柔相推，变在其中矣。”阴阳的一开一合即意味着变化（这也是“变卦”一词的由来），循环往复没有穷尽的变化，促成了宇宙万物的生生不息（“变通”一词就出自这里），形成了宇宙自然的无限生机，而天地自然的无限生机正是自然美和艺术美的源泉。艺术遵循变化法则，《易传》的“通变成文”说也奠定了中国美学尚“变”的思想基础。

《易传》所阐发的阳刚阴柔的美学思想对中国后世的审美产生了重要而深远的影响，阳刚之美与阴柔之美成为中华两种最基本最重要的审美形态。《易传》具有积极进取的一面，因此主张阳刚之美，老庄坚持“无为”的哲学观，在审美上主张阴柔美，而禅宗则多体现外柔内刚的韵味美。自晚唐以后的几千年的封建社会里，审美偏重于阴柔美，诗尚“韵”，文袭“古”，画崇“逸”。

题名：金龙狂舞
树种：济州真柏
作者：杨健

题名：花厅风韵
树种：真柏
作者：李运平

题名：秦汉腾云
树种：真柏
作者：陈宇

题名：岁月同春
树种：云盆、五针松
规格：树高 80cm
作者：韩琦

二、《易传》所阐发的美学思想对盆景美学的主要贡献

（一）“立象以尽意”的美学思想为盆景审美活动中涉及的“意象”理论提供了立论依据

盆景艺术创作活动中，“意象”的创造始终贯穿着全过程。所谓的“意象”指的是创作者根据素材或者立意，结合自己的审美经验及创作经验所勾勒出的作品形象，也就是我们常说的构思。无论是因材施艺，还是先立意后选材，都需要先构思，即我们通常所说的“意在笔先”。如果没有“意象”的摄取，创作毫无依据、无从下手。以此，整个构思的过程就是审美意象的创造过程，可以说审美意象的形成对盆景艺术形象塑造起着决定性作用，没有好的构思，就不可能创作出让人感动的盆景艺术作品。

盆景的“意象”是人的主观“意”和客观的素材相结合的产物，也可以说是主观的“情”和客观的“景”的有机结合体，以此“意象”是主客观的统一。无疑，由《易传》“立象以尽意”所阐发的“意象”美学思想是盆景意境理论的滥觞（参见中篇《盆景意境审美体系构成与创构途径》《盆景美的阐释》）。

（二）“阳刚与阴柔”的美学思想为盆景美的两种基本形态即阳刚之美与阴柔之美提供了立论依据

阳刚之美与阴柔之美，是盆景两种美的基本形态，在盆景艺术创作鉴赏中，崇阳刚之美者，强调骨、力、势；尚阴柔之美者，强调韵、味、趣。前者追求“壮士佩剑”般气势，后者则讲究平淡、肃敬、恬静、娇媚、柔婉之态。表现在形式上，阳刚之美：方、厚、直、急、枯、壮等；阴柔之美：圆、藏、曲、缓、润等。表现在气势上，阳刚之美：豪迈、气势磅礴、刚健威武等；阴柔之美：淡雅、柔婉、妍媚婀娜等（参见中篇《盆景的阳刚之美与阴柔之美》）。

（三）《易传》宇宙自然观为盆景自然美的来源提供了立论依据

《易传》认为，阴阳是宇宙本体动力，宇宙的一切生成变化都是阴阳相摩相推的结果，“天行健君子以自强不息”，宇宙自然的生生不息正是自然美产生的根源。盆景是鲜活的艺术品，其本身就处在不断的生长变化中，所以会随季节而有变化，不同季节会有不同的美。如果说艺术遵循变化法则，那么，盆景艺术的变化可谓无穷，这也是盆景艺术的独特魅力。

《易传》阐发的“阳刚与阴柔”的哲学思想，体现在盆景的形态上最显著的特点，就是由刚柔的交替变化形成的节奏韵律感、速度感、力感、不平衡感等，所有这些既是盆景自然美的表现特征，同时也是盆景形式美所要追求和塑造的美感规律。

总之，《易传》以揭示宇宙自然运动变化规律为主旨，其中阐发的美学思想为盆景美学提供了丰富的营养，是盆景美学的主要源泉之一（参见中篇《观物取象——盆景艺术创作灵感的源泉》《盆景美的阐释》等）。

02 道家及魏晋玄学的美学思想及对盆景美学的贡献

第一节　道家美学思想及对盆景美学的贡献

道家美学基于老子、庄子所阐发的道家哲学。老子的“道论”是老子哲学的核心，也是以老子、庄子为代表的道家美学思想的理论基石。“道可道，非常道，道可名，非常名”。在道家看来，道作为自然界的本原和动力，它无名、无形、无象，却主宰着宇宙万物，所谓“有物混成，先天地生”“寂兮廖兮，独立而不改，周行而不怠，可以为天地母”。

作为天地万物的根本，听不到它的声音，看不到它的形体，寂静而空虚，以其独立的方式运行而不会改变，具有周而复始、循环往复、永不停息的特征。而道家就是从道论开始了其美学历程。道家在“道法自然”的原则下，以崇尚自然、追求简约素朴、主张空灵为其审美取向，在中国美学史上占有十分重要的地位，对包括盆景艺术在内的中国文艺一直产生重要影响。本章就其和盆景艺术审美及艺术创作密切相关的美学思想进行几个方面的探索，为盆景艺术的创作鉴赏寻求道家美学的理论支持。

老子画像

一、道家美学思想的主要内容特征

（一）原天地之美——自然美的追求

基于“道”的本体论，老子、庄子对美的认识有其独到之处，老子说：“美之与恶，相去若何？”“天下皆知美之为美，斯恶矣；皆知善之为善，斯不善已。”又说：“信言不美，美言不信。”庄子也说：“其美者自美，吾不知其美也；其恶者自恶，吾不知其恶也。”“是其所美者为神奇，其所恶者为臭腐。臭腐化为神奇，复化为臭腐。”从以上言论可以看出，道家对美的认识具有一定的辩证思辨性，即美具有相对性又可以相互转化。从表面上看是不承认美的客观存在和客观标准，而实际上是为了表明类似于文学艺术之类表现出来的东西，不能体现“道”。因此，也就不是真美、大美、绝对的美，只有符合“道”的自身存在的美，才是真正的美，一种不是人为的自然之全美，也就是道家所强调的“原天地之美”。由此将审美引向了“道法自然”的审美命题。

老子说：“人法地，地法天，天法道，道法自然”，“道法自然”是“道”的本性，也是老子哲学的本质特征。“道法自然”的含义，汉代河上公注云：“人当法地安静柔和也，种之得五谷，掘之得甘泉，劳而不怨也，有功而不制（恃）也。天湛泊不动，施而不求报，生长万物，无所收取。道清静不言，阴行精气，万物自成也。道性自然，无所法也。”很显然，河上公对“道法自然”的注释强调的是道的自然而然的本性，即“清静不言”“万物自成”“道性自然”“无所法也”。

当代著名文化学者南怀瑾先生对“道法自然”的解释则通俗而又深刻。他说：“我们现代人读《老子》，认为‘自然’就是自然科学的自然，古文不是这样读，我们现在的自然科学是借用老子的观念，‘自然’两个字原来不一定是合在一起的名词，道法‘自’‘然’是说它自己当然如此，它的自体当然是如此，不能再问了，不能再问下去了。”

基于以上解释，南怀瑾先生对于“道法自然”的解释，所强调的是“道”的“自己当然如此”，指出了“道”的自因、自成、自本、自根的本性，其基本含义和河上公的注解是相似的。由此可见，“道法自然”就是效法自然的本真，顺应自然就可以“无为而无不为”，顺应自然法则就是美的。这就是老子的基本思想。

题名：化蝶
树种：地柏
规格：高110cm
作者：薛以平

对自然美的认识和追求，在《庄子》这里又得到了进一步阐发，他把天地万物的自然本性，视为最高最纯的美，而这种大美、纯美就存在于没有人工修饰的自然中。他说：“天地有大美而不言，四时有明法而不议，万物有成理而不说。圣人者，原天地之美，而达万物之理，是故至人无为，大圣不作，观于天地之谓焉。”在庄子看来“原天地之美”之所以被称为真美、大美，就是因为没有经过人工雕饰，符合“道”的要求，一切合乎自然本性也就是天性，所以，庄子对自然美的追求是非常纯正的，他反对一切带有人为痕迹的东西，他认为天地的大美是众美之源，“朴素而天下莫能与之争美”。这是庄子的美学原则。

老庄以上思想虽然有消极无为的一面，但其以自然为美的主张，对文学艺术则产生了积极的影响，对中国文艺主张自然清新，反对矫揉造作，追求素朴等审美观的形成产生了重要影响。而这些影响在古代文论、诗论、画论都有很多深刻的阐发。

表现在文学创作上，主张自然天真，反对无病呻吟、东施效颦。文学作品贵在自然流露，而不在华丽词藻的堆砌。刘勰在《原道》篇中说：“心生而言立，言立而文明，自然之道也。旁及万品，动植皆文，龙凤以藻绘呈瑞，虎豹以炳蔚凝姿；云霞雕色，有逾画工之妙；草木贲华，无待锦匠之奇。夫岂外饰盖自然耳。”虽然刘勰崇尚儒家思想，但在方法论上却深受道家思想的影响，他强调的是文学是发自内心的自然流露，他把自然二字作为文学创作的最高要求，主张自然而然的自然美。画工画不出“云霞雕色”之妙，“锦匠”织的再奇妙也赶不上草木的自然繁华。刘勰的观点是很鲜明的，提倡的就是自然美。

道家崇尚自然美的思想，在中国古代诗词审美上也产生了广泛而深刻的影响。如魏晋南北朝时期著名的隐逸诗人陶渊明，就是庄子的“铁杆粉丝”，其诗文中引用庄子典故达70次之多，其诗作充满热爱自然、以自然为美的道家思想，成为田园诗的开创者。苏轼评价陶渊明的“采菊东篱下，悠然见南山”诗句时说：“如大匠运斤，无斧凿痕”，具有朴素的自然美，表现了真朴淡远的艺术境界。道家诗人代表人物李白，更是推崇真美，不过他用的不是“真美”二字，而用的是“清真”，他在《古风》一诗中说：“自从建安来，旖丽不足珍。圣代复元古，垂衣贵清真。”又说：“丑女来效颦，还家惊四邻。寿陵失本步，笑杀邯郸人。一曲斐然子，雕虫丧天真。”诗中的“清真”“天真”说的都是自然的本真，也就是自然之美。将“天真”“清真”与“雕虫”“旖丽”相对举，体现了李白对自然之美的推崇以及对矫揉造作的“旖丽”之风的批判。“清水出芙蓉，天然去雕饰”正是李白追求的诗风。

宋代黄修复在《益州名画录》中将画分为“逸”“神”妙”“能”四格，并将“逸”格作为最高境界，并将其描述为“笔简形具，得之自然，不可摹写”；清代刘熙载主张“艺者道之形”，主张艺术为“天人之合”，他在《艺概·词曲概》中说：“及烁如不烁，出色而本色，人籁悉归天籁矣。”“本色”“天籁”都属于自然范畴。可见道家提倡的崇尚自然之美的思想影响是多么深远。

如前所述，虽然道家是“无为”的自然主义者，但也不是一味反对人工创造的艺术，而是反对社会大量存在的美与真、善分裂对立，以及以丑为美和追求感官享乐的所谓的美和审美及其艺术，“五色令人目盲，五音令人耳聋……”，老子极力反对的是奢华之风、靡靡之音，华而不实的非自然艺术，同时在艺术创造上提出了比儒家更高的审美标准罢了。庄子将艺术分为两种，一种是“人乐”，一种是“天乐”。“与人和者，谓之人乐”；“与天和者，谓之天乐。”艺术的最高境界是人与天和，即艺术作品虽是人工制作，却不能显露人工雕琢的痕迹，而应像自然那样清新、质朴、饱含生机而韵味无穷，亦即“既雕既琢，复归于朴”。

（二）虚无、虚静、逍遥游——审美境界的探求

老子云：“天地万物生于有，有生于无。”“有”就是客观存在，而“无”就是“道”，也就是说

庄子画像

“道”是形而上的、无名无形的、“玄之又玄”的终极存在，是天地母。所以庄子说：“唯道集虚”，又说：“夫道，有情有信，无为无形，可传而不可受，可得而不可见。”虽然老子、庄子的“虚无”之说具有浓厚的唯心主义色彩，然而将其引进文学艺术理论中，却加深了人们对艺术特质的认识，开拓了新的审美境界。

首先，中国从古到今都倡导含蓄的美，强调言外之意、弦外之音、景外之景、象外之象等，当然盆景艺术更是把这种审美追求作为最高的审美境界。而这些审美体验不能不说直接或间接地受到“虚无”之说的启迪。老子所说的“大音希声”和庄子说的“至乐无乐”，被后人阐发出“无言之美”的审美理论。老子所说的“大音”就是他认为的真正完美的音乐，也就是庄子所说的“天乐”“天籁”，都是无声的音乐。也是最美的音乐。所谓“希声”表面上看是无声或不存在的声音，而实际上并不是真正的“无声”，而指的是这种声只可意致而不能直接诉诸听觉。“视乎冥冥，听乎无声。独见

题名：邀月
树种：真柏
作者：王胜利

晓焉，无声之中，独闻和焉。”白居易在《琵琶行》中描写的“此时无声胜有声”的审美体验不就是“独闻和焉”的审美境界吗？文艺中的无声之美、无形之美并不是玄之又玄的虚无的道在起作用，而是由于文艺作品中含蓄的意境唤起人们的审美感情罢了。绝对的虚无主义是不存在美感的。

虚无只是藏境纳意的地方，也就是意之用。刘勰在《文心雕龙·隐秀》中说：“隐也者，文外之重旨者也。”又说：“夫隐之为体，义生文外。”唯其有隐，才能“使玩之者无穷，味之者不厌”，“所谓深文隐蔚，余味曲包”，用言外之意含蓄地表达丰富曲折的思想内容正是中国文学艺术的一大特色，这种审美感受恰如“空中之音，相中之色，水中之月，镜中之象，言有尽而意无穷。”朱光潜先生说：“文学之所以美，不仅在有尽之言，而犹在无穷之意。推广地说，美术作品之所以美，不只是美在已表现的部分，尤其美在未表现而含蓄无穷的一大部分，这就是本文所谓无言之美。”

道家“虚无”思想的美学意蕴应用于绘画盆景中，推动了绘画盆景艺术由写实向写意风格的转变。在中国古代画论中，强调写意传神，在技法上讲究以虚代实，无中见有，有无相生，虚实相成，尤其在作品中大量留白，其目的就是在空白中藏境，使人产生丰富的联想，所谓“画在有笔墨处，画之妙在无笔墨处。”“虚实相生，无画处皆成妙境。”盆景虽然没有独立的系统理论，但在创作实践中却直接或间接地从道家“虚无”思想中领悟其美学意蕴，通过聚散、藏露、虚实等手法的运用，将含蓄美、意境美隐藏于留白中，所有这些理论都是艺术家们从创作及鉴赏实践中总结来的，这些理论无不源于道家“虚无”思想的美学意蕴。

艺术审美在于境界的超越，那么，和老子、庄子虚无说直接相联系的虚静说，则为这种超越提供了方法论。老子说：“致虚极、守静笃。万物并作，吾以观复，夫物芸芸，名复归其根，归根曰静，是谓复命。”老子认为，万物的变化都是循环往复的，变来变去，又回到它原来的出发点（归根）等于不变，所以叫做“静”，虽然“静”是归宿，但也是孕育生命的起点。“致虚”必“守静”，因为“虚”是本体，而“静”则为用，“致虚极”就是要人们排除一切诱惑干扰，回归到“虚静”的本性，这样才能认识“道”。王弼对老子的以上思想注解说：“以虚静观其反复，凡有起于虚，动起于静，故万物虽并动作，卒复归于虚静。”“有”与“虚”“动”与“静”分别是一对矛盾，在这两对矛盾中，老子着重于“虚”“静”而不是“有”“动”。对立是过程，是相对的，统一是归宿，是绝对的。芸芸的宇宙万物最终都要归宿于“虚静”之中。因此，庄子也说：“夫虚静恬淡，寂寞无为者，万物之本也。”“言以虚静，推于天地，通于万物，此之谓天乐。”又说：“唯道集虚，虚者心斋也。”心斋就是排除一切感官所能感知的外物干扰，而处于一种绝对虚静的精神状态。老子、庄子就是以“虚静”二字要求人的精神境界，并认为达到这种境界的最好方法就是“心斋”“坐忘”。只有摆脱现实世界的欲念，超越一切世俗观念及其价值限制，做到“无待、无累、无患”，才能达到最大的精神自由。“无所待而游无穷”，即所谓的“逍遥游”，成为“真人”“至人”“圣人”“神人”。

“致虚守静”乃至“逍遥游”既是人生修养的理想境界，也是与自然化而为一的哲理境界，同时还是文艺创作所需的境界，即艺术创作构思时要排除各种干扰，做到心无杂念，超越自我，神与物游，在顿悟中寻求创作灵感。刘勰在《神思》一文中说：“是以陶钧文思，贵在虚静，疏瀹五脏，澡雪精神。”只有虚静才能“寂然凝虑，思接千载，悄焉动容，视通万里。”这些都说明虚静的境界对艺术创作的重要性。

（三）“道”——艺术意境理论之源

意境是我国具有民族特色的艺术核心审美范畴，其最早见于唐代诗人王昌龄的《诗格》，“诗有三境，一曰物境，二曰情境，三曰意境”。意境经过数代艺术家的阐发，至今已形成比较成熟的理论体系。宗白华先生将“道、舞、空白”概括为意境的结构特点，充分体现了道家哲学对意境美学的重

题名：丹崖凌云
树种：黑松
作者：刘丙礼

大贡献。

老子曰："道之为物，惟恍惟惚，惚兮恍兮，其中有象。恍兮惚兮，其中有物。窈兮冥兮，其中有精。其精甚真，其中有信。"说明道在恍惚窈冥之中有象有真，但却"视之不见，听之不闻，搏之不得"，不能靠理性去认识，也不能靠语言文字等把它表现出来，因为"其上不皎、其下不昧，绳绳兮不可名，复归于无物，是谓无状之状，无象之象，是为惚恍。"道之惚恍具有不明不暗，不可形容，无法描述的特征。道的以上特征和艺术意境之结构特征具有异曲同工之妙。

艺术之意境和道家哲学的渊源主要体现在如下4个方面：

1.道家"天人合一"观为艺术意境情景交融之结构要素的统一提供了理论支撑

"天人合一"观在老庄那里表现为"万物归一，物我一体"的整体意识，而这个意识基于道家对"道"的认识。老子认为"道"是天地之始，万物之母，人也和天地万物一样都起源于一个共同的祖先，由这个祖先所生，这个祖先就是"道"。老子在指明人与"道"的关系时，特别强调"域中有四大，而人居其一焉。人法地，地法天，天法道，道法自然。"在这里人与天地、人与自然在本质上是一致的，都合为一体。

庄子在《齐物论》中提出"天地与我并生，万物与我为一"的命题，又提出"天与人不相胜也，"万物齐一，孰短孰长"，所有这些都强调的是天与人并不是对立的，而是齐一的，只有当人与自然和谐成为一体的时候，人才能进入一种自由境界，美的境界，这时候人与物冥然合一，物即我，我即物。庄子把这种万物的循环变化延伸为"物化说"。

《庄周梦蝶》的寓言故事，形象地描绘了这种物我无间圆融合一的境界。这个故事是这样说的："昔者庄周梦为胡蝶，栩栩然胡蝶也，自喻适志与！不知周也。俄然觉，则蘧蘧然周也。不知周之梦为胡蝶与，胡蝶之梦为周与？周与胡蝶，则必有分矣。此之谓物化。"在这个寓言故事里，是庄周梦中变成蝴蝶呢，还是蝴蝶梦到自己变成庄周了呢？则分不开了，庄周和蝴蝶已经物化为一，主客、物我的对立得到了泯除，从而进入到物我一体、万物齐一的境界，而这种物我一体万物齐一的境界正是艺术意境创构的必要条件。宗白华先生说："艺术意境的创构，是使客观景物作我主观情思的象征。"可以说道家"天人合一"的哲学思想为意境结构特征的形成提供了理论依据。

2."言意说"是艺术意境之"言外之意""象外之象"审美体验的肇始

老子认为，道是一个先于天地万物的浑然存在，无名、无象、不可言说、不可准确描述、难于用感官去感知和分辨。"道可道非常道，道可名非

题名：远航
树种：真柏
作者：李财源

题名：回崖沓嶂凌苍苍
石种、树种：龟纹石、米叶冬青、新西兰柏、系鱼川真柏
规格：长80cm，高75cm
作者：田一卫

常名。”“道”的非语言描述性一方面说明“道”的无限性和语言的局限性，局限性的语言不能表达的只能靠“意”去象征。庄子说：“书不过语，语有贵也。语之所贵者，意也，意有所随。意之所随者，不可言传也。”“可以言论者，物之粗也；可以意致者，物之精也。”庄子在这里并没有否定“言”，而是指出了“言”的有限性以及“意”的无限性，其目的就是超越“言”的有限性而达到“意”的无限性（道），所以庄子说：“筌者所以在渔，得鱼而忘筌；蹄者所以在兔，得兔而忘蹄；言者所以存意，得意而忘言。”庄子以鱼、兔喻意，以筌、蹄喻言，强调得鱼得兔是目的，而筌、蹄只是达到目的的手段、工具，形象地说明了“得意忘言”的合理性。言有尽而意无穷。庄子的“意”是以非言，即对语言功能持否定或超越态度为前提的，他所重视的是“意”的“虚”“无”审美价值的发挥，以此引发“言外之意”“象外之象”的审美体验。

3.“道”体现了艺术意境的结构特征

老子认为，“道”以“非有非无”“恍惚”“混沌”的状态存在，老子曰：“道之为物，惟恍惟惚，惚兮恍兮，其中有象，恍惚兮，其中有物。”所谓“恍惚”就是“无状之状，无象之象”，它既非有也非无，既不明也不暗，对立的两极不具有任何明晰的界定。“道”所谓“无”的性质，是指它无形无象，不可见，不可名。然而“道”又是客观存在的，即所谓“非无”，它不仅存在，而且是“先天地生”的“天地母”，是万物的本源，因此“道”这种“虚无”而又“实有”的特征，说明“道”是“有”和“无”统一的永恒和无限的浑然一体。我们把老子对“道”的体验，同艺术意境蕴含的本质特征加以比较，不难发现“道”之“恍惚”和艺术意境的审美体验却有异曲同工之妙——如“水中月，镜中花，羚羊挂角，无迹可寻”。

虽然老子对“道”的认识是“有”和“无”的统一，但更注重“无”。他说：“三十辐共一毂，当其无，有车之用。埏埴以为器，当其无，有器之用。凿户牖以为室，当其无，有室之用。故，有之以为利，无之以为用。”这段话的大意是说，车的中间是空的，车子才有用处。罐子中间是空的，才能装东西。屋内有空才有屋的作用。所以老子主张轻“利”而重“用”，在老子看来，没有“无”

古画中的松树

和“虚”，一切事物也就失去了应有的作用，因此“无”比“有”“虚”比“实”更为重要，“有”之“利”只不过为“无”之“用”罢了。艺术意境里的“虚空”要素和道之“虚无”两者“虚”的功能又何其相似！高日甫论画歌曰：“即其笔墨所未到，亦有灵气空中行。”笪重光说：“虚实相生，无画处皆成妙境。”中国的书法、诗词、绘画、园林盆景等艺术无不以虚空来传达美妙的意境。宗白华先生在《中国艺术意境之诞生》一文中指出：“中国人对‘道’的体验，是‘于空寂处见流行，于流行处见空寂’，唯道集虚，体用不二，这构成中国人的生命情调和艺术意境的实相。”他同时还指出：“……虚空中传出动荡，神明里透出幽深，超以象外，得其环中，是中国艺术的一切造境。”以上充分说明虚空要素在艺术造境中的深刻内涵。

庄子对艺术意境的阐发更为精妙，他提出的“象罔论”更加形象地论证了“道”的本质特征和艺术意境本质特征的高度一致性，并以此验证艺术和“道”之相通。庄子在《天地篇》中有一则寓言故事是这样说的，“皇帝游乎赤水之北，登乎昆仑之丘而南望，还归，遗其玄珠（道真）。使知（理性知识）索之而不得。使离朱（视觉）索之而不得。使喫诟（言辩）索之而不得也。乃使象罔，象罔得之。皇帝曰：‘异哉！象罔乃可以得之乎？’”宋代吕惠卿对这则寓言故事解析说：“象则非无，罔则非有，不皦不昧，玄珠之所以得也。”在这里，“象”是镜象，为非无，而“罔”是虚幻，为非有，意思是说，象罔的非有非无不明不暗的属性和“道”的属性一样，所以就轻松找到了。庄子的“象罔论”形象而又深刻地揭示了艺术通于“道”的本质特征。宗白华先生曾经指出：“中国哲学是就‘生命本身’体悟‘道’的节奏，‘道’具象于生活、礼乐制度。‘道’尤表象于‘艺’，灿烂的‘艺’赋予‘道’以形象和生命，‘道’给予‘艺’以深度和灵魂。”他将“艺”作为“道”的外化、形象和生命，深刻揭示了艺术意境和“道”相通的本质特征。

4.新道家——魏晋玄学加速了意境学说的形成

魏晋南北朝时期，自汉代以来独尊儒术的传统被打破，古代知识分子主体意识得到了觉醒和解放，道家思想重新登上意识形态的顶峰，文人们纵情于山水、陶醉于艺术，诗歌、绘画、园林包括盆景等艺术空前繁荣，涌现出大批文艺大家，可以说玄学的兴起对这一时期的文艺繁荣起着重要的推动作用，在这一时期的玄学代表人物有何宴、王弼、嵇康、阮籍、郭象等，其中对意境学说直接作出贡献的当属王弼的“得意忘象”论。

王弼在《周易略例·明象》中指出“夫象者，出意者也；言者明象者也。尽意莫若象，尽象莫若言。言生于象，故可寻言以观象；象生于意，故可寻象以观意。意以象尽，象以言著。故言者，所以明象，得象而忘言；象者，所以存意，得意而忘象。犹蹄者所以在兔，得兔而忘蹄；筌者所以在鱼，得鱼而忘筌也。”王弼的这一论述中包含三方面含义，一是，从逻辑关系上看，“象”具有象征“意”的内涵作用，而“言”则具有说明“象”的象征意义的作用；“意”派生“象”，“象”又派生“言”，但可以通过派生的“象”来了解“意”从派生的“言”来了解“象”；在表达上，“尽意莫若象”，“尽象莫若言”或者说“意以象尽，象以言著。”二是，在得“意”过程中，“言”“象”仅仅具有工具、手段价值，“言”是表达“象”的工具，“象”是得“意”的工具，在肯定“言”“象”作用的同时，反对执着于“言”“象”，它们仅是手段而非目的。三是，“存言者，非得象也；存象者，非得意者也。”从反面论证执着于“言”就不能明“象”，执着于“象”就不能得“意”。王弼所论述

题名：乡愁
树种：榆树、龟纹石
作者：李明新

题名：峦峰翠影
树种：榆树
作者：陈根颐

题名：风摇白蜡探海波
树种：对节白蜡、龟纹石
作者：杨树林

题名：听泉
树种：五针松
作者：周启进

的“言”“象”“意”三者的逻辑辨证关系，为艺术意境理论的形成奠定了基础。

直至后世，无论是唐刘禹锡的“境生于象外”说、唐司空图的“象外之象，景外之景”说，还是清王夫之的“情景交融”论等等仍然是以道家“道”“气”“象”圆融通合的浑成关系以及天人合一的自然观为哲学基础的。不仅如此，虽然意境理论在后世发展过程中得到了儒家、禅宗等哲学思想的影响，尤其禅宗思想更是影响了意境审美走向，然而，归根结蒂，禅宗思想的骨子里却还是道家思想，由此可见，道家思想对意境形成和发展的影响之深。

值得一提的是意境美学命题的集大成者清末民初的王国维，其主要贡献是提出了境界本体论。他在《人间词话》中说：“境非境物也。喜怒哀乐，亦人心中之一境界。”他还说：“沧浪所谓兴趣，阮亭所谓神韵，犹不过道其面目，不若鄙人拈出‘境界’二字，为探其本也。”在王国维之前，各种构建意境美的理论，如前所述的王夫之的情景说，都只是现象上的描述，而王国维将其归结为“境界”，思路一下就清晰了。

境界这一概念原出于佛教的禅宗思想，禅宗也叫“心宗”，现象界皆为心造。所谓境由心生，只有心才能让自然与人文化合，创造出堪与“无工”相媲美的“化工”来。境界的创造需要“真”。他说：“能写真景物真感情者，谓之有境界，否则，谓之无境界。”这里的“真”无疑指的是道家所倡导的自然本真，当作品所表现的一切不管是情感还是景物，让人感到“真”也就达到了所说的境界。三是境界的创造需要主客观统一。作品主要由客观方面的景和主观方面的情构成，王国维把情与景相结合的情况分为三种：一种是“意与景浑”，浑是有机地、自然而然地融合、统一和相互渗透；第二种是“以境胜”，即以客观具体事物的真实描写为主，并在描写中流露出艺术家一定思想感情；第三种“以意胜”，即主观情思的抒发较多，但又未离开对客观景物的某种描写。现实中主客观的描写的确不是一半对一半，具体侧重于哪方面要看作者的立意构思，但不管怎样，对立因素的比例不能失调，否则就没有交融统一，也就不存在意境，失去了真正完美的艺术形象。王国维推崇“意与景浑”的作品，这种作品的优点就是他所说的“不隔”。艺术作品的最佳境界是“不隔”。所谓“隔”与“不隔”均是对读者而言的。将读者对于艺术美的接受纳入境界理论，这是王国维于境界理论的最大贡献。所谓的不隔“语语都在目前，便是不隔。”他还特别强调“大家之作，其言情也必沁人心脾，其写景也必豁人耳目，其辞脱口而出，无矫揉妆束之态，以所见真者，所知者深也”王国维的这一思想将作者和读者有机统一起来，实现了艺术的最高境界。至此，古典美学的意境理论到王国维这里，做了一个精彩的总结。

二、道家思想对盆景美学的主要贡献

我们从道家美学的内容特征上看，道家对盆景美学贡献是全面的，对盆景美学的认识论、方法论乃至审美创造都具有极其重要的借鉴或参考价值。下面就宏观方面重点概括三点。

题名：古韵秀春
树种：榆树
作者：朱前贵

进入当代，作为取材于自然而又表现自然的盆景艺术，更是以自然美为标杆。源于自然而又高于自然的盆景艺术，和其他姊妹艺术一样，以“妙造自然”作为最高审美标准，反对违背自然规律的标新立异以及人工味浓厚的创作手法，追求“虽由人作，宛若天成”的艺术境界。在艺术创作中，以自然为师，“道法自然”“度物象而取其真”，以自然景物的典型形象、审美特征为重点刻画对象，通过虚实、主次、藏露、争让等对比对立因素的合理安排，以体现大自然的节奏韵律以及自然生命之道。

我们常说盆景艺术源于自然而高于自然，这种说法似乎和道家美学所主张的“天下莫能与之争美”的自然美有明显的矛盾，关于这一点，在盆景界还引起过激烈的争论。人工雕刻的舍利的确难与自然形成的舍利媲美；人工创作的线条也难以比拟大自然的鬼斧神工。从这方面说，盆景的自然美在根源性、丰富性、多样性及个性诸方面无可比拟地胜过一切人工美。然而，盆景作为一门艺术，毕竟不是对自然的照搬，它是对大自然进行高度浓缩的一门艺术，其艺术创造不仅仅体现在对自然美的刻画表现上，而且还融入了创作者的思想感情，即是情景交融、景我合一的产物，亦即主客观统一的产物。因此，盆景艺术也体现了主体精神的创造功能，它不但能展现盆景之形，而且还能表现无形的意趣情味，所谓的“诗情画意”皆是由人所创造。从这方面说，盆景的艺术美在典型性、集中性、理想性等方面又胜过自然美。

（一）道家对自然美的认识为盆景艺术审美认识提供了理论支撑

道家以“道论”将人与自然统一起来，并从人与自然的“齐一”中探寻美的本质，突破了儒家从“人道与天道”统一中寻求美的本质的认识，使人更贴近自然，与自然融于一体，从而进入“物我为一”的审美状态，为人对自然美的探索开辟了新径。道家认为，自然美是大美，是最真实的美、最朴素的美。

实际上，从盆景艺术本质特征上看，盆景就是自然美与艺术美的统一体。盆景艺术作品以内

题名：富春一角
石种、树种：福建九龙壁石 、六月雪、半枝莲等
规格：盆长 250cm
作者：黄大全

题名：枫林醉
树种：三角枫
作者：张志刚

题名：孤疏道野
树种：真柏
作者：杜奇翰

在气韵与自然之景内在生气的同一性为要旨，强调艺术家的主观超越创造精神，以整个身心去领略、体察、感悟、表现天地自然的“大美”，说到底，就是“道法自然”，使源于自然的素材经过艺术家的“既雕既琢”又“复归于朴，这是审美主体的创造精神尽情发挥的最高阶段，同时也是审美客体蕴含的“大道”“大美”得到淋漓展示的最高阶段，这也许就是盆景“源于自然而又高于自然”的内涵所在吧（参见中篇《妙造自然是盆景艺术的最高境界》）。

（二）“道”的本体论为盆景艺术意境结构特征及意境美的创造提供了理论支撑

盆景意境是盆景艺术美的灵魂和核心，是超以象外的审美感受，通常指的是由盆景艺术形象生发的审美悟境，它是盆景艺术的审美再创造。具有“看不见却能感觉到”“非无非有”“难以言说”等审美特征，盆景意境的这一审美特征正体现了“道”的特点，“非有非无”“无形无象”，但又能左右事物的发展规律。盆景意境结构特征和道的同构关系体现了艺术和道的统一性，也就是说只有符合道的规律的盆景才是“法自然”的，才是美的。“艺者，道之形也”也在说明盆景的艺术的创作必须遵循“道”的规律。

美学大师宗白华先生把“道、舞、空白”作为意境的结构特征，概括了盆景艺术意境的3个特点。“道”体现的是艺术意境的规律；“舞”指的是宇宙自然的创化过程（生生不息的节奏变化等），体现的是艺术创作“道法自然”的本质要求；“空白”也就是道家所说的“虚空”，虚空作为“体之用”指的是藏境纳意的地方。宗先生的这一论断对盆景艺术意境美的创构具有一定的理论和实践意义（参见中篇《盆景意境审美体系构成与创构途径》）。

（三）道家美学将盆景审美导入简洁、空灵的审美境界

道家虚无、虚静、心斋、坐忘、逍遥游的审美境界，一方面使人摆脱功利、欲望等一切束缚，呈现绝对的精神自由，从而达到一种神与物游的绝对自由的审美境界。这一虚化的心灵境界必将导引盆景艺术向表现宇宙自然本真的简洁、空灵、辽远、自然清新的审美风格上发展。

第二节　魏晋玄学的美学思想及对盆景美学的主要贡献

魏晋六朝时期是我国美学史上重要的“启蒙时期”，其间由其玄学思潮阐发的美学思想，深刻地影响着我国文学艺术的发展，对当时的文学、绘画、书法、音乐等艺术形式及审美意识都产生了重要影响。如果说先秦诸子百家争鸣时期是中国哲学史的第一个黄金期，那么，魏晋南北朝时期就可以说是中国美学史上的第一个黄金时代。从中国美学史的发展看，玄学美学在自然观、情感观、审美人格、审美经验中的主客关系诸问题，以及艺术理论方面都有极为突出的理论推进。不仅如此，由于后期玄学对佛教般若学的接引，导引了中国古代美学的历史性转型，这一转型以禅宗美学的兴起而告完成。为唐朝以后中国进入新的美学时代做出了积极的贡献。

一、魏晋玄学的主要哲学思想

汤用彤先生认为，玄学是折衷的儒道之学，“王弼为玄宗之始，然其立义实取汉代儒学阴阳家之精神，并杂以校练、名理之学说，探求汉学蕴摄之原理，扩清其虚妄，而折衷于老氏。”很明显，汤先生的观点是，玄学是儒道的结合体。

一般学者认为，玄学是以《周易》《老子》《庄子》这三本经典为理论依据或理论框架而形成的新学，所以称为“三玄”之学。其产生于魏正始年间（240—249），是对两汉神学目的论的一种改造，是对其荒诞迷信而繁琐的经学形式的一个否定。

后汉魏晋南北朝时期，由于战乱不断，政治极为腐败，社会矛盾极为突出，人们开始厌倦、怀疑

题名：魏晋风度
树种：雀舌罗汉松
规格：高 120cm
作者：薛以平

儒家高举的外在的人格，个体要求自我满足和实现自身价值的意识日益自觉和强烈。在儒家思想不断衰微的同时，道家思想逐渐受到人们尤其是士大夫们的普遍关注，逐渐形成了一种以自然与明教之辩为主要内容的玄谈形式的社会思潮。其主要代表人物有何晏、王弼、裴頠、阮籍、嵇康、向秀、郭象等。他们以极大兴趣反复讨论关于“有无”“本末”等问题，通过有无、本末之辩，建立起一套本体之学，用来论证自然与明教的关系，力求把它们结合起来，使之圆融无碍。因此，魏晋玄学的中心问题就是“有”“无”之辩。

围绕“有”“无”的立论不同，魏晋玄学分成三个派别，即以何晏、王弼为代表的“贵无”派、以裴頠、阮籍、嵇康为代表的“崇有”派、以郭象、向秀为代表的“无无”派。袁宏《名士传》把魏晋时期的名士分为“正始名士”（何晏、王弼）、“竹林名士”（阮籍、嵇康）、“中朝名士”（郭象、向秀），这实际上就是根据以上三派把玄学的发展分为三个阶段。

王弼画像

（一）以王弼、何晏为代表的“贵无论”

何晏著有《论语集解》《道德论》等，是首次在理论上提出“贵无论”的玄学家，他认为万事万物都是通过“无”而生成，“有之为有，恃无以生；事而为事，由无而成。”“天地万物，皆以无为本。无也者，开物成务，无往无存者也。阴阳恃以化生，万物恃以形成，贤者恃以成德，不肖恃以免身。故无之为用，无爵而贵矣。”

王弼著有《老子注》《周易注》《周易略例》《老子指略》和《论语释疑》。系统阐述并论证了“无”的概念，为魏晋玄学真正的确立奠定了理论基础。“凡有皆始于无”，并指出“无”就是“道”。他说：“道者，无之称也，无不通也，无不由也，况之曰道，寂然无体，不可为象。”在“以无为本”的基础上，王弼建构了“以无为体，以有为用”的体用不二的本体论，直接推动了理论抽象思维的发展和理性哲学思辨性的提高。

玄学之辩，情感也是一大主题，并与人格问题紧紧相连，是通向审美的。

何晏与王弼展开了著名的圣人有情与无情之辩。何晏依于人情关系把人分为三类：最高是圣人，他与自然为一，任性而无情；其次是贤人，如颜渊有情但能喜怒当理；最低是普通人，任性而喜怒违理。何晏持“圣人无情”论，所循其实是庄子的思路，把喜怒哀乐爱恶欲望诸情感视作非自然。

后起之秀王弼却持不同的观点，他认为圣人是有情的，只是“应物而无累于物者也”。王弼论情，标出了一种很高的人格境界。他说：“圣人茂于人者神明也，同于人者五情也。神明茂，故能体冲和以通无；五情同，故不能无哀乐以应物。然则圣人之情，应物而无累于物者也。今以其无累，便谓不复应物，失之多矣。”王弼认为圣人在觉悟水平上与常人有绝然的不同，圣人在精神上是极超脱的，境界很高的，这一神明超拔的境界融溶且净化了情感，所以圣人一方面“不能无哀乐以应物”，另一方面又“能体冲和以通无”，做到“应物而无累于物”。王弼的理论虽然并未从审美出发来综合真与善，却已经具有广义的审美性质。王弼的这种性（为体）情（为用）不二方法为玄学对真善美的综合提供了哲学武器，孕育了玄学情感哲学，而玄学情感哲学又为魏晋崇情思潮提供了哲学的营养。

王弼的“圣人有情”论不仅打破了儒家的寡欲

题名：竹林七贤
树种：鸡爪槭
规格：高 128cm，宽 60cm
作者：薛以平

题名：鹤舞
树种：博兰
作者：罗志杰

论和治情论，而且似乎也打破了庄子的无情论。他以体用关系中的“无累”之情取代庄子审美式的逍遥之情，在实质上可谓殊途同归。同时，庄子所始终抵触的人伦关系与自然的矛盾，王弼却以体用关系合理地将其悄悄引入，换句话说，人们在人伦社会中，一方面可以活得很超脱，不拘谨，另一方面却可以自然而然地做到不违犯人伦准则，这种积极与消极之辩，是玄学家与原始道家的根本区别，王弼以哲学的思辨为魏晋崇情思潮开启了闸门。

到竹林七贤那里，“情”更成为中心话题，嵇康提出“越名教而任自然”，嵇阮们更加明确地指出：“六经以抑引为主，人性以从欲为欢，抑引则违其愿，以欲则得自然。”他深刻认识到伦常同个性自然间的尖锐矛盾，因而在否定名教礼法的同时，肯定了个性感情的合理存在。如果说何晏、王弼在自然观方面讲“贵无”，那么嵇阮们则在社会伦理等方面讲“贵无”，所以他们是互相补充的。

嵇康提出的著名的“声无哀乐论”也是遵循了玄学的有无之辩，合符于自然律的音乐没有情感，为“无”，而生存于社会中的人有情感，是“有”，音乐之“无”赋予人以自然之和，人于是在和谐的心境中回味咀嚼自己的喜怒哀乐（有），“无”就给“有”提供了自然基础（和谐心境）情感于是有可能被净化和升华。嵇康的音乐美学达到了魏晋美学的高峰。

从人格上看，嵇康高举“越名教而任自然”的旗帜，标志着人格美的理想已经由名教而转向自然，他的人格理想是“以无措为主，以通物为美”，他强调自然原则的同时又不废人道原则，这点与庄子不同。

嵇康的哲学美学以真为基础，强调美善并济，三者统一于自然之和，并主张以美为主导来提挈善（美的本质是和谐，因而比善更贴近自然之和的本体），这点与王弼以善为主导来包容美不同。

玄学情感之辩，是对儒家道德情感的扬弃，同时又是对个体情感的弘扬，使人的主体意识得到了觉醒，自然与人格，自然与名教在体用不二的哲学思辨中得到了统一。这一转变具有重大的美学意义。正如张节末先生所说："玄学情感哲学以自然情感论（包含气论）的情感本体来反拨僵硬的儒教道德情感哲学，它偏于个体情感的弘扬，强调普遍的实现依赖于个体的实现。中国人性论史上第一次出现这样的局面：情（特殊、个别）的净化先于德（普遍、一般）的超升，审美经验的重要性强过道德经验。王弼的'圣人有情论'和嵇康的'声无哀乐论'都是如此，只是后者更美学化也更个体化。"人性情感的解放，使人的审美经验、审美人格更加丰富化、个性化。

（二）裴頠的"崇有论"

裴頠否认"道"或"无"是一种实体，主张天地万物都是自然生出的，不需要一个造物主。他不仅否认"贵无派"的自然观，认为"无不能生有"，而且也否定了贵无论的社会政治理论，认为明教不可越。他在其著的《崇有论》中对何晏、阮籍等不尊儒术之论进行了猛烈的批判，"深患世俗放荡，不尊儒术，何晏、阮籍素有高明于事，口谈虚无，不尊礼法，尸禄耽宠，仕不事事……乃著'崇有之论以释其弊。'"崇有论是对老子"有生于无"命题的否定。

（三）郭象、向秀的"无无论"

其代表人物郭象、向秀著有《庄子注》《论语体略》。他们通过对《庄子》的注解来阐发他们的思想。郭象在他的《庄子注》中说明本书的宗旨是"明内圣外王之道"，"内圣"就是要顺乎"自然"，"外王"则主张不废"名教"，主张"名教"合乎"自然"，"自然"为本为体，"名教"为末为用。向郭的"无无论"否定了何王"贵无论"的自然观，但不否认"贵无论"所讲的玄远精神境界。在名教与自然关系上，也不同于嵇康、阮籍的"越名教而任自然"的主张，而是以"儒道为一"将名教和自然统一起来。"无无派"和"崇有派"在反对"无"是一种实体这一点上是一致的，他们所说的"有"都是"群有"，所以从哲学意义上来讲，向郭的"无无论"实际上也就是"崇有论"。向郭的玄学思想是魏晋玄学发展的第三阶段，也是最后一个阶段，标志着玄学向佛学的过渡转换，为玄学美学通向禅宗美学的重要枢纽。主要体现在如下几个方面：

《庄子注》认为，自然界是许多个别的物"块然而自生"，"块然"指的是物以个体的形式而存在的。这个"自生"就是没有其他任何外力影响而自己产生，即所谓的"独化"。但另一方面，又不否认世界上存在着普遍的联系，即所谓的"彼此相因""玄合"，事物都是"对生""互有"的。"物各自造而无所待焉，此天地之正也。故彼我相因，形景俱生，虽复玄合，而非待也。""天下莫不相与为彼我，而彼我皆欲自为，斯东西之相反也。然彼我相与为唇齿，唇齿者未尝相为，而唇亡则齿寒。故彼之自为，济我之功弘矣，斯相反而不可以相无者也。"

题名：山峦叠翠
作者：高存

意思是说，世上所有事物间的关系就如人与其影子、唇与齿一般，互相为“缘”而非为“故”，“故”是事物之间逻辑或时空上有因果或先后的关系，“缘”则是无形的无所待（无所依赖）的联系，为辩证的相反而相因，为“玄合”。至于事物之间如何玄合，却是看不到的，因而它是“无”，但不是作为本体的“无”（道），在郭象那里万物都是“自得耳，道不能使之得也”。玄冥之境并不是一个本体，这里有种宗教神学化色彩。

二、玄学美学的主要内容及对盆景美学的意义

由魏晋玄学有无之辩、名教与自然之辩、情感之辩等玄学之辩的哲学思辨，为这一时期的美学提供了形而上和方法论的基础，大大推动了这一时代文学艺术和美学的发展。

玄学的思辨方法也明显地影响到魏晋美学理论的形成和发展，使这一时代的美学理论以丰富性、严谨性、深刻性等新的面貌呈现出来，极大丰富了古典美学的内涵。嵇康的《声无哀乐论》、曹丕的《典论》、陆机的《文赋》、刘勰的《文心雕龙》《世说新语》、顾恺之的《论画》、宗炳的《画山水序》等一批高水准的美学理论涉及音乐、文学、绘画等各个艺术领域，他们都从不同角度阐发总结了文艺规律。

刘勰像

这批文艺理论以其智慧的新颖、立论的超拔、语言的精炼深刻影响着当代以及后世的文艺及审美观。比如《世说新语》就是这一方面的突出代表。魏晋名士把对人物品藻的“目”或“品题”的方法，延伸到自然美和艺术美，极大丰富了人的审美思想。此外，诸如“气”“骨气”“气韵”“神”等美学命题，对文艺批评、鉴赏提供了极为丰富的美学内涵。从中国美学史上看，魏晋玄学对美学领域的影响是异常广泛、深刻而积极的。下面就由魏晋玄学阐发且与盆景美学有关的几个美学命题作一简单概括。

（一）由“有”“无”阐发的有限与无限的美学意义

1.美要求超越有限而达到无限

哲学上的有限和无限是一对矛盾的统一体，有限范畴反映着具体的事物、现象和客体在时间和空间上的暂时性、局部性和相对性。无限范畴反映着客观实在的物质总体的永恒性、普遍性和绝对性。有限包含着无限，有限体现着无限。玄学家们通过“有”“无”的讨论，实现对有限的超越，以达到无限的审美境界。王弼指出：“守母以存其子，崇本以举其末，则形名俱有而邪不生，大美配天而华不作。”这里所说的“大美”含义较宽泛，包含“善”但不仅仅是“善”，在王弼看来，“大美”就是“圣人”能守母存子，崇本举末，不为有限所局限而能达无限的精神状态，所以不为个别有限的形名所引诱而走入邪途，同时所达到的美又非外在的华丽的美，而是真实的永恒的素朴的美。推崇真实、自然、永恒、素朴的美是与玄学相连的魏晋美学的一个重要风尚。

2.美也是人生绝对自由的人格境界

王弼认为：“无之为物，水火不能害，金石不能残。用之于心，则虎兕无所投其爪角，兵戈无所容其锋刃，何危殆之有乎”。在他看来“无”是超越一切有限事物的局限的本体，“无”中蕴藏着一切无限的可能，只有摆脱一切有限事物的束缚，才能达到绝对自由的人格境界。

玄学家嵇康、阮籍，在彻底否定儒家以道德规

题名：古树流芳
树种：真柏
规格：树高 90cm
作者：韩琦

范的人格理想的同时，提出了“以主为中，以内乐外”这一更适合于一般士大夫的个性超越原则。最美人格是指不仅表现在内在智慧、精神的无限性，而且更为重要的是个体心性、情感、意愿的和乐自得。所展示的是洁身自守、骨气超拔、独立不羁、超然自得的个体形象。这意味着魏晋人格美理想的更加个性化、内在化。嵇康本人以他叛逆性格实践了这一理想，并成为魏晋风度的代表。而陶渊明则以他的山水诗实现了这一理想，并建立了属于自己的乌托邦式的桃花源。

3.美的无限性不能停留在可见可闻的某一事物上，而是超越形、色、音、声以外的不可见不可闻的东西

比如嵇康所说的“和乐”，它显然是美的乐，它“出乎八音”，但并不能称之为“八音”。构成“和乐”的“八音”同“和乐”的美并不是一回事。“和乐”的美是出乎“八音”而又超于“八音”的。这种对超于形、色、音、声之美的追求，是魏晋玄学对无限的追求在美学上的表现。阮籍所谓“微妙无形，寂寞无听”“观窈窕而淑清”正是一种和玄学所追求的超越有限而与无限相契合的境界。“虚空中有妙有，妙有中有虚空”，这正是盆景艺术追求的审美境界。

（二）“得意忘象论”的美学意义

王弼在《周易略例·明象》中提出“言不尽意，立象以尽意”的玄学命题，他说：“夫象者，出意者也。言者，明象者也。尽意莫若象，尽象莫若言。言生于象，故可寻言以观象；象生于意，故可寻象以观意。意以象尽，象以言著。故言者所以明象，得象而忘言。象者，所以存意，得意而忘象。犹蹄者所以在兔，得兔而忘蹄；筌者所以在鱼，得鱼而忘筌也。然则，言者，象之蹄也；象者意之筌也。是故，存言者，非得象者也；存象者，非得意者也。象生于意而存象焉，则所存者乃非其象也；言生于象而存言焉，则所存者乃非其言也。然则，忘象者，乃得意者也，忘言者，乃得象者也。得意在忘象，得象在忘言。故立象以尽意，而象可忘也。”王弼的以上论述包含三层意思：其一，象能够尽意，言能够明象，故可寻言以观象，寻象以观意；其二，象非意，言非象，象仅是得意之工具，言仅是明象的工具，得意才是最终目的，故意得则象言可弃。其三，若执于象、言，那是以工具为目的，如此则意象不可得，故得意必须忘象，得象必须忘言。王弼的这一体用不二的哲学思辨，对包括盆景艺术在内的艺术审美具有重大美学价值。

就盆景艺术而言，盆景艺术是情寓于景的产物，优秀的盆景艺术作品，就在于它能够通过有限的外在形象把无限的意境充分的表现出来，但有限的外在形象却无法把无限的意境充分显现出来，为了解决这一矛盾，盆景艺术家应该力求使作品产生意在景外的效果。即有限的盆景外在形象虽然不能直接显示意境，但却能通过艺术的语言传递出比外在形象更多的审美感受，从而使观者内心的情感体验趋向无限。相反如果企图用确定的外在形象去规定无限，那恰恰就失去了无限，从而也就失却了盆景艺术美。因此王弼的“得意忘象论”作为把握无限的方式倒成了对审美的一种深刻的概括，不断为后世的美学家、艺术家所发挥（关于盆景的意境美学参见中篇《盆景意境审美体系构成与创构途径》）。

（三）玄学情感哲学的美学意义

魏晋时期，玄学情感哲学以自然情感论的情感本体来超越道德情感哲学，偏重于个体情感的弘

题名：层层风采
树种：翠柏
作者：王恒亮

题名：月下疏影
树种：赤松
收藏：古林盆景园

扬，强调普遍的实现依赖于个体的实现，情（特殊）的净化先于德（普遍）的超升。王弼的“圣人有情论”和嵇康的“声无哀乐论”是两个有代表性的理论。王弼力主“圣人有情”说，认为圣人是有情的，只是因为“神明茂故能体冲和以通无”所以“圣人之情，而无累于物也”；嵇康认为君子的行为符合于道，超越对名利是非的考虑，故能达到“物情通顺”之美。他们都主张自然之情不可革除，强调了情感的意义和价值。他们要求的“以情从理”，实际上是主张“情”与“道”这一无限的本体相统一，从而使“情”能得“畅”，“物情通顺”。由此可见，玄学不是使“情”从“理”或者以“理”灭“情”，而是使“情”合“道”，以“道”畅“情”。玄学追求的是一种与无限合一的情感体验，主张抒发和表现这种情感。王弼的“畅万物之情”，嵇康的“以通物为美”对盆景都具有重要的美学意义。

玄学的情感哲学，不仅打破了儒家的寡欲论和治情论，而且似乎也打破了庄子的无情论，人的七情六欲得到了承认，标志着推重情感的时代的开启。人们纵情于山水，从情感的体验和抒发中去追求美，这种以自然作为抒情对象的情感体验方式，为包括盆景在内艺术的繁荣提供了丰富的营养，不仅成就了田园诗、山水诗，而且成就了一大批艺术理论，宗炳的《画山水序》、王微的《叙画》、钟嵘的《诗品》、刘勰的《文心雕龙》等无不把“情”放在中心位置。可以说魏晋时期的诸如诗歌、绘画、书法、音乐等灿烂的艺术成就，无不和情感的解放，主体意识的觉醒有关。同时，中国人对自然美的发现也就是从魏晋这一时期开始的。可以说玄学的情感论也为盆景的“情景交融”思想提供了理论依据。

（四）“形神论”的美学意义

中国哲学史上，自先秦就已提出形神这一问题，只是到了魏晋玄学时代才和美学、艺术发生了密切关系。刘邵指出：“物生有形，形有神情，能知神情，则穷理尽性”。意思是说，凡有生命的物体都有形貌，而形貌又体现内在精神，若能充分把握精神，就能研究事物的道理和人的本性。明确提出先有形体，后有精神，且精神是由形体派生的。葛洪也说：“区别臧否，瞻形得神，存乎其人，不可力为。自非明并日月，听闻无音者，愿加清澄，以渐进用，不可顿任。”其大意是：区别善恶，看外貌而得其精神，从而全面地了解人，不是靠主观努力能够达到的。如果不是圣明同于日月，能够听见没有的声音的人，希望选拔人才时更加注意详察，逐渐提升任用，不能一下子委任。很明显，这里讨论的不是人的精神和肉体的关系，而是品评、考察用人的方法，即如何从人的外形去察知其内在的精神、个性、才能、智慧这一甚为玄妙的问题。

玄学家王弼在形神问题上又作了进一步发挥，他说："神，无形无方也。"他所说的这个"神"是以"无"为本体的无限。"神"不可能表现于某一有限的"形"，所以，形神问题实际上就是"得意忘象"的推演。王弼把"神"规定为超越有限的"形"的一种无限的自由境界，从而使形神问题和美学的关系提高了一步。

嵇康把养生与玄学对人格理想的追求结合起来，强调精神作用，既主张"形恃神而立"，也主张"神须形以存"，将形神统一起来，但更强调前者，只有达到了超越有限事物的困扰，爱憎不栖于情，惊喜不留于意，然后辅之以服食导引，才能达到养生延寿的目的。在养生上他主张的"形神相亲"的思想具有一定的美学意义，艺术上的"形"必须是无限自由的"神"的惟妙表现。

王弼从本体论角度主张的忘"形"以得"神"思想，嵇康从养生角度推崇的养"神"以亲"形"的养生之道，都强调"神"的重要性，这和后来顾恺之在绘画上所主张的"以形写神"的美学思想有密切的关系，可谓"形神"美学思想的滥觞，为后世以传神为导向的艺术发展做了理论铺垫（关于盆景形神表现问题请参见中篇《盆景的形神及形神表现》）。

（五）魏晋玄学自然观的美学意义

自然，是中国美学的一个支点。在庄子看来，自然在时间和空间上都是一个广袤无垠的一个连续体，它浑沦一气，变化无穷，"涽然若亡而存，油然不形而神，万物畜而不知"。在人与自然的关系上，"万物与我为一"，人与物可以换位，如庄子梦蝶，不知庄子为蝴蝶，还是蝴蝶是庄子。庄子眼中的自然是活的，有品格的。到了魏晋，自然的美学成为思想解放运动的重要一翼。

王弼在"以无为本"的本体论基础上提出"天地任自然，无为无造，万物自相治理"的主张。他的自然观讲道不违自然，万物就是本体（道）自己运动的表现。同时认为"万物以自然为性，故可因而不可为也，可通而不可执也"，主张人的行为准则要合乎自然之理。王弼的这一见解，从哲学高度提出了玄学的自然观。

阮籍、嵇康在自然观上主张"越名教而任自然"，标志着其人格美的理想已经由名教而转到自然上去。他们的人格理想是"以无措为主，以通物为美"。嵇康就其音乐美学提出了"自然之和"的美学命题，他的音乐美学以为本体达到了魏晋美学的高峰。

向秀、郭象的《庄子注》认为自然界是许多个别的物"块然自生"，没有什么别的力量使它产生，另一方面又认为这些个别的物之间"彼此相因"而互相为"缘"，它们是"对生""互有"的关系，而且在这种彼此相因之间有种玄妙的力量使它们产生"玄合"，这种玄合是看不到的，是"无"，但这个"无"和王弼的本体上的"无"有本质的区别。

实际上郭象在自然观上是主实有的，他在《庄子注》中认为世界万物都是现实存在的，且处在不断运动变化之中，为瞬间生灭的日新之流，即所谓的"有即化"，实际上郭象对运动变化作了静观描绘，认为物体在这个瞬间处于这个位置，在下一个瞬间就处于另外一个位置，于是运动就被看作是无数瞬间生灭状态的连续。一切事物都没有稳定的质

题名：乡愁
树种：铁马鞭
作者：郭纹辛

的规定性。在这“日新之流”中什么都留不住，一切现象即生即灭，“皆在冥中去矣”。这样，“有”就成了“无”，“玄冥者，所以名无而非无。”这个“玄冥”或“无”并非“有不能生无，无不能生有”的“无”，而是无形无象的“无”（虚无）。

《庄子注》中这些自然观的变化具有重要的哲学意义和美学意义，它标志着中国哲学思辨的深入，同时也为美学自然观的进展打开了通路。这一新的自然观，将庄子所感叹把握不住的时间之流作了静态的分割，首肯物在时空当中存在之个体性（短暂的时空规定），因此众多自然现象就可以被当作审美观照的对象而孤立起来（即所谓的“独化”），而同时它们又是无为、无形地在时间之流中“玄合”着的（互相有关联）。这种既讲“独”又讲“缘”的自然观，和禅宗“因缘和合而生”的自然观似乎有某种联系，可以在某种程度上视为禅宗美学自然观的前导。

在玄学自然观的背景下，人们不仅亲近自然，而且把自然当作亲人朋友，由此催生出隐逸文化、田园文化、山水文化等以“逸”为特色、以“自然主义”为基调的艺术，成就了陶渊明的田园诗、谢灵运的山水诗、王羲之的书法、魏晋的人物画。当今盆景艺术风格中，“逸”的审美风格依然是追求潇洒自如审美人格盆景人的理想境界。

在这里需要特别指出的是，从《庄子》经《庄子注》再到禅宗，其观照自然的视角总的走向是从宏观到微观，从动态到静态，其美学也在悄悄发生着变化，就像张节末先生所说：“庄子有着更多的泛神论倾向，而从《庄子注》到禅宗（佛教）则现象学意味逐步增强。以后，中国美学中纯美学一路，大体就是庄子传统与佛教现象学视角的结合（禅宗的看空是现象学方式的强化），禅宗美学或大而言之佛教美学都是如此。”在玄学发展的后期，随着佛教般若学对玄学影响的不断深入，庄子传统与佛教现象学日益融合，最终导致了禅宗哲学及禅宗美学的诞生。

三、魏晋玄学对佛教般若学的接引以及审美理想的再次变迁

东晋以后随着玄学对佛教般若学的接引，佛教般若学不断融入玄学思想体系。玄学的佛化也得到快速推进。关于这一点从“世说新语”时代崇佛者们可见一斑。据有关学者对《世说新语校笺》附《世说新语人名索引》进行统计，《世说新语》中以人数计，涉及佛教徒者17人，其中尤其以支道林为多。以篇目计，涉及僧人17篇（共36篇）。以条目计，涉及僧人、佛寺、佛经者68条。由此可见，此时佛教流行之盛况。

题名：九里迎宾
树种：九里香
作者：施晋仙

题名：五针松
规格：高112cm，宽65cm
作者：刘赟

题名：凤凰台上忆吹箫
树种：榆树
作者：郭永新

题名：敦煌随想
树种：山松
作者：韩学年

文中提到的支道林是东晋一段时期内玄学家、清谈领袖，《文学》篇第三十六条有记载支道林以玄理折服心傲气盛的王羲之的故事，僧与士集于一身的支道林是一个标志，意味着公元4世纪佛教向中国高级知识阶层渗透的成功，从此名僧可与名士比肩。

汤用彤《汉魏两晋南北朝佛教史》对这一现象作过一个分析："自佛教入中国后，由汉至魏，名士罕有推重佛教者。尊敬僧人，更未之闻。西晋阮庚与孝龙为友，而东晋名士崇奉林公，可谓空前。此其故不在当时佛法兴盛。实则当代名僧，既理趣符老庄，风神类谈客。'支子特秀，领握玄标，大业冲粹，神风清萧。'故名士乐与往还也。"汤用彤说名僧"理趣符老庄，风神类谈客"说到了要点，意思是说名僧们所谈佛理与老庄精神是相符的，风度还是魏晋的风度。从这里可以看出，"世说新语"时代（东晋）僧人们仍多推崇玄学思想，佛教大乘总看空的自然观似乎尚未对文人士大夫产生真正的影响。

东晋至刘宋时期，山水诗的开创者、佛学家谢灵运著有《辨宗论》推崇佛教，他在玄学美学与禅宗美学的转换之间具有极为特殊的意义。

与谢灵运同时代的佛教徒竺道生提出"一切众生，莫不是佛，亦皆泥洹"的主张，跨越了玄学中凡人与圣人不可逾越的鸿沟，谢灵运为此作《与诸道人辨宗论》支持竺道生的主张，这样不仅跨越了玄学凡圣鸿沟，而且也体现了佛教主动地与玄学调和的意愿。同时也表明佛教对玄学哲学的渗透的深化。汤用彤《汉魏两晋南北朝佛教史》中云："释家性空之说，适有似于老庄之虚无。佛之涅槃即灭，又可比于老庄之无为。而观乎本无之各家，如道安、法汰、法深等者，则尤善内外。……因此而六朝之初，佛教性空本无之说，凭借老庄清谈，吸引一代之文人名士。于是天下学术之大柄，盖渐为释子所篡夺也。"

思想史家认为，谢灵运对竺道生顿悟成佛论的推崇，标志着人格美理想的普及化以及佛教进一步探向中国文化深处，并开始真正融入中国传统思想。汤用彤《汉魏两晋南北朝佛教史》中将竺道生在佛学上的地位，比做王弼在玄学上的地位。有关禅宗美学家指出："他（竺道生）以实相法身代替庄子的自然之气，以无相代替庄子的无为，以般若涅槃自证无相之实相，从而推出一个佛的真我——佛的人格。成功地从无把握并引出有，属于中国哲学最精华最积极的东西。"因此，他"比之庄子也是有过之而无不及的。"

东晋著名佛学家僧肇著有《不真空论》《物不迁论》和《般若无知论》，他的非有非无的空观和静止的时间观，为美学的佛学化奠定了哲学的基础。

僧肇的基本观点就是，世界上万物本来都是不真实的，我们所看到的、听到的、触到的都是幻象，“万物无非我造”，意思是说万物都是心造的。如果说它有，它只是个幻象，“有不能自有，待缘而后有”，如果说它无，它倒是既有的形象（仅仅是现象），有或无都是因条件而相对的，只有通过“缘起”才可以说明白。因此只能说“非有非无”，不真即空。这样就把庄子惊叹不已的大化流行（变化中的自然）看破，体现了一种全新的自然观，营造了新的美学基础。

佛学作为精神本体论哲学，它的重大功绩就是对主体内心世界的无限拓展。它一方面使主体精神完全摆脱了外物的干扰和束缚，成为绝对和谐、无限自由的心境；另一方面，又将外部自然界视为这个精神本体的感性显现形式。这样就又使人与自然、心与物、意与象消除了一切差异和对立，达到了互契不分、两忘俱一的一体化关系。自然界在人面前就不再是冷漠的疏远的纯然外在物，而是显现般若的见证。特别是大自然的单纯、宁静、寂寥、旷远，更是成为印证般若佛学精神，实现无矛盾、无差别之主体自由心境的合规律合目的性所在。这样自然美便从作为玄学人格之映衬的从属地位中解放出来，成为南朝人们欣赏玩味的独立审美对象了。

这首先表现在，南朝人们对自然界的普遍眷恋和玩赏上。司马简感慨地说：“觉鸟兽虫鱼自来亲人”；王子猷种竹时说：“何可一日无此君”，这些说法意味着，山水草木，鸟兽虫鱼不在像魏晋之际那样仅作为人格美的某种喻体、象征或背景，而是成了沟通、契合显示人的内心的“自来亲人”，成了没有物类区别，像同胞亲族一样天然知已，人与自然朝夕相处，不仅可以领悟到在日常苦闷不解的种种启示和意味，而且还可以进行感情上的互相交流，有时还会产生怜悯之心。

树种：真柏
规格：高 105cm，左右宽 88cm
作者：刘赟

题名：高山逸林
树种：榆树
作者：金建胜

题名：满目青山夕照明
树种：米叶冬青、六月雪、迎春
作者：张宪文

自然的独立，带来了山水艺术的勃兴。山水画家宗炳、山水诗人谢灵运都是南朝重要的佛学家，这一现象绝非偶然，它恰恰说明了自然美、山水艺术与般若佛学的内在联系。宗炳“好山水、爱游玩”“凡所游履，皆图之于室”，以“澄怀观道，卧以游之”。这就是山水画的发端。画山水实乃畅其神。谢灵运也非常迷恋山水，他曾主张以佛作为“必求性灵真奥”的指南。这恐怕也是他浪迹山水之间的秘密所在。自然界在他这里，不在是像陶渊明那样显示“人格我”的媒介或背景，而是欣赏把玩息息相通的审美对象。般若学与自然美（山水艺术）的联系可见一斑。

东晋南朝之际，随着玄学人格本体论向佛学精神本体论的转化，缘情思潮开始剔除其中赤裸裸的现世享乐思想，转向一种具有无限意蕴的情味。如钟嵘提出的著名“滋味”说，其要旨是“情以物兴”和“物以情观”的统一。

佛学思想所表现的是外柔内刚的品格，即自身壮美品格中又表现出某种自由优美的外在形式，这是基于佛的内在灵魂是君临宇宙，神威普照的，但在外貌姿容上，却又是拈花微笑，柔婉可亲的，般若学追求的内刚外柔的形式，就成为南朝审美理想在美学和艺术领域中的更新和转化提供了契机。二王的行草表现的不再是楷、隶的人格美，而是偏于内在自心的神意，线形流动自由，随意挥洒，具有优美的风采。在绘画领域，谢赫的“气韵”论、宗炳的“以形媚道”论，不约而同地追求外柔内刚、外润内力的审美理想，形成了与般若学相契合的南朝审美思潮。

综上所述，玄学美学在自然观、情感观、审美人格、审美经验中的主客关系诸问题，以及艺术理论方面都有极为突出的理论推进，成为中国美学史上一颗璀璨的明珠。而就在这一时期佛教却以它更为精致灵敏的思维和感性触角使之发生质的变化，如果说玄学的基调是“无”，那么禅宗美学的基调就是“空”。从“无”到“空”，导引了古代美学历史性的转型，这一转型以禅宗美学的兴起而告完成，奠定了后代文学艺术的根基与趋向。唐朝以后，中国古代美学就进入了新的美学时代。

03 禅宗美学思想及与盆景艺术的渊源

第一节　禅宗思想对盆景美学的主要贡献

魏晋南北朝时期，佛教东渐，随着玄学与佛教般若学的融合，佛教开始盛行。禅宗也就在这个时期由初祖菩提达摩传入中国，后经六祖慧能的创新改造，在中国逐渐发展成为具有很大影响力的佛教流派，成为自李唐以来独步天下、历久不衰的中国佛学思想的主体。禅宗的兴起，不仅对古代中国的社会意识形态产生了重要影响，而且对中国文艺也产生了重大冲击，促成了人们审美的重大突破，使人们的审美向心灵的深处掘进。本章从禅宗美学的逻辑构成、禅宗思维特征以及与包括盆景在内的艺术思维的同构关系、禅宗对盆景审美的主要贡献以及禅宗对包括盆景在内的艺术风格的影响等诸方面，论述禅宗思想对盆景的美学意义。

禅宗创始人六祖慧能画像

一、禅宗美学的主要逻辑构成

禅宗，作为佛教的一支，是一种追求自我解脱、自我拯救的宗教，超脱世俗烦恼而成佛正是它的教旨和立足之处。因此，禅宗从本质上看，是一门洞察人本性的人生哲学，是对人类审美生成、价值生存的哲学思考，正像日本禅学大师铃木大拙所指出的，“禅本质上是洞察人生命本性的艺术。它指出从奴役到自由的道路。”所以归根结蒂还是生命哲学。

中国传统美学的基本特征是直觉体验性，而禅宗美学的重要贡献就是对审美体验活动特征的细致而深刻的把握。慧能提出的“道（禅）由心悟”的命题，可以说是禅宗美学的精髓所在，他把禅、心、悟等禅宗美学的基本范畴有机地联系在一起，高度概括了禅宗美学的逻辑结构。其内涵不仅涉及最高审美理想（佛陀境界），而且涉及审美体验过程的规律特征。

（一）“禅”

“禅”的本义就是静虑、冥想，中国古代译为“思维修”，主张排除一切外在干扰，不依赖理智逻辑，进行纯直觉体验和内在反思。它是通过直观内

题名：疏影
树种：梅花
作者：赵庆泉

省达到不异西方的佛陀境界。禅是本觉自性（智慧性）的一种洞察，是对原生命之美的最纯粹体验。依此，“禅”是生命之美的最高呈现。日本禅学家日种让山指出：“禅，依于冥想豁然地达到佛陀的真境，在那真境上把握住正在跃动的根本生命；而且把这种消息表现在艺术上，成为象征化，如三祖（僧璨，作者注）的信心铭、永嘉的证道歌、石头希迁的参同契、洞山的宝镜三昧；此外，像汾阳和雪窦的拈颂等，无不出以诗的表现。”“禅”是发自心源最本真的生命律动，是生命的艺术化，禅境往往通过诗境、画境等艺术意境表现出来。禅体验就是提供一条通往最高审美境界的独特路径。因此，“禅”的内涵涉及禅宗的审美境界论。

（二）“心”

“心”的内涵涉及禅宗的审美本体论。禅悟生活都是以“心”而展开的。禅宗美学把心性论作为自己的理论基础，从根本上说，禅宗的整个理论体系就是从把握“心”这一本源而建立起来的。所以宗密称慧能所创立的禅宗为“心宗”。

禅宗将人心分为“自性”或“真心”和“妄心”或“分别心”，并把“自性”视为人的自我本质，而把后天形成的被社会伦理、欲望等污染的视为妄心。妄心是带来一切痛苦和烦恼的根源，禅宗所追求的就是那个自性即未被污染的“本源清净心”。因此，要摆脱欲望和痛苦就必须摒弃妄心而领悟和把握“真心”。然而这真心又并非离开妄心而独立存在，它们实际上是一体两面合二为一的，“烦恼即菩提”就是这种即妄即真的明确概括。因此，禅宗反对舍弃现实感性生活和扭曲自性去寻求超越，要求在现实生活中发现自性，实现理想的精神世界——涅槃。主张日常坐、卧、行等都可以修禅，“佛是自性作，莫向身外求”“佛法在世间，不离世间觉。离世觅菩提，恰如求兔角。”因此，在慧能禅这里“心”不是指如来藏清净心，而是指现实的、具体的人的当下之心，这样就把人的主体性推上了重要的地位，从而使“心”（内在生命）具

题名：情深海晓 · 风光无限
石种、树种：九龙壁石、蓝宝石盆、薄雪万年青、芝麻冷水草
规格：盆长 150cm
作者：韩琦

题名：巴山魂
石种、树种：龟纹石、米叶冬青、薄雪万年草、黄金万年草
规格：长 140cm，宽 50cm，高 42cm
作者：田一卫

有了本体论的意义。

在禅宗典籍中，心或心源是一个十分重要的概念，在禅宗思想中占有十分重要的地位和作用。四祖道信曰“夫百千法门，同归方寸，河沙妙德，总在心源，一切戒门、定门、慧门，神通变化，悉自具足，不离汝心。”意思是说，修行的众多法门归结于一点，一切的妙悟都来自心源，所有的戒、定、慧的神通变化，皆由你自己的心决定。慧能法嗣南阳慧忠国师曰：“禅宗学者，应遵佛语。一乘了义，契自心源。”意思是说，学禅要按佛学要义，注重心源的契合。龟山正元禅师偈颂曰：“寻师认得本心源，两岸具玄一不全。是佛不须更觅佛，只因如此便忘缘。”这个偈子也说明学佛之人无须向外寻佛，只要识自本心，就能修成正果。在禅宗典籍中，类似例证还很多。禅宗千言万语，无非让人认识本心，反观心源（本来面目）。“祖师西来，唯直指单提，令人反本还原而已。”“菩提只向心觅，何劳向外求玄？听说依此修行，天堂只在眼前。”“心”在禅宗中的重要地位和作用由此可见一斑。对此，皮朝纲先生指出：“禅宗发现了这个超越主客两分、充满灵性、无杂无染、孤明历历、本来如是的‘心源’（心性），把它作为参证回归的对象。所谓‘心源’，也就是生命律动的本源。”皮朝纲先生的这一论断，揭示了禅宗“心源”的本质及对禅宗的重要性的认识。

“心源”在传统美学上也是一个十分重要的美学命题，众所周知，艺术创造不可或缺的主观条件乃是“中得心源”，因为艺术的审美境界只能诞生于最自由、最纯粹的心源之中。一切美之光都来自心灵的折射，没有生命心灵的折射，是无所谓美的。无论中国的诗词、绘画、书法、音乐乃至盆景，如果没有自由、充沛的心灵作为源泉，是不可能创造出美的。禅宗“心性论”为包括盆景在内的艺术创造提供了重要的理论依据。宋四大家之一的黄庭坚针对绘画论述道：“欲得妙笔，当得妙心。”晚唐书论家僧人䛒光论书法曰：“书法犹释氏心印，发于心源，成于了悟，非口手所传。”以上画论、书论都说明“心源”这一美学命题对艺术美创造的极端重要性。

禅宗心性本体论——即心即佛，立足点在“自心”，实质就是通过顿悟自省而明心性，使人挣脱现实的樊笼，从有限走向无限，实现人的内在超越。从而导引禅宗美学向审美心理的深层掘进，导致了中国“写意”美学理论的逐渐形成，也进一步导致审美理想向空灵境界转化。所以，禅宗心性本体论是中国美学偏于内向化、心灵化，偏于韵味境界追求的根源。

（三）“悟”

“悟”的内涵涉及禅宗的审美认识论。禅宗以“教外别传，不立文字，直指人心，见性成佛”为教旨，主张“自性自渡”，反对义理说教，反对直白明示，彰显了禅修的独特方式。在禅宗看来，人们日常使用的概念、语言符号和理性逻辑，都不能准确传达和把握最高真理，甚至将人的思维引入歧途。禅宗经卷上记载的那些无数的“拳打脚踢”“机

题名：不负岁寒
树种：刺柏
作者：沈柏平

题名：岁月
树种：雀梅
规格：树高 78cm
作者：韩琦

锋棒喝、公案话头”，比如：“上堂，僧问：如何是佛法大意？师竖起拂子，僧便喝，师便打。”这里发问者之所以被喝被打，就是因为“佛法大意”一类的真理妙道是不可言说的，即“说似一物即不中”“直是开口不得”。因此，必须棒喝予以制止，强迫发问者将意念转移到超越概念、逻辑的“顿悟”上来。

可以说，“悟”是禅宗的看家法宝，是禅宗的生命和灵魂，没有“悟”就没有禅。正如日本禅学大师铃木大拙所说：“禅如果没有悟，就像太阳没有光和热一样。禅可以失去它所有的文献、所有的寺庙以及所有的行头，但是，只要其中有悟，就会永远存在。”中国古代禅宗大师对“悟”的极端重要性也多有论述，大慧宗杲明确指出：“参禅要悟”，而且他明确提出了“以悟为则”的主张，“学道无他术，以悟为则。”他把悟作为禅修的最高准则。对此，皮朝纲先生指出：“禅宗号称以般若智建立‘教外别传’的上上一着，它的基本特征是不诉诸知解的思辨，不去雄辩地论证有无色空，不强调冥思枯坐，不宣扬长修苦炼，而是与生活本身保持直接的联系中当下即得，在四处皆有的现实境遇中悟道成佛。”在禅宗那里，“悟”乃是一种直觉感受，是刹那间获得的个体体验，其速度“如击石火，似闪电光”，参禅者绝不能“伫思停机”，也不允许理智与逻辑思维插手干预，否则必然陷入逻辑思维，错过灵感爆发的瞬间，以致“丧身失命”。因此“悟”是超越主客两分的一种洞察，是基于本觉自性的一种直观，是“识心见性”，只能是“如人饮水，冷暖自知”。

在禅宗典籍中记载着“世尊拈花，迦叶微笑”的著名的典故，其大意是这样的：一天，在灵山会上，大梵天王以花献佛（据说为金色菠萝花），并请佛说法。释迦牟尼如来佛祖被请上讲坛后只是用拈菠萝花遍示大众，却一言不发。当时，会中所有的人和神都不能领会佛祖的意思，唯有佛的大弟子——摩诃迦叶尊者妙悟其意，破颜为笑。于是，释迦牟尼将花交给迦叶，嘱告他说：“吾有正法眼藏，涅槃秒心，实相无相，微妙法门，不立文字，教外别转之旨，以心印心之法传给你。”在这里迦叶不是为花的美而笑，（花之形象只是美的象征，是禅之用），而是透过花悟到了花的本性（美的本质，禅之体)。正像皮朝纲教授所说："世尊通过'拈花示众'接引度化弟子，是要他们通过花相，直觉地透达花的本性——通过宇宙万有的现象领悟和把握宇宙万有的法性——这就是宇宙万有的生命之源，这就是禅。迦叶能以真心（自性）去观照花的本性，使个体的自性与万有的法性圆融一体从而获得了禅，达到了禅境，因而'破颜微笑'，获得了审美的愉悦。可见，禅宗这种对禅的领悟和把握，对美的本性的领悟和把握，是只能靠个体的'自参自究，自悟自会'，只能靠独特的个体体验。"这则典故说明禅不是靠语言文字说教所能够表达的，只能靠"心心相印，以心传心"，刹那间的顿悟，才能达到涅槃的理想境界。这也是禅宗实践论"顿悟"或"妙悟"——直观把握的基本特征。

一些美学家、禅宗学者认为，禅宗刹那间的顿悟所触及的是时间的短暂瞬刻与宇宙人生的永恒之间的关系问题，这恰是禅宗的内在奥秘与根源所在。关于这一点，李泽厚先生在其所著的《漫述庄禅》及《禅意盎然》中都有阐发，他认为禅"乃是对时间的某种神秘的领悟，即所谓'永恒在瞬刻'或'瞬刻即可永恒'这一直觉感受。这可能是禅宗哲学秘密之一。"这里所讲的瞬刻即永恒指的是"既超越时间却又必须在某一感性时间之中"，不是单纯的静止状态，禅宗对时间的超越是禅学界所公认的，傅雪松在《禅宗"空寂"之美的时间性阐释》一文中，以"空观"为哲学基础，对禅宗美学思想进行哲学化的时间性解析，以窥探禅宗美学的思想的内在奥秘与根源。文章认为，一切皆空，不仅意味着世界万事万物只是因缘和合而生住异灭的幻相，而且意味着这个"生生不息"的因缘聚合的过程也是虚幻的，都处在悠忽不停的生住异灭的过程中，没有确定性和永恒性，因而，人们对时间的体验也是虚幻的，对时间的看穿看空就是对时间的超越，就是对永恒的回归。

为了实现对时间的超越，慧能提出"无念为宗，无相为体，无住为本"的三无主张以及"心性本净，佛性本有，直指人心，见性成佛"的禅学思想，以空观为基础，以"无生"思想来泯灭生死界定，超越生死的时间界限，以达永恒的佛陀境界。

所谓无念，不是没有念，而是于念离念，是让人在认识活动中保持一种超越精神，不为外物所羁绊；所谓"无相"，不是没有相，而是于相离相，于一切境不离不染。无相就是用来说明心本体的寂然清净的状态。佛学认为，事物的"相"是由心造成的，只有摆脱了这些"相"，才能认识到宇宙万物的真实本体，即真如实相。而真如实相是我们无法用眼看到的，也是我们无法用语言加以描述的，只能用心来体会。而心之所以能体会真如实相，恰恰在于其心不受世俗之"相"所制约，所以，离一切相即佛。"无住"即心无所执着，无所取舍，或者说处于一种流动的状态。"一切声色事物，过而不留，通而不滞，随缘自在，到处理成。""春有百花秋有月，夏有凉风冬有雪，若无闲事挂心头，便是人间好时节"。以上一段话正是"无念为宗，无相为体，无住为本"具有哲理性的解释。

禅宗"三无"的世界观的本质就是以"净心"去观照宇宙万物，以体认真如本性。《六祖坛经》云："净心则'心量广大'，犹如虚空……虚空能含日月星辰，大地山河，一切草木，善人恶人，恶法善法，天堂地狱，尽在空中，世人性空，亦复如是。"于是外在物象被（空）"虚化"了起来，并打

题名：佛光塔影
树种：九龙壁玉石、小叶金雀
规格：180cm
作者：黄大金

题名：黎乡水岸
树种：博兰
作者：黄旭

破了时空的具体规定性，转而以心为基础。这也体现了审美观照的本质特征，审美者必须具备虚空明净、杂念全无的审美心境，只有用经过净化的，排除了各种世俗欲求的心境去对审美对象进行审视观照，才能体悟宇宙万物的生命律动，才能洞察美的真谛。在禅宗这一哲学思想的影响下，中国美学由求实而转向了空灵，中国美学最高艺术境界——禅境由此诞生。这是个心造的境界，是极其丰富空灵的精神体验，使中国人的审美体验跃入了新境界。

“禅”“心”“悟”是禅宗思想的核心范畴，它们之间呈现一种双向的内在联系。以“禅”而论，“禅不离心，心不离禅，惟禅与心，异名同体”，“禅何物也，乃吾心之名也；心何物也，即吾禅之体也。”在这里，禅和心是体用不二的关系，也可以理解为定慧的关系。从另一方面说，对“禅”的把握，乃由“心”而“悟”得，禅宗不是一种知解，而是一种智慧，悟道的过程也就是识心见性的过程，“禅非学问而能也，非偶尔而会也，乃于自心悟处，凡语默动静不期禅而禅矣。其不期禅而禅，正当禅时，则知自心不待显而显矣。”禅会在无待下不期而遇。在这里“禅”和“悟”并不是悟与被悟，而是自心自性的自我观照，自我显现，“禅”和“悟”都消融于自心的一种审美体悟之中。

禅宗“道由心悟”的美学思想以其严谨的有机结构，阐发出关于包括盆景在内的艺术审美创造、审美体验等众多的美学命题。如“禅宗自然心相化与艺术创造”“审象于净心，成形于纤手”“禅宗的空寂之美”“般若观照与艺术审美体验”“艺术的禅境之美”等，形成了丰富的禅宗美学体系。这些美学思想在盆景艺术上的应用，我们将在中篇分论中进行论述。

二、禅宗思维和盆景艺术思维的同构关系

从上述禅宗美学的主要逻辑构成上，我们大致可以领略到禅宗的主要思维特征：不依赖知解，反对理智介入，通过直觉体悟的超越思维，达到理想的佛陀境界。即禅宗思维具有直觉体验性、非理性、超越性等特征，而这种思维模式为包括盆景在内艺术思维提供了理论依据。

（一）禅宗直觉顿悟思维与盆景艺术审美活动的同构关系

盆景艺术是以树木、山石、水土、盆器等为材料，以具体生动可感的艺术形象的再现来反映社会

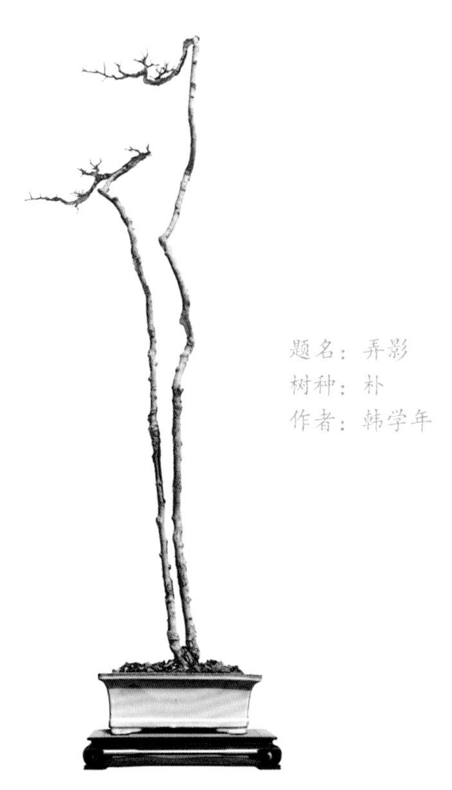
题名：弄影
树种：朴
作者：韩学年

生活的一门艺术，艺术思维自始至终都离不开感性形象。在塑造盆景艺术形象的过程中，素材的去粗存精、综合、提炼概括、加工等也始终离不开感性思维，在一定程度上往往凭感觉行事。实际上，艺术的感性、直觉思维方式也是国人的主要思维方式。基于一种“眼见为实”的亲证心理，只有直观体验才肯信服，热衷于理性经验式和直觉体悟。《庄子·天道》中《轮扁斫轮》的寓言故事说明，道家也注重这种直觉体验式思维。这种以心为主体的思维模式，完全不同于西方的概念和逻辑推理分析，注重的是体验和内省，具有一种不可言说性，这种不可言说性就是直觉体悟的产物，体现在中国传统美学的诸多概念上，都带有某种模糊性、不确定性，如“气韵”“韵味”“意境”等，这些概念在不同层次、不同角度上具有多种含义，而不同的概念之间在某些方面又会重合起来分不开界限。如苏轼的“味摩诘之诗，诗中有画；观摩诘之画，画中有诗”，这是苏轼从王维的诗中和画中直观的感悟，而非逻辑分析的结果，所以有结论，而无论证。实际上不是不想论证，而是这种直观感悟无法用语言表达清楚，一旦表达即落入“第二义”。这种只可意会，不可言传的审美思维特征正是禅宗悟的特点。

从艺术创造的主体而言，禅宗以直觉观照、反照本心为特征的参禅方式，以顿悟为特征的思维方式及以喻示、含蓄、打破常规为特征的表达方式，改变了小乘佛教以说教、灌输经文为主的修行方式，凸显了自性自悟，这正好契合了艺术家试图在作品中表达自我细腻、微妙的情感的愿望。禅宗这种以捕捉鲜活的具有生命气息的生活对象，进行整体地直觉性把握的思维方式，和盆景审美活动中的思维不谋而合，确有异曲同工之妙。

在盆景艺术创作过程中，我们有时候会被已知、所知所局限，陷入所谓的条条框框中，绞尽脑汁却不得其解，这就是禅宗上所说的见惑，这些见惑往往束缚住思维使其不能逾越自设的条条框框，使创作陷入迷途。实际上，此时我们已经失去了自主和自我。当我们面对这种窘境时，不妨离开创作状态一段时间，在不经意间，当某种机缘巧合时，你可能会灵感爆发，突然打通你淤塞不前的思路，从而茅塞顿开，创作出自己满意的作品。实际上这就是悟，这就是禅。所以说禅宗顿悟与艺术灵感属于同一种精神现象，不受主观意志的左右，具有不期而至的突发性和触发性。以直觉体验为特征的“悟”的美学思想在盆景艺术上的应用将在中篇中进行系统阐发。

（二）禅宗非理性思维与盆景艺术审美活动的同构关系

禅宗思维的另一个显著特点就是非理性。禅宗否定概念、推理、逻辑等理性思维，认为这是一种有碍发现真理的“边见”。这种思维方式充分地贯穿在“机锋”“棒喝”“公案”等禅理传授中。所谓的“机锋”就是通过隐喻、暗示等活泼有趣的语言，引导学人悟道；所谓的“棒喝”就是及时阻断学人的常规理性思维，使其回到非理性思维的正确轨道上来；所谓的“公案”就是让学人参话头、参公案，从而寻求禅机。不管哪一种都是启发学人以非理性思维即超越思量和非思量方式去悟道。这些大量的“机锋”“棒喝”“公案”往往是以非常规的方式出现的。马祖野鸭子的公案，就是典型的例子。据《五灯会元》卷三《百丈怀海禅师》记载：马祖和弟子百丈怀海在郊外行走，见一群野鸭子飞过。马祖问：“是甚么？”百丈说：“野鸭子。”马祖又问：“甚处去也？”百丈答：“飞过去也。”马祖于是

题名：俏丽
树种：冬红
作者：韩学年

题名：青山绿水入梦来
石种、树种：新疆绿碧玉、枸子等
规格：盆长160cm
作者：黄大全

狠狠拧了百丈鼻子，百丈“负痛失声”。马祖提示说：“又道飞过去也。”（意思是说，又按逻辑思维去判断了。）百丈“于言下有醒”，从而开悟。又如，洪州水潦和尚初参马祖，问：“如何是西来意？”马祖叫和尚“礼拜着！”当和尚“礼拜着，祖乃当胸踢倒。师大悟，起来拊掌呵呵大笑”。马祖的扭鼻、脚踢无非是要斩断学人的常规思维模式，使学人回到直觉体悟的正确道路上来，从妙语连珠的“机锋”中听出玄外之音、言外之意，从而领悟真谛。

这种非理性在禅宗公案中比比皆是，这些异乎常人的言谈举止，在科学家那里被视为悖理，在逻辑学家那里被斥为荒诞，而在禅宗那里却被誉为富有禅趣，符合禅理，体现的是禅宗“反常合道”的重要思想。所谓“反常”，就是表面上看起来似乎违反人们习见的常事、常理、常情、常态；所谓“合道”就是实际上反而能深刻揭示事物的本质。

禅宗这一被视为悖理、荒诞的奇特思维方式，在艺术领域却备受青睐，在艺术审美活动中具有及其宝贵的美学价值。表现在盆景艺术上，反常合道乃是盆景艺术家情感的一种特殊的表现形式。所谓的情感反常表现，是指艺术家对审美对象的审美体验，以违背一般的常理和思维逻辑的形式表现出来，如盆景艺术中的夸张、变形乃至无形式的形式等，都体现了这种禅宗美学思想。这种表现形式比正常表现形式常常具有更浓的审美趣味及更大的审美吸引力。这也就是苏轼所说的“奇趣”境界。反常合道的美学命题为盆景的个性化创作乃至奇趣境界的创构提供了理论依据。其在盆景美学上的应用将在中篇中进行阐发。

（三）禅宗超越思维与盆景艺术审美活动的同构关系

艺术审美在于超越，而禅宗的超越思维为包括盆景在内的艺术审美提供了理论支撑。如前所述，禅宗是一门以解脱为教旨的佛教，解脱人的生死烦恼是其宗旨之一。禅宗借助其空观思想，将有形物质世界看作一种因缘和合而生的不真实的幻象，缘生即色，缘灭即空。在禅宗看来，“无生”指一切事物的实体存在都是假象，都是空的，所谓“色即是空，空即是色，”花开花谢只是瞬间，人生也是这样，既然无生也就无灭，从生灭现象中看到无生无灭的本质。生灭是短暂的，而无生无灭却是永恒的，从悠悠生死中了悟无生，就是在短暂中体认永恒，由此消除短暂与永恒的隔阂，最终通向涅槃的最高境界。禅宗所追求的，乃是通过“自心顿见真如本性”，成就清净法身，契证宇宙万物的最高精神实体，实现个体自性与自然法性的统一，从而进入涅槃的理想境界。因此，禅宗并不关注读经、坐禅、礼佛等形式上的东西，而是注重与感性世界交融契合，从而实现真如本性的目的。

禅宗把宇宙万物的真实存在看作假象即所谓“空观”，然而，并不离开此岸的感性世界，而追求虚无缥缈的东西。因为“真心”无法离开“妄心”而独立存在，心具有一体两面性，真如需要从现实感性世界直觉顿悟，“青青翠竹，尽是真如，郁郁黄花无非般若”。人与自然的关系本是因缘和合而生，本自一体，相互交融，随缘任运的统一体。禅宗认为“无情有性之物，皆佛性不失”，这彻底打破了物与我分别的“我执”“妄念”，在自然观上就成为物我同一平等理念的基础。“一切声是佛声”“一切色是佛色”，在禅宗这里，以因缘和合而成的此岸感性存在，已不是四大皆空，而是“本体”自现。正像英国诗人布莱克的一首诗描写的那样“一花一世界，一沙一天国，君掌盛无边，刹那含永劫”。

既然此岸现实世界中的“一切声色，皆是佛事”，那么孕育着无限生机与活力的广阔大自然，便成了禅宗悟道参禅的极好道场，这也是禅宗特别喜欢大自然的原因所在。禅宗将只存在于彼岸的最庄严最神圣的东西诸如法性、佛性、真如等拉回到现实感性世界中，将此岸与彼岸浑然统一起来，否定了传统佛教超现实的性质，实现了禅宗物我圆融统一的认识途径，形成了禅宗独特的修禅方式。“僧问：如何是古佛道场？师曰：秋风声飒飒，涧水声潺潺。”禅宗的奥秘在于超越，但这个超越离不开感性世界。实际上，禅宗的这种对宇宙自然的观照，并不在于客观地去认识把握客体自然的客观规律，而是要借助于对宇宙自然的谛观领悟，来印证主体自我的“自性”，所以在禅宗的这种谛观默照中，作为客体的自然便与作为主体的自我，有机地融为一体，超越了物我界限，从而实现了物我圆融统一。“问：如何是佛法大意？师曰：落花随水去。曰：意旨如何？师曰：脩竹引风来”。在禅宗典籍中类似这样的记载还很多。大自然中的日月星辰、春风秋月、夏雨冬雪、山川大地、花开花落、鸢飞鱼跃、空山清溪等，禅宗之所以对其有特殊的偏爱与热情，其根本原因在于禅宗认为这自然世界中的万类存在，都是禅的本体和真谛的外在显现，而亲近自然，谛观和领悟其中奥妙、玄机即所谓的法性，便成了禅宗亲近大自然的直接目的。“前树叶落尽，深院桂花残。此夜初冬节，从此特地寒。所以道：欲识佛性义，当观时节因缘。时节若至，其理子彰”；“荣者自荣，谢者自谢。秋露春风，好不自便”。禅宗这里所要指明的，都是一种摈弃传统佛经佛典，而在宇宙自然中感受和领悟真理的认识途径，把自然之物作为发现本源之心的参照物。

禅宗的超越境界是一个物我两忘而又物我浑然一体的高度契合的统一体，“即心即佛”。如果剥离宗教的神秘色彩，与其说这种精神境界是成佛的境界，还不如说是人与大自然整体合一，因而能够真切体验生命情调和生命冲动的审美境界。

禅宗追求的“无内无外”“物我合一”的超越境界，是人的内心世界与客观世界相互感应、高度契合的产物，体现的是中国传统文化中“天人合一”的哲学思想和最高审美追求，是摆脱一切外物束缚，获得超功利、超厉害得失的最高精神体验，达到一种自由无碍的超脱境地。禅宗所追求的这种超越境界也是盆景艺术追求的最高目标（参见中篇《盆景禅意及禅意表现》《文人树审美超越性》《般若观照与盆景艺术审美体验》等）。

盆景艺术的超越性，是由盆景艺术性质决定的。盆景艺术是运用一定的物质材料传达盆景艺术家内心的审美体验，也就是说体验性是盆景艺术审美的本质特征。只能靠“默契神会”。“神会”的过程是超感观的，是清除心中一切杂念，使内心处于一种无意识状态，从而进入深邃的、形而上的观照。也就是老子所说的“涤除玄鉴”，涤除不是擦亮眼睛，而是洗净心灵，还内心一个虚静澄明的世界。盆景艺术既不是照搬描摹，也不是艺术家的主观臆想，盆景艺术是客观世界和主观心灵共同作用所塑造出的精神性产品。盆景艺术的创作过程，实质就是一个由真实世界走向意象世界，并以艺术的视角形象反映生活中的真善美的过程，这样就必须对主体和客体的双重超越。正如瑞士心理学家荣格

题名：疏林松风响
树种：五针松
作者：李平、朱有为

题名：云仙
树种：真柏
作者：赵德福

题名：岁月的痕迹
树种：地柏
作者：方武

先生所说的那样："艺术作品的本质在于它超越了个人生活领域而以艺术家心灵向全人类心灵说话"。

禅宗的兴起，为古代中国文人士大夫提供了一种适意的精神家园，这与文人士大夫那种追求适意的人生哲学和淡泊宁静的审美情趣相融合，并由此促成了中国式艺术思维方式的产生。由于禅宗思维和艺术思维方式上的这种相似或相通的同构关系，中国历史上很多的艺术家都通晓禅理，如王维、苏轼等。也有很多的禅宗大师也精通艺术，如宗炳（南朝宋佛教徒、画家）、中峰明本（明朝禅宗大师，热爱盆景）。很多艺术家和禅僧来往密切，他们一边谈经论道，潜心修佛，一边吟诗作画，两种境界相得益彰，互相启迪，共同开启着两种文化疆域里的广阔天地。所有这些无不体现着禅宗思维和包括盆景在内的艺术思维的高度契合性。

三、禅宗对盆景美学的重要贡献

禅宗是中国化的佛教，虽然没有直接建构其美学体系，但其独特的思维方式、超越的精神境界、丰富的审美内涵为中国传统美学作出了巨大贡献。正如祁志祥先生指出的那样："佛教本无意建构美学，但佛教经典在阐发其世界观、宇宙观、人生观、本体论、认识论、方法论时又不自觉地透露出了丰富的美学意蕴，孕育、胚生出许多光芒耀眼为其始料不及的美学思想。"由此我们可以进一步明确，禅宗美学是在深切关注和体验人的内在生命意义的过程中生成和建构起来的。虽然禅宗无意创立美学，也无意引领文艺创作，但其立足于儒道的人格主体修养的心灵化，那不需要逻辑、规范而是个体感受和直觉顿悟的独特思维方式，那超越主客两分的审美境界的追求，却揭示了艺术创作的形象思维和审美活动直观把握的规律，使中国包括盆景在内的艺术之审美和艺术创作产生了质的飞跃。

下文我们从禅宗的宇宙自然观、认识论、本体论以及方法论等方面出发，结合盆景艺术的本质特点，谈谈禅宗思想对盆景美学的主要贡献。

（一）禅宗自然观对盆景审美意象创造的意义

中国人的审美经验与中国人的自然观有着极为密切的关系，可以说，中国美学是自然主义的。儒家虽然是以道德修养为目的教化美学，但仍然倾心于"仁者乐山，智者乐水"式的与自然"比德"（参见中篇《比德的美学意蕴及在盆景艺术上的应用》）。道家庄子的"齐物论"和"逍遥游"将自然与人放在平等的位置，以实现绝对的自由。魏晋的玄学家们不仅复兴了庄子的传统，而且持自然的唯美主义。至于禅宗，它固然把自然界看空，然而禅师们却对自然情有独钟，因为禅之悟离不开自然。从现象上看，儒家、道家、玄学、禅宗似乎对自然都持有一种亲和的态度，然而，从认识上却有着本质的区别。儒家、道家及部分玄学思想对自然持实（有）的主张（自然主义），而禅宗持空（幻）主张（唯心主义）。

禅宗对自然的认识，一方面将自然与人生都视为虚幻的假象，是空幻的不真实的；另一方面又巧妙地保留了它的所有细节，实际上已将自然心化，也就是说我们看到的一切现象皆为心造。《华严经》云："心如工画师，能画诸世间，五蕴悉从生，无法而不造。""心"是纯粹直观的本体，"法"是纯粹的现象。这是一类特殊的审美经验，其特殊之处就在于，它一改庄子和孔孟们人与自然本然的亲和融溶关系，自然被心境化了。从某种意义上说，心相化的境界是超越主客的统一，其美学意义在于可以将自然现象作任意组合。因为自然现象被空观孤离以后，它在时空中的具体规定性已经被打破，因此主观的心可以依其需要将它们自由组合，形成境界。由此，自然被赋予了新的意味，这一心造的境界使审美直观发生了质变，它重新塑造了中国人的审美经验，使人的审美向深层的心灵化掘进。

禅宗心相化的自然观对盆景美学意义非同小可。众所周知，盆景是一门造型艺术，源于自然但绝不是对自然的照搬照抄，必然有主观的成分，换句话说，必然受心相的影响，这个心相实际上就是美学上的喻象，对盆景而言就是审美意象。从盆景审美创造整个过程看，从眼中之竹到胸中之竹再到手中之竹，审美意象的生成贯穿盆景创作全过程。可以说，禅宗自然心相化为盆景审美意象创造提供了新的理论支撑（参见中篇《禅宗自然心相化及于盆景艺术之意义》）。

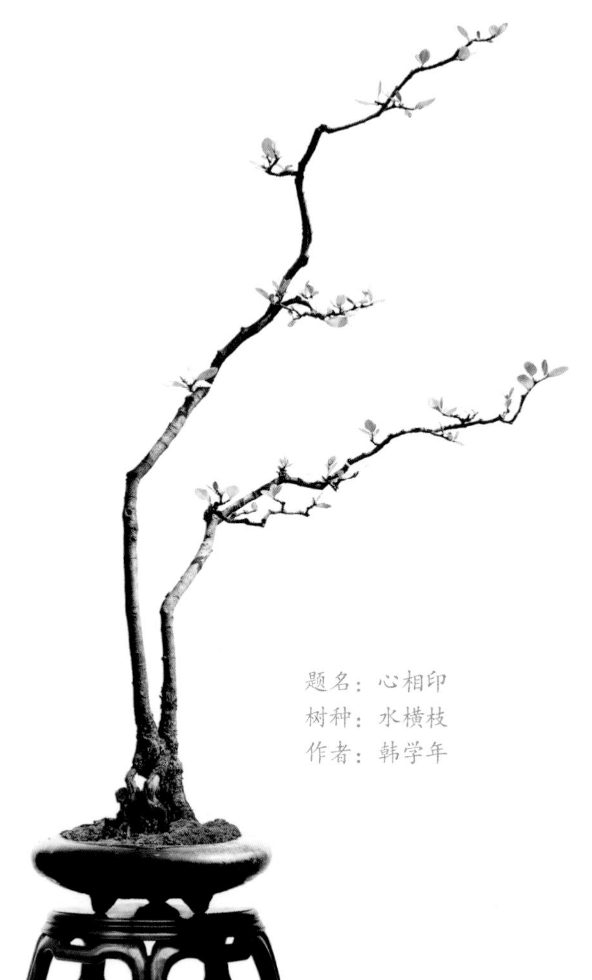

题名：心相印
树种：水横枝
作者：韩学年

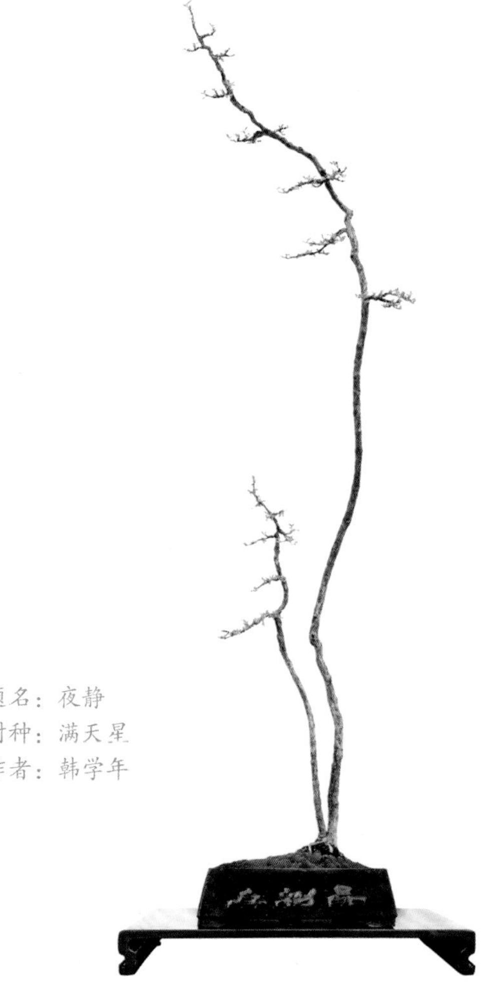

题名：夜静
树种：满天星
作者：韩学年

（二）禅宗"净心"思想于盆景审美创造活动之意义

慧能在论述"三无"思想时指出，要做到"于念而离念"，"于相而离相"，关键在于"净心"，有"净心"则"心量广大，犹如虚空……"所谓的"净心"就是扫除一切虚妄，排除一切杂念，以"虚空"之"净心"观照宇宙万物，从而体认那种圆满的、自由的、纯真的内在生命。

我们知道，自由是审美活动的前提条件，老子提出的"涤除玄鉴"，庄子主张的"心斋""坐忘"都把审美活动建立在排除一切功利欲望等束缚的前提之上。无疑，慧能以"净心"观照宇宙万物的思想是对老庄思想的丰富和发展，都是通向审美的。只不过庄子的目的在于"逍遥"，而禅宗的目的在于"解脱"。

"净心"观照的禅宗思想，对盆景美学也具有一定的理论意义。包括盆景在内的艺术审美活动不同于科学认知活动和伦理实践活动，它是采取审美观照和情感体验的方式去把握世界。因此必须具有一种虚空明净的、排除利害欲求的审美心境。深谙佛理的王维基于这一禅宗思想提出了"原夫审象于净心，成形于纤手"的美学命题，前半句说的是，要以虚空明净的审美心胸审视、观照审美对象，以领悟、把握其内在意蕴与人生真谛；后半句说的是，创造出富含意蕴的艺术作品还要具备娴熟的技法，将审美创造的两个必要条件有机结合起来。盆景艺术审美创造也是这样，没有"净心"的审美观照，就不可能把握事物的本质特征，没有娴熟的技艺也不可能创造出富含意境美的盆景作品。

（三）禅宗"悟"的思想对盆景艺术创作及鉴赏之意义

如果说"悟"是禅宗的看家法宝，是禅宗的灵魂和核心，那么，"悟"同样也是盆景艺术创作鉴赏不可或缺的主观条件。首先，"悟"是盆景创作构思中一个特殊的阶段，它的表现形式就是灵感的爆发，没有灵感的作品，一定不会是好作品。其次，"悟"是对盆景审美特征的反复品咂和领会。缺乏这一过程，就不可能领会作品的审美意蕴乃至作品所表现出的意境。再次，"悟"是对盆景创作规律和技巧的体验和把握。我们通常所说的悟性，并不是仅仅指一个人的天赋，而更多指的是人对创作规律和技巧的体验领悟程度。也就是说悟性不仅和天赋有关，更重要的和创作经验积累领悟有关。有关"悟"的思想在盆景艺术上的应用请参见中篇《以悟为则——盆景艺术创作及鉴赏的直觉体悟》一文。

题名：醉春风
树种：满天星
作者：韩学年

（四）禅宗对盆景禅境之美的贡献

禅宗通过自心妙悟而实现精神的超越，在想象中构成一种朦胧的神秘的佛的境界，这是一种人和大自然圆融合一、和谐宁静的理想境界，它在艺术中表现为一种玄妙空灵、清幽淡远的心灵状态。正如美学大师宗白华先生所说："禅是中国人接触佛教大乘义后体认到自己心灵的深处而灿烂地发挥到哲学境界与艺术境界。静穆的观照和飞跃的生命构成艺术的两元，也是构成'禅'的心灵状态。"禅就是要在有限中超越无限，追求一种瞬刻即永恒的本体静寂之美。盆景艺术也是心灵折射的产物，由禅宗思想阐发的盆景的禅境之美是盆景意境美的最高层次，它在盆景艺术中表现为一种淡泊、空寂、辽远的意境，体现着人生对一种清净、和谐、澹荡、闲适原生命之美的追求（盆景的禅境之美参见中篇《盆景的禅意及禅意表现》《盆景的空寂之美》）。

四、禅宗对包括盆景在内的艺术风格的影响

禅宗是一门极度心灵化的生命美学，在禅宗审美思潮的影响下，中国的文艺审美及创造呈现了质的飞跃，在诗画界涌现出大批以禅为诗、以禅为画的大家。比如严羽、王维、宗炳、苏轼、倪云林、王士祯等。在这里，最著名最有影响力的当属唐朝诗人、画家王维，他不仅诗有禅意而且他首创了泼墨山水，摒弃了以往山水的浮华之风，把原来以线为主要艺术元素的山水画向以水墨渲染为艺术元素的水墨画推进，并提出了"夫审象于静心，成形于纤手"的美学命题，"审象于静心"正是禅宗美学所要求的，其目的就是追求艺术作品中超凡脱俗的心境之美。所以，王维的山水画多是"心触物外，道契云微"的佳品。他对禅宗思想的领悟由此可见一斑。如王维传世名作《雪溪图》。纵观全图，使观者沉浸在一片宁静空寂的山村境界中，仿佛有雪花飘落和行人的脚步悄悄传入耳畔。这就是禅。禅既在刹那，又在永恒，变幻无常，生生不息。虚空中有妙有，妙有中有虚空。禅宗不是道家所谓的自然无为的道，而是以主体的"心"作为求得解脱的根据，由于退回到主体的内心世界，所以经常给自然染上凄清、辽远、空寂等色彩。

禅宗美学思想助推了山水画水墨渲染之发端，并使之在五代走向成熟。其间，荆浩提出"真者，气质具盛""忘笔墨而有真景"的"图真论"，其中的逻辑思辨都透露出耐人寻味的禅学意蕴。五代至宋，禅宗日盛并掀起狂禅之风，参禅的僧人和文人放浪形骸。从内心发掘精神资源。苏轼等文人参与绘画，把宋代的山水画反叛成了不同于荆浩、范宽等人的把庄禅思想导入山水画中的崇正高大的儒家遗风，而是墨戏禅悦、平淡天真的一种完全符合庄禅思想基调的形式，使中国画审美逐渐由"气韵"转向空灵，由"写形"转向了"写意"，从此诞生了文人画。当今以孤高、淡雅、简约等为特征的文人树盆景就是这种写意风格。

由于禅的境界在于摒弃一切妄念，而见出澄明的真如本性，因而，心灵的纯粹的境界就是禅的境界。

在表现人的灵性方面最能代表的是八大山人。其一生有亦禅亦儒亦道的丰富的阅历，一生坎坷彷徨无奈，却又无力反抗，反应在其绘画上往往是扭曲夸张的形象，其作品通过夸张、变形等手法真实反应了其心灵境界，有明显的禅宗美学特征。八大山人的画，以奇、怪取胜。奇、怪，不在位置，不在常理，而在气韵，体现的是禅宗反常合道思想；奇、怪不在有形处，而在无形处，体现了禅宗空观思想；不是以形态表现无形态，而是以无形态作为创造主体，在无形态中表现自身。这与禅宗的直觉顿悟而见真如本性的美学思想是相当一致的，一

王维《雪溪图》局部

八大山人《野凫图》局部

片树叶往往也意味着宇宙万物存在的真理，而宇宙万物的存在真理，也可全部无遗地体现在一片树叶中。八大山人诗句："大禅一粒粟，可吸四海水"最能代表其义。

八大山人之画以淡为尚，以简为雅，以惨淡微茫为妙境。在恬淡虚无的笔墨韵律中，展示自然与人生的内在节奏圆融统一，即物我无间神遇迹化的豁然开悟之境。八大山人之画力求用极简的淡墨来呈现闲远澄淡的境界，将自身的情感、意绪、心境引发出来，以体味象外之象。八大山人的画体现了解脱束缚和精神自由的理想境界。如八大山人作品《野凫图》中所绘野凫垂直头部站立在一块礁石上，野凫造型并非取其优美姿态，头部直立与画面呈90° 角，眼神疑惑亦显孤独冷傲，野凫尾部与头颈呈直角，亦是表现野凫形态并不舒服的一瞬间，是打破常规的表现方法。野凫站于礁石之上，礁石的形态留白亦如翅膀收紧的野凫侧卧，野凫如礁石，礁石如野凫；礁石亦是野凫所变，野凫亦是礁石所变；不是野凫，不是礁石；以前是野凫，现在是礁石；现在是礁石，又将要变成野凫。总之世界就是这样，没有固定不变的野凫，也没有固定不变的礁石。一切恍惚，没有一个定在，一切都是不可把握的、不真实的、流动不居的幻相，其画正是体现了这种一切皆空的禅宗思想。

禅宗对艺术风格的影响是巨大的，然而，禅宗毕竟是中国化的佛教，骨子里仍然渗透、融合着儒道思想，尤其作为主流文化的儒家思想是不容撼动的，体现在文艺中，更多的是儒道禅思想的融合。正像李泽厚先生在《禅意盎然》一文中指出的那样，"禅宗的艺术风格虽然具有印度佛教的色彩，但骨子里却渗透、融合了儒道的思想影响，并以独特的形式表现出来，人生态度经历了禅悟变成了自然景色，自然景色所指向的心灵境界，这是自然的人化（儒）和人的自然化（庄）的进一步展开，这里已不是人际（儒），不是人格（庄），不是情感（屈），而是心灵整体的境地。""这种境地不再是魏晋六朝的'气韵''神韵'，而是脱开了那种刚健、高超，而成为一种平平常常却有深意的'韵味'，也就是'冲淡'的'韵味'。它通过某种一般的自然景色的具体描绘来展现人生——已经不是那么纯粹了。但是，有禅意美的中国文艺，一方面由于多借外在景物特别是自然景色来展现心灵境界，另一方面这境界的展现又把人引向更高一层的本体探讨，而又进一步扩展和丰富了中国人的心灵，使人们的情感、理解、想象、感知以及意象、观念得到一种新的组合和变化。"李泽厚的这些见解高度概括了禅宗美学思想的艺术风格以及对文艺的影响。

"随风潜入夜，润物细无声。"虽然史料上没有明确记载禅宗对盆景艺术风格的影响，但植根于中国传统文化这片沃土上的盆景艺术不能不受到禅宗思想的浸染，这点我们可以从部分现代盆景艺术禅境表现中体悟到（参见中篇《盆景的禅意与禅意表现》《盆景的空寂之美》）。

禅宗美学以其严谨的逻辑构成、独特的思维方式、超越物我圆融统一的审美境界，为盆景艺术的审美创造、审美鉴赏注入了极为丰富的营养，使盆景艺术沿着具有民族特色的道路一路向前。

第二节　禅宗与盆景艺术的渊源

艺术和宗教是一对孪生姐妹，盆景艺术也不例外，它和佛教、道教有着千丝万缕的联系。现将部分佛教、道教与盆景有关的考证摘录如下：（所有资料均摘引自李树华的《中国盆景文化史》第二版，中国林业出版社2019年11月）

一、与宗教有关的壁画、绘画中出现的盆景

• 隋代，隋文帝杨坚、隋炀帝杨广都推崇佛教，隋代石窟壁画中出现盆景的图案。

• 敦煌莫高窟第112窟南壁《金刚经变》中菩萨手托盆花图案。

• 莫高窟第119窟西壁北侧有菩萨手托盆花的图案。

• 唐·卢楞伽《刘尊者像》现存六幅中第二幅，是描绘外族二人向一僧者献盆景和怪石情景的图画：一人跪伏在僧者之前，一树石盆景置于他们之间；另一人站立，双手托一山石。树石盆景是在一椭圆形浅盆中栽植两株小树，一大一小，无叶；并点缀两锥形山石，一高一低；盆土（或砂）起伏，表现了具有平远和高远感的自然山野景观，已接近今天的水旱式盆景。

• 吴道子《八十七神仙图卷》中的盆花：此画是释道画中最为经典的一副，除了画有八十七位栩栩如生的神仙以外，画中还有多位神仙手捧盆景（花），说明盆景（花）与释道有着密不可分的关系。

• 山西五台山佛光寺一壁画中菩萨手捧山石盆景。

• 山西高平开化寺壁画《说法图》《观世音法会图》等有多幅出现山石盆景的图案。

• 北宋《梵王礼佛图》中右侧为一捧盆花侍女。

•（宋）少林寺舍利石函画像中间的贡品为摆放于自然石几之上盆花。

• 南宋佛画题材出现的山石盆景：南宋众多的《罗汉图》《千手千眼观世音菩萨》与大理国张胜温《画梵像》中都描绘有把山石盆景、珊瑚盆景奉献给罗汉的场景。

唐代，吴道子《八十七神仙图卷》中的盆景（花）

北宋，《梵王礼佛图》（局部，捧盆侍女），像高90cm，河北定州精志寺塔基地宫东壁

1.日本京都大德寺藏《五百罗汉图》中的珊瑚盆景

《五百罗汉图》就是利用水墨技法，描绘的天台山五百罗汉姿态的作品，属于宋代佛画的代表作品。其中有两幅出现了盆景。一是在第10幅《地神来访图》中，地神跪拜地上，手捧一山水盆景贡献给数位罗汉。其山石姿形变化，玲珑剔透。二是在第十二幅《胡人来访图》中，胡人身着胡服，头戴斗笠，双腿跪拜，手捧一枯树状珊瑚盆景。

2.美国波士顿美术馆藏《五百罗汉图》

这十幅作品均为日本出售到美国，其中有两幅中出现了盆景。一幅是《受胡轮贶图》，另一幅是《竹林致琛图》。《受胡轮贶图》中，一胡人骑在骆驼背上，手捧大型珊瑚盆景，此外，骆驼右侧驼着象牙、奇石，都是给予罗汉们的进贡礼品。《竹林致琛图》中，一胡人双膝跪地，双手捧一大型浅水盆中放置珊瑚的山水盆景，胡人右侧还放着两根象牙。

3.刘松年《罗汉图》中的盆景

刘松年曾画有三幅《罗汉图》，其中第一幅《藩王进宝》中所进宝物即是由珊瑚等做成的山石类盆景。第三幅画面为苍翠古松，松间果树垂枝。

4.陆信忠《十六罗汉图》中的盆景

在其《十六罗汉图》的其中一幅中，有一西域使者将盆景敬献给三位罗汉。

5.《千手千眼观世音菩萨》中的盆景

画中观音千手所持法器物件中，出现了两盆树

日本京都大德寺藏，南宋淳熙5-15年（1178—1188）《五百罗汉图》〈地神来访图〉

莫高窟藏经洞，五代，佚名《水月观音图》，纵83cm、横30cm

木盆景：一盆山石盆景，一盆珊瑚盆景与一枝珊瑚，说明佛教和盆景具有不可分割的关系。

6.大理国张胜温《画梵像》中的盆景

在画卷中的“数百位佛教人物”中的“南无三会弥勒尊佛会”的中央菩萨前的供桌上，供养着盘花、盆景共三件：左侧为盘花；中部在高脚莲花盆之上安置一陡峭山峰，仙气缭绕；右侧在海棠形浅盆之上安放玲珑剔透的奇石，说明当时的大理国已经开始在佛教场合陈设山石盆景。

• 西夏敦煌莫高窟壁画中描绘的盆花盆景

1.莫高窟第十六窟壁画中描绘的盆花

北壁西侧的四身供养菩萨，手持香炉、拈花或手捧花盆，足踏莲花，沿七宝池水徐徐而行。

2.莫高窟第207窟壁画中描绘的酷似山石盆景的花篮

• 西夏榆林窟壁画中描绘的山石与盆景

1.榆林窟第二窟《水月观音》图中陈设的山石盆景

画面中，观音菩萨左侧自然石几之上，摆放一山石盆景（有说香炉），与周边环境形成宁静的氛围。

2.榆林窟第三窟文殊变和普贤变中描绘的山石盆景

在第三窟西壁普贤变中出现了出现了附石式树木，在文殊变中洞府前也出现了树石景象。此外，同样的第三窟文殊变中，有两位帝释天手端耸立于金银财宝中，两个酷似兽头，冒着神火的山石盆景的景象，该两位帝释天其中一位面向左侧，另一位面向右侧，盆景也被王室、宗教设施使用的情况。

• 山西金代佛寺壁画中的盆景

1.岩山寺壁画中的盆景

该寺位于山西省繁峙县。在岩山寺壁画中，出现三幅山石盆景的图片：一幅出现于《太子回城》，另一幅出现于《鬼子母经变图》，还有一幅出现于《手捧山石盆景的飞天》中。可见当时宗教设施中陈设盆景比较常见。

2.崇福寺壁画中的盆景

该寺位于山西省朔州市朔城区。其金代壁画中有菩萨左手捧珊瑚宝盘盆景的图案。

• 山西永乐宫壁画中的盆景作品

永乐宫，因原址位于山西芮城县永乐镇而得名，是道教三大祖庭之一，中国现存最大的元代道教宫观。永乐宫于元代定宗贵由二年（1247）动工兴建，元代至正十八年（1358）年竣工，施工期达110多年。元中统三年（1262）扩为“大纯阳万寿宫”。永乐宫壁画是元代寺观壁画中最为引人入胜的一章，在中国壁画史上，享有至高无上的地位。该壁画中，表现盆景作品多达数十幅，是研究我国元代盆景，特别是寺观宗教设施中盆景应用情况的第一手宝贵资料。

1.三清殿壁画中的盆景

在《朝元图》中，先后出现了手捧宝物的“奉宝玉女”、手捧灵芝盆景的“灵芝玉女”、手捧盆花的“盆花玉女”、手捧山石盆景的“奇石玉女”以及“奇石玉女”前侧几案上摆置盛开的牡丹盆花和凤凰旁边的盆花。其中“奇石玉女”所端奇石具有“透”“漏”“瘦”“皱”等太湖石的鉴赏特征。

2.纯阳殿壁画中的盆景

（1）北壁后门楣上是《八仙过海图》，门内东西两旁画松仙和柳仙。把松树、柳树分别比喻为神仙的松树、柳仙，说明树木在人们心目中占据十分重要的位置。

（2）《显化图》中五十二幅的多幅绘画中都表现了盆景作品。

a.《慈济阴德》画幅中的盆景

画面中有放置于庭院中方形石几之上的大型山石盆景，大理石圆盆，宽口沿外翻，山石大概为取自北方的北太湖石，山石蓝灰色，两山峰一高一低，下部连接一体，盆内石基处栽植草本植物；石几后侧丛生似为山桃的灌木，正在开花。

b.《神化仪真绘像》画幅中的盆景

画面建筑前平台上陈设一山石盆景，盆钵似为海棠形圆盆，山石稍稍向左探伸，山石基部长有茂密的草本植物。从整体效果看，该盆景为一制作多年的老作品。

c.《神化赵相公》画幅中的花池景观

画面左前方，方形树池中放置山石、栽植芭蕉，形成一大型礁石景观。

d.《神化赐药狄青》画幅中花池景观

画面右前方，在一束腰圆形花池内，栽植比较高大观赏树木，构成一花池景观。

e.《探徐神翁》两幅中的盆景

建筑台基之上，有一三脚莲形台座，其上放置一山石盆景，盆为椭圆形海棠盆，其中似有水，一挺拔峭立山峰独置其中。

f.《度陈进士》画幅中的盆景

庭院地面并排摆放两盆盆景，左侧为一草本盆栽，种类有可能为兰花；右侧为一山石盆景，盆钵为上大下小的圆形瓷盆，盆壁有纹饰，山石峭立，基部似乎栽植迎春花。

g.《救孝子母》两幅中的盆景

在建筑与庭院中栽植的芭蕉之间，摆放两盆盆景，右侧为奇石菖蒲盆景，左侧为一瓷盆盆景，盆内密生花草之间耸立一奇石。

3.重阳殿壁画中的盆景

（1）《长春入谒》画幅中的大型树木盆景

入口右侧陈设一大型树木盆景，盆钵似为石材制盆，盆树主干粗壮，近十个枝片错落有致地分布于主干两侧及后侧。

（2）神龛后壁背面壁画中的盆花

神龛后壁背面壁画中，可见一供奉侍女，左手执灵芝，右手托一盆花。

• 在日本被誉为日本有关高僧题材图画作品中最精彩的《玄奘三藏绘》就是根据《大唐大慈恩寺三藏法师转》，把唐僧从出家到西天取经再到佛经翻译，最后到圆寂的主要功绩，分为十二卷、76段进行了长篇描绘。画面表现上，用华丽的色彩涂抹的山水、建筑，用流畅的线条描绘的树木、人物等，具有中世大和的样式特点。从作品艺术特点可以看出，这是14世纪前半活跃的宫廷画师高阶隆兼

《玄奘三藏绘》第五卷第五段，玄奘三藏磕拜释迦成道的菩提树，图中菩提树被栽植于相当于圣坛的花台上

师徒所作。该作品完全再现了当时兴福寺大乘院的景象，做成之后倍受保护。作品中多处表现盆景、庭院造型树木的画面，这些盆景、造型树木虽然不是我国唐代的样相，但可以通过画面了解14世纪前半期日本盆景的概况。

此外，元、明、清还有大量与佛教有关的壁画、绘画，在这里就不一一列举了。

二、禅僧与盆景

• 皈依禅宗的王维，对盆景颇有雅兴，他利用兰蕙与怪石制作盆景赏玩，冯贽的《云仙杂记》中提到："王维以黄瓷斗贮兰蕙，养以绮石，累年弥盛。"

• 皈依禅宗的黄庭坚也喜好美石，善制盆景，他在日本禅林界享有很高声望。曾作《云溪石》诗曰："造物成形妙画工，地形咫尺远连空。蛟鼍出没三万顷，云雨纵横十二峰。清坐使人无俗气，闲来当暑起清风。诸山落木萧萧夜，醉梦江湖一叶中。"

此外，由长谷川仙斋刊行日本明和七年（1770）的《盆山秘茫》中，收录了白居易的《盆山十德》与黄庭坚的《盆山十德》。黄庭坚的《盆山十德》全文如下：

盆山十德

黄庭坚

一刻转千景。道场中庄严。
平日见四季。招枯木称花。
入山林成主。一石求远近。
览之它情无。无朋友自乐。
炎日得清凉。不行见山海。

据丸岛秀夫博士研究认为，黄庭坚的《盆山十德》与白居易的《盆山十德》相同，全为日本人所作。

• 元朝禅宗大师中峰明本特别喜欢梅花盆景，并为盆梅作诗一首：

月团香雪翠盆中，小枝能偷造化工。
长伴玉山颓锦帐，不知门外有霜风。

• 在日本，日本"五山文化"期间，禅僧们普遍喜好鉴赏园林、盆景及插花，为后世留下了多篇有关园林、盆景与插花的诗文，它不仅是研究禅僧的自然观、哲学观以及生活起居等的重要资料，也是研究园林文化史及盆景文化史的重要文献资料。

盆景与禅的关系是相辅相成的关系，当时的盆景经过禅的洗礼后得到了质的飞跃。同时，盆景文化又是禅文化的一部分。如梦窗国师之法嗣龙湫周泽就酷爱盆景，他在《随得集》中留有盆松、盆梅、盆红白梅、盆竹与盆夏菊等内容的诗文。

一树培从一器中，千年翠色影重重。
谁知杯土乾坤阔，尺才之间有祝融。

此诗咏诵了老干苍松的姿态以及盆松表现出的乾坤世界的雄伟景观（"祝融"为衡山的主峰）。

• 天岸惠广为日本建长寺佛光国师弟子，49岁时因崇慕天目山中峰明本禅师的道风而来我国学道，元德元年（1329）归日。其《东归集》中收录有盆柏诗：

题盆柏

老干轮囷生铁操，无阴阳地别荣枯。
不须更问西来意，只见苍龙争玩珠。

此诗通过枯与荣的对比，描写了柏树铮铮铁

唐代，阎立本《职贡图》中描绘的盆石与怪石，现存台北故宫博物院

北宋，李公麟，《孝经图》（约作于1085年）中的盆花

北宋雍熙二年（985），《水月观音镜像》，现存日本京都清凉寺

骨。同时也展现了“庭前柏树子”的禅宗公案。有学僧问：“如何是佛祖西来意？”曰：“庭前柏树子。”此诗诠释了盆景与禅宗思想相统一的真髓。在日本禅僧中，诸如《盆红梅》《盆竹》《盆莲》《盆踯躅》《盆双松》等咏诵盆景的诗数不胜数，充分说明在日本禅与盆景有着密不可分的关系，对推动日本盆栽起着举足轻重的作用。

• 李树华先生在研究众多日本禅僧文化资料后分析指出：“……五山禅僧的盆景鉴赏趣味受我国唐、宋以及元代等文化的影响极大，主要表现在如下几方面：①原为我国僧侣与文人，后赴日成为五山禅僧，对我国盆景文化在五山甚至整个日本传播发挥了巨大作用。②一部分日本禅僧来我国求学佛法，接受我国文化的熏陶，他们回到五山中后，无疑会大大推动本国盆景文化的普及。③对于当时所有五山禅僧来讲，中国文人的自然观、生活方式以及兴趣爱好都是他们追求的最高境界，而盆景趣味又是我国文人生活中不可缺少的一部分，因此，当时的五山中流行的盆景趣味，必然受中国盆景文化的影响。”

• 江户中期以后，受中国文人趣味的影响，在京都与大阪兴起了追求“文房清玩、琴棋书画”境地的热潮，谢芜村、池大雅、田能村竹田以及赖山阳等的文人仿照中国文人传统，也开始爱好盆景，玩赏怪石。

• 与此同时，煮茶之风在文人之间兴起，席间也开始陈列盆景，一般称之为“文人植木”，后来成为现代盆栽的源流。“文人木”就是文人喜欢的盆景树形。

综上所述，宗教尤其禅宗和盆景具有密不可分的关系，并对盆景艺术的形式、境界等产生了深刻的影响，关于这一点在后面的美学命题中将有阐述。

04 儒、道、禅的互渗融合及禅对儒、道的回归

一、儒、道、禅三教的对立及发展演进

在中国传统文化中，儒、道、佛占有十分重要的地位，可以说，中国传统文化就是三教关系。所以，完整意义上的三教关系理应从佛教传入中国算起。

儒家：儒教从诞生之日起，被一直尊为中国的主流文化。从佛教传入中国开始，儒教对于佛教的态度就以攻击排斥为主，由此可以看出正统儒家对佛教的基本态度。影响较大的有唐朝韩愈的排佛事件。他在《谏迎佛骨表》中就明确表明自己的反佛立场，认为佛教、道教都有损于作为传统统治思想儒家的道统，有害于国计民生。即使到了宋明，随着理学的兴盛，正统儒家对佛教思想有所吸收，但仍然对佛教表现排斥与批评的态度。其原因还是认为其出家、修行方式有违孝道等伦理道德。

道家：在佛教初传时期，道教对佛教的态度和儒教比则平和了许多，尽管《老子化胡经》是佛道之争的产物，但其说初衷，却可能有调和佛道的意味。至于后来，佛教就辟谷与长生之术进行批评，也是因为佛教认为生死无常，两者的认识问题。但在大的方面基本还是同向的，比如，老庄哲学对无为境界的追求、对逍遥境界的追求可以比附佛教。

佛教：在儒家排斥佛教，而道教对佛教却不明朗的情况下，作为外来的佛教对儒教则基本上采取调和、妥协的态度，这种态度也贯穿着后来儒佛关系的全过程。即便宋明理学在学佛的时候同时又大力辟佛，佛教也还是基本上不改其对儒家的基本态度。

佛教之所以持这种态度，是因为：其一，儒家思想一直是中国文化的本根，是被统治者确定的主流文化。其二，从佛教角度而言，由于所关注的问题不同，佛教的思想并没有与儒学思想构成相互矛

题名：遥忆青青江岸上
石种、树种：龟纹石、夏鹃
规格：长 120cm，宽 50cm，高 50cm
作者：田园

题名：忆江南
石种、树种：龟纹石、柽柳、珍珠草、苔藓
规格：盆长 150cm
作者：韩琦

盾敌对之处，而且佛教也一直是和平忍让的宗教。

调和妥协的途径很多，如对儒家的批评积极回应，强调自己也具有社会的教化功能，比如教人行善积德等。所以要从大的方面看，而不应拘于小节。

三教在形成发展中虽然互相有冲突，但也有一致性。其一，三教中，儒家称之为圣人、道家称之为真人、佛教称之为佛，他们在根本上都是一致的。其二，三教在思想上、理论上也有相通之处，儒家称之为儒道，道家本来就称之为道，佛教称之为佛道。他们都可以把思想在“道”这一基点上统一起来。

总体来说，中国的儒、道、佛三教是在冲突与融合，融合与冲突，相互促进中不断丰富发展起来的。

魏晋南北朝时期是三教关系全面展开的时期，也是三教争论全面展开，三教融合全面深化的时期。两汉神学化的经学，在魏晋南北朝时期走向衰落。这时期突出的特征是玄学盛行，佛教发展，道教不断走向成熟。汉代的独尊儒术、经学盛行的局面不得不让位于这种多元文化并存发展的局面。虽然三家彼此存在争论，但总体上还在矛盾冲突中共同存在、共同发展。

首先，儒佛关系：作为儒佛之争的一个重大事件，就是范缜等人站在儒家的立场上，对佛教展开的全面批评。范缜的《神灭论》对外来佛教从社会经济、王道政治、伦理纲常、哲学思想等诸方面都展开了猛烈的批判。

其次，佛道关系：这个时期佛教发展已有一定的优势，但道教依据本土优势也毫不相让，佛道冲突是个非常令人注目的现象。如宋末的道士顾欢所作的《夷夏论》、张融的《三破论》等均站在儒家立场上从修身、齐家、治国等方面对佛教展开猛烈抨击。而佛教对道教的攻击，往往给道教扣上“挟道作乱”的帽子。

当然，在争论的同时，不乏有人站出来呼吁三教一致。如佛教徒宗炳，在其《明佛论（神不灭论）》中强调，儒佛道三教中的圣人都是劝人为善的，宗旨是一致的。道教徒中张融在对佛教批评的同时，也专门对儒道佛三教的关系作了论述，认为三教根本上是一致的。儒家的孙绰在其《喻道论》中认为：周孔即佛，佛即周孔。虽然三教有争斗，但由于帝王的政治文化政策，三教并存、互相促进的大方向还是不变的。三教一致论也有了新的发展。最著名的莫过于梁武帝，他对待三教关系有着独到的见解，对儒、佛、道三家都有研究，作为皇帝，他注过很多儒家经典，也参加过佛经的译经活动，还会亲自登台讲经说法。基于这些经历，他在思想和行动上都积极倡导三教合一。

由于三教从内部逐渐形成三教一致论，不仅对政治社会的安定起到了积极的作用，而且也为后来隋唐时期三教鼎足而立奠定了思想基础。佛教由于其理论体系中不断吸收儒道思想，至隋唐时期达到了鼎盛，形成了许多具有中国特色的佛教宗派和学派。儒道释仍然在争斗中发展，并形成鼎足之势。但在晚唐由于战乱等影响，佛教发展再次受到严重冲击。

经过长期的共存发展，到了宋代三教的融合已大势所趋。在这一思想融合的时代，三家思想互相吸收借鉴，儒家吸收禅宗成就了宋代儒学的新创造，即理学的兴盛；道家也吸收禅宗思想，号称紫阳真人的张伯端，他在《悟真篇拾遗》中就有歌颂禅宗的文章二十篇，接引门人的方法也与禅宗相似。而禅宗也在融合儒道，吸纳《周易》思想，这种思潮使得宋代思想更加开放，激发了思想的活跃与创新，也成就了文人士大夫精神的自由解放。

由于儒、道、佛长期的共存互渗以及融合，现今已成为中华民族传统文化不可分割的整体，对社会政治、经济、文化各个领域仍然产生着重要影响。

二、儒、道思想与禅宗思想的互渗

禅宗是一种中国化的佛教宗派，它的产生和发展历史就是中国民族文化心理结构对印度佛教的同化、改造和创新的历史，是与中国传统文化相融合的产物，因此其中必然吸收传统文化中的儒道思想。下面简要分析一下儒道和禅宗的关系。

（一）儒家思想对禅宗的浸染和渗透

（1）禅宗实际创始人六祖慧能提出的“佛性人人都有”“众生皆是佛”“即心即佛”等主张，与儒家讲的“人人皆为尧舜”颇为一致，显然是受了儒家这一思想影响，均体现了儒禅对人格主体的尊重及精神的解放，为主体人格的精神创造打下了基础。

（2）禅宗提出的“心性论”，将人心看作一体两面的“真心”和“妄心”，并认为“真心”是人的净心、佛性，而妄心是后天形成的被认知、生活、世俗等污染的心，要找回“真心”“即心即佛”就必须摆脱欲望、世俗等束缚，“明心见性”实现涅槃的理想境界。这一点又和儒家“人之初，性本善”的主张以及通过修身成就浩然之气的高尚人格境界的意蕴是完全相通的。

（3）众所周知，宗教的本质就是精神超越，禅宗自诞生之日起，就不同于印度的佛教，它将彼岸的佛国移至此岸的感性世界中，并将涅槃的理想境界定在此生，其超越的也就是世俗、功名利禄等所带来的羁绊束缚，主张执着于世俗生活中的自然生命，主张从日常生活的坐卧行等修禅，因此对自然有一种特殊的偏好，其目的就是以自然确证佛性，从这方面说，禅宗又从出世而变成了入世，因而更多的吸收了儒家人格修养的思想。同时，禅宗从自然中顿悟“真如本性”和儒家的“天人合一”“格物致知”思想也有相似的美学意蕴。

（二）道家思想对禅宗思想的渗透和影响

儒家对禅宗思想虽然有一定的浸染和渗透，但禅宗在骨子里它还是通向道家的。有学者认为，中国的禅宗是国人的创造性改造，其基础就是老庄哲学，是借佛教之躯，而赋老庄之魂。它不仅是一种信仰，而且是建立在对自心体认基础上的辩证思维。

首先，老子所提出的“道”是道家哲学思想和美学思想的理论基础和核心，“道”无形无质，非有非无，不生不灭，其本质特征就在于“自然之性”。老子“道法自然”的命题，是说“道”的本体“自然”状态。老子认为自然而然才是美的。

虽然道家和禅宗所讲的“道”的内涵有所不同，但禅宗却吸收了“道”的抽象意义和思维方式来构筑其禅学思想体系。即认为“自然”即为众生本性，就是佛性，并要求以直觉体悟以达到个体自性和自然法性的圆融统一。道家以人性亲近自然，而禅宗以自然亲证人的自性。

禅宗讲“空”，而“道”讲“无”，“空”为“空观”，是对客观物象包括人生的否定；而“无”即为“无为”。禅宗试图用“无”（无念为宗，无相为体，无住为本）去解释“空”，使得禅宗的“空”与道家的“无”统一起来。“无念为宗，无相为体，无住为本”构成了禅宗的重要的审美意识。

其次，庄子对禅宗的美学思想浸染和渗透则尤为突出，从审美方法论等方面看，庄子所主张的“心斋”“坐忘”等修道的方法与禅宗的“渐修”“顿悟”“体悟”有相似的审美路径；而道家所讲的“逍遥游”，也是禅宗超越自由的审美境界，这种终极目的的一致性，即超越现世的有限和相对自由的生命，从而达到一种永恒的绝对自由，两种

题名：古道西风
树种：地柏
作者：方武

树种：刺柏
作者：朱惠祥

美学的相通之处就建立在这种以生命形式的高层次转换为目的的修养学。

禅宗所追求的审美境界是靠直觉顿悟获得的，而且这种审美体验具有不可言传性，而庄子“得意忘言”的审美体验也是要突出言外之意，象外之理。

禅宗的“参同契”与道家的“齐物论”也是有相通之处的，道家讲的“物无非彼，物无非是”，“方生方死，方死方生，方可方不可，方不可方可”，在禅宗公案中经常碰到。

禅宗还吸收了道家“天人合一”“物我两忘”的思想，认为佛在天地万物，主张人在与天地自然的情感交流中悟道成佛，实现人与自然的圆融统一。

三、禅与儒道的异同

虽然儒道禅由开始的对立而逐渐走向互渗与融合，但三者仍然是有区别的。

首先，禅与儒家的区别似乎比较清楚。儒强调人际关系，重视静中之动，强调动。如《易传》的“天行健君子以自强不息”。所以，在美学上儒家以雄浑刚健为美，以气盛，无论是孟子还是韩愈，不仅在文艺理论上，而且在艺术风格上也体现了这一点。

其次，禅与道（庄）的区别比较难以清晰区分。学术界常把庄与禅密切联系起来，认为禅即庄。两者确实有许多相通、相似、以至相同之处，如破对立、空物我、泯主客、齐生死、反认知、重解悟、亲自然、寻解脱等。特别在艺术领域，庄禅更常常浑然一体，难以区分。

但二者又仍然有差别，庄所树立、标榜的是某种理想人格，即超然物外的能作“逍遥游”的“真人”“神人”；而禅所强调的却是某种具有神秘性质的心灵体验，追求的是与宇宙本体合一的佛陀境界。庄子执着于生死，重生，也不认为世界为虚幻，只认为不要为外物所束缚，必须超越它们，因之须把个体提到与宇宙并生的人格高度，它在审美表现上经常以拙胜。而禅不重生，也不轻生，即不执着于生死。禅视世界、物我均虚幻，宇宙万物均为因缘和合而生，因此既有意义又没有意义，所以根本不需要强求去超越它们。禅所追求的不是什么理想人格，而是某种彻悟心境后的解脱，在审美表现上，禅常以精巧胜。

事实上，中国古代很多文人士大夫或据于儒而立于禅，或儒道禅兼而有之，儒道禅处于一种融合状态。之所以这样，主要原因就在于华夏民族先天心理结构中具有的人性——儒家称之为“仁义之性”，道家称之为“自然之性”，释家称之为“真如佛性”——是成为儒家的“圣人”、道家的“至人”、释家的“佛”的内因根据。所以，大珠慧海禅师在回答“儒、道、释”三教同异如何的问题时说：“大量者用之即同，小机者执之即异，总从一性上起用，机见差别成三。”

从主体论和方法论上看，禅宗美学直接渊源于道家美学，尤其是庄子美学。庄子美学所强调的是“天地自然”，到了禅宗美学，自然被心灵虚拟化的境界所取代。对禅宗而言，世界只是幻象，只是对自身佛性的亲证。庄子以自身亲近自然，禅宗则以自然来亲证自身。对于禅宗来说，自由即觉，于是外在物像被“空”了起来，并打破了其中时空的具体规定性，转而以心为基础，在时间是瞬刻永恒，在空间则是万物一体。道家讲“无法之法，是为至法”“无法之法尤有法”，禅则毫无定法，纯粹是不可讲求的个体感性的“一味妙悟”。庄子美学是“无心是道”“至人无待”，禅宗则从“无心”更上一步，提出“平常心是道”在禅宗美学看来，道就在世界中，顺其自然就是道。

四、禅与儒道美学思想的融合及回归

儒、道、禅美学都是建立在人生论为要旨基础上的美学。儒以刚健为美，刚中有柔，表现在文艺领域，则是“气势”“风骨”；道以柔为体，柔中带刚，表现在文艺领域则是“道”“神”“空灵”；禅则外柔内刚，有刚有柔，体现在文艺领域则是“韵”或“韵味”“淡”或“冲淡”。自禅以后，中国美学所谓“韵”或“韵味”便压倒了以前“气势”“风骨”“道”“神”等，而成为更为突出的美学范畴。这里的“韵”也不再是魏晋六朝的“气韵”“神韵”，而是脱开了那种刚健、高超成为一种平平常常却有深意的韵味，这就是冲淡，冲淡的韵味。而且这种韵味就是通过“镜花水月”的许多具体形态展现在艺术中的，它们都有选择地描绘某种一般的自然景色来托出人生——心灵的境界，即摆脱了一切思虑、意向、心绪的境界，其特色是动中静、实中虚、有中无、色中空，这无疑也是对自然本体的回归。

如前所述，禅是中国对印度佛教改造的产物，曾对中国政治、经济、文化艺术等各个领域都产生过深刻影响，然而作为中国主流文化的儒家、道家思想在人们文化心理结构中地位是不可撼动的，因此重生命、重人际，必然渗透在中国人的禅意追求的文艺里。古代很多文人士大夫都据于儒、依于道、逃于禅。他们在绘画、诗歌等文艺领域都展现了这一艺术特色。对此，李泽厚先生作如下分析：

从画看，作为佛僧的宗炳在其《画山水序》中讲了“圣人（佛）含道应物”之后，紧接着便说了一大篇“眷恋庐衡，契阔荆巫。”即依恋怀想山水

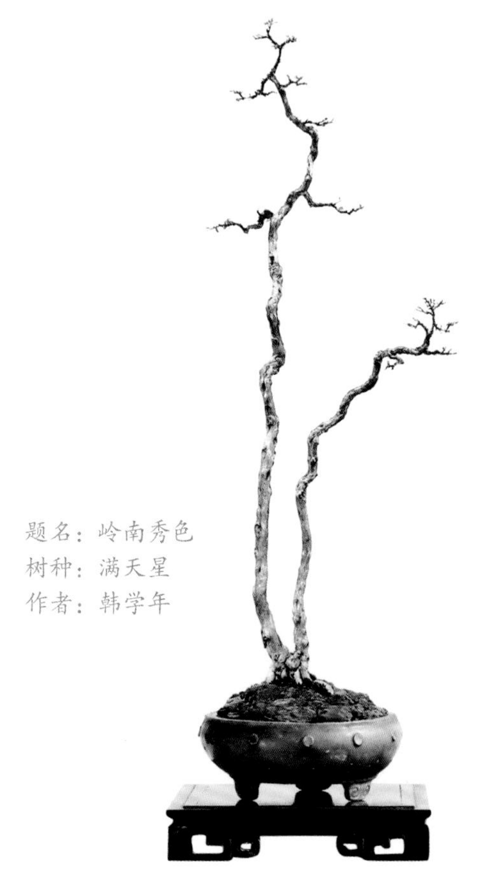

题名：岭南秀色
树种：满天星
作者：韩学年

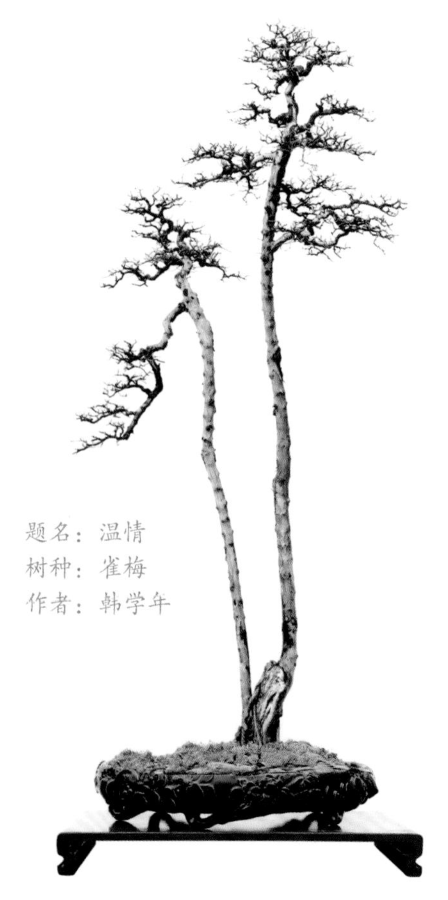

题名：温情
树种：雀梅
作者：韩学年

题名：钟吾雄姿
树种：真柏
作者：郑光

才有山水画的创作欲望。“名山恐难遍睹，惟当澄怀观道，卧以游之。凡所游履皆图之于室。”足见宗炳尽管在哲学理论上大讲“观道”“山水以形媚道”，但实际的心灵重点却在游于山水之中的精神快乐。这里，佛家的圣人便与庄子的真人有接近或相通之处了。作为佛僧，他并不是只求“戒定慧”，也不是“静坐默究”，他还要游山水，尽管讲的还是“应会感神，神超理得”。似乎仍在求佛“理”，但实际上却是“余复何为哉，畅神而已”。由此可见，道家在审美领域（玩赏自然风景和山水画）早已深入了先于禅宗的佛门。

从诗看，也如此。中国古代很多诗人都是亦禅亦儒，尤其唐代儒释道三教并行，“外服儒风，内修梵行”是当时文人的一种风尚，他们在讲圣人之道的同时，也信奉儒家学说，隐逸避世，参禅论诗，如罗隐、贾岛、方干等等。后世中将儒道禅修于一身的文学家也比比皆是，如宋代的苏轼、黄庭坚等等。他们虽然以禅愈诗，追求诗画的禅意，但仍然以“天工（自然）与清新”作为最高的艺术境界，最终仍以儒道为其归宿。即使具有禅的特色的诗歌理论，却仍然是以儒、道为自觉的起始和归宿，它所“窥于天地之道”的，并非禅，而仍然是儒道。这正像严羽尽管自觉以禅讲诗，却仍然以李、杜儒家为正宗。苏轼尽管参禅，却仍然既旷放豁达（道）又忧时忧国（儒）一样。所以由禅而返归儒道，倒正是中国文艺中的禅的基本特色所在。

至于盆景，古代没有流传下来作品实物，也缺乏足够的理论论证，但从现代盆景艺术的表现上也可以看出儒道禅融合的美学意蕴，比如有禅意的文人树盆景、水旱盆景，不仅有禅意的表现，而且也蕴含儒道思想。它们通过审美形式把某种宁静淡远的情感、意绪、心境引向去融合、触及或领悟宇宙目的、时间意义、永恒之谜，而不是否定生命之意义。盆景艺术中的禅仍然承继了儒家的“比”，承继了庄的“格”。只是在这里，禅又加上了自己的“悟”（瞬刻永恒感），三者柔和融化在一起，使盆景艺术成为对神秘的永恒本体的追求指向，在动中悟到那本体的静，以及无限与永恒的宇宙真谛。

中篇

盆景美学

命题各论

中国传统美学是包括盆景在内的一切传统艺术的理论基石，其中蕴涵着盆景美的属性（自然美与艺术美的统一）、盆景美的本质（审美意象）、盆景美的创造（形神兼备、情景交融）、盆景美的鉴赏（般若观照与审美体验）等一系列极为丰富的美学思想。本篇试图以盆景美学命题的形式融汇传统美学的主要理论思想以构建盆景美学的基本架构：以对盆景内涵认识包括盆景历史的认识为出发点，以人与自然、心与物或者主观与客观的关系为主线，以主体的创造精神为中心，以儒道禅哲学思想为立论依据，对盆景美的来源、盆景美的本质、盆景美的形态、盆景（意蕴、意境）美的表现形式、盆景美的创造、盆景美的鉴赏等一系列盆景美学命题进行系统阐发。

01 盆景漫谈

题名：云天
树种：黑松
作者：张志刚

题名：山木有清音
树种：黑松
规格：树高72cm
作者：黄敖训

据考证，盆景起源于汉代，形成于唐宋，兴盛于明清，之后曾一度衰落，新中国成立后得到了恢复发展，现在正走向振兴之路。中国是盆景的发源国，盆景文化具有十分悠久的历史。1977年浙江余姚河姆渡新石器时代遗址出土了距今7000年的刻有盆栽万年青图片的陶器残片，代表了最原始的盆景，将中国盆栽历史又向前推进了数千年，可见中国盆栽历史多么久远。

据史料记载，早在西汉时期，张骞出西域，将西域石榴移植盆器中带回中原种植，出现了木本植物盆栽的形式。到了东汉又出现了集各地山川、鸟兽、人物、亭台楼阁、舟车、树木、河流于一体的缶景。从以上描述可以看出，缶景已不再是原始的盆栽形式，它已经成了盆栽基础上脱胎而出的艺术盆栽，即真正意义上的盆景，因此真正意义上的盆景起源于东汉。

南北朝时期，文学艺术空前繁荣，人们在意识形态上追求道家等玄学思想，文人墨客为了怡情养性，将山石、树木植于盆盎之中，形成了山水盆景的完整形式（山东临朐北齐古墓中出土的山石盆景壁画为证），出现了具有民族特色的山水盆景。

到了唐代，诗词、绘画等文学艺术取得了辉煌的成就，作为怡情养性的盆景艺术也得到了突飞猛进的发展，出现了树木盆景、山水盆景、树石盆景等形式多样、题材丰富、情景交融、富含诗情画意的盆景。如著名的扬派盆景就起源于唐代。且这一时期各种美学理论也日渐成熟，如文学艺术领域的意境理论、绘画理论，对盆景艺术的发展产生了重大影响，盆景制作技艺十分成熟，逐步与文学、绘画等艺术融为一体，使盆景更具有诗情画意，盆景艺术形象屡见于诗词、绘画艺术中。如唐李贺在《五粒小颂歌》中就有“绿波绿叶浓满光，细束龙髯铰刀剪”赞美松树盆景的著名诗句。盛唐时期盆景艺术的成就可以从陕西乾陵发掘的唐章怀太子墓中侍女手捧盆景壁画得到佐证。此外，唐代著名画家阎立本绘制的《职贡图》中也有以山水盆景为贡品进贡的形象，说明唐代盆景已是高尚的艺术品。而就是在中国盆景艺术步入成熟期的唐代，盆景传入日本。

宋、元时期，盆景继续沿着唐代模式向前发展，并在继承中有所创新。其最大的贡献就在于将绘画理论更多应用到盆景创作中。把以临摹画中古拙树木、自然山水的盆景作为上品，出现以“聊写逸气、摄情、赏玩”等表现审美意趣为主要目的的文人盆景，并按照所表现的意境对盆景进行题名，极大丰富了盆景艺术的内涵及表现力。这一时期，宋“四大家”之一的大文学家苏轼就是文人盆景的倡导者、推动者，被后人称为文人树盆景的鼻祖。宋“四大家”之一的米芾更是对赏石痴迷，被人称作“米颠”。

元代提倡盆景小型化，并称“些子景”，追求“小中见大”的艺术特色，在盆景的尺寸规格上提倡“几案可置者为佳”的标准。为后期盆景的规定性打下了基础。

在中国盆景发展历史长河中，明清最为鼎盛。形成了形式多样、风格各异、技法娴熟、理论系统化的繁荣格局，全国形成了扬派、通派、海派、川派、徽派、岭南派等各具特色的知名的盆景流派。各流派将所用成熟的技法、创作心得上升为理论，使盆景理论更加成熟丰富。如清代陈扶摇著《花镜》，其中就有《种盆取景法》，专门介绍盆景用树的特点和经验。嘉庆年间苏灵著《盆景偶录》二卷

题名：祥云飞渡
树种：黑松
规格：125cm × 165cm
作者：魏积泉

题名：晚秋
树种：紫薇
规格：110cm×155cm
作者：刘建奎

树种：真柏
作者：张小宝

将盆景用植物分成四大家、七贤、十八学士和花草四雅。四大家是指金雀、黄杨、迎春、绒真柏；七贤是指黄山松、缨络柏、榆树、枫树、冬青、银杏、雀梅；十八学士是指梅、桃、虎刺、吉庆果、枸杞、杜鹃花、翠柏、木瓜、蜡梅、南天竹、山茶花、罗汉松、西府海棠、凤尾竹、紫薇、石榴、六月雪、栀子花。花草四雅是指兰花、菊花、水仙、菖蒲。直到今天其中绝大部分的植物仍然作为盆景的主要品种。明代屠隆著《考槃馀事》详细记述了盆景大小配置的环境，提出了盆景审美标准，即以马远、郭熙、刘松年、盛子昭笔下古树为模本的盆景为上品，同时书中介绍了蟠扎技艺，主张虽由人作，宛若天成，是一部影响较广的盆景专著。

明清盆景鼎盛之后，尤其清朝晚期至民国期间，由于国力衰弱，战乱不断，盆景一度陷入一蹶不振，这一时期，盆景不仅没有发展，而且在某些方面出现断层的现象。

新中国成立后，在各级政府部门及有识之士的支持、关心、推动下，中国盆景逐渐步入恢复以及全面振兴之路。1979年9月国家建设部在北京成功举办了第一届全国盆景艺术展。之后由中国风景园林学会花卉盆景赏石分会每四年举办一次展览，至今已成功举办了10届，已成为中国盆景界一大盛事。与此同时，定期或不定期举办各种研讨会、盆景现场创作比赛等，不仅普及、推广了盆景制作技艺，而且极大推动了盆景产业的发展。全国各地专业盆景园、盆景产业园、盆景特色小镇、专业市场等如雨后春笋般涌现出来。地方盆景协会更是各显其能，各种盆事活动目不暇接。在各级政府部门、各级盆景协会以及有识之士的大力推动下，盆景逐步形成了产业化格局。现在的盆景已由过去的单一赏玩，发展到可以出口创汇、可以使盆景人脱贫致富、可以当事业来做、甚至还可以当一个地方优势产业来发展。

作为盆景人，在此我要真诚地向关心盆景艺术事业的各级领导、向为盆景艺术事业作出卓越贡献的盆景艺术家、向各位盆景同仁致以崇高的敬意！正是你们的无私奉献才成就了今日盆景的辉煌。相信有你们做盆景事业的坚强后盾，盆景的明天将更美好。

谈到盆景的发展史，还有必要再简单谈谈日本的盆景。并将中国的盆景和日本盆景做个粗略比较，

并从中找出差距。

早在唐代，盆景就由中国传入日本，同时传入的应该还有佛教、儒家、道家等思想，应该说日本的盆景是在中国儒家、道家等思想的影响下逐步发展起来的。日本明治维新后，把赏玩盆景看作是对社会风尚有教化陶冶作用的潮流（这点和孔子儒家美学的教化功能是一致的），在这种背景下把赏玩盆景的风气普及到整个日本社会，日本的上层社会更是把培育盆景当作一种身份与修养，由此推动了其盆景的专业化。尤其第二次世界大战以后，在东京举办的奥运会期间，盆景让西方产生了浓厚的兴趣并由此传入西方。自此，日本盆景在世界范围内得到了普遍认可。尤其近年就连发源国中国也不惜重金从日本购进大量盆景，可见日本盆景的影响力之大。从总体上看，日本盆景有很多值得我们学习的地方。首先是对待盆景的精神境界。很多日本盆景人不仅把盆景当成一种职业，当成一种爱好，而且体现出对自然生命的敬畏之心。他们数十年如一日心无旁骛，对盆景的细心呵护，有的甚至坚持了几代人，体现了一种坚毅的定力，真正体现了盆景的传承精神和传世意义，这点在日本盆景的年功上有突出的表现；其次是管理技术水平堪称一流。盆景的日常管理早已程序化、规范化，管理经验十分成熟，水肥管理十分到位。例如，盆景用盆一般都较浅较小，有的甚至将盆景直接植于石板上，这些让我们看起来管理难度相当大的盆景日本人却养得生机盎然；再次是日本盆景产业化水平很高，从盆景用土、用肥、用药、用具等所有的盆景资材都已经专业化、商品化，有的甚至集约化。这点也值得我们借鉴。

尽管日本盆景仍然具有中国儒家、道家等美学思想的影子，但在表现手法上还是和中国有明显的差异。日本盆景注重再现，而中国盆景注重表现。具体表现在日本盆景追求“全”“满”，而中国盆景追求“粹”“真”。“全”指的是面面俱到，“满”是指实的比重很大，虚的成分较小，基本上不留什么空间，整个形象类似“蘑菇头”，所谓的“模样木”，体现的是自然主义表现手法；“粹”指的是经概括浓缩后的精华部分，“真”指的是去伪存真，度物象而取其真，即有表现意义的象征。从形象上看多留有空白，注重空间的节奏化，所谓的神形兼备，体现的是现实主义表现手法。“全”“满”是客观的产物，而“粹”“真”有主观创造的部分，是主客观有机统一体。众所周知，西方视觉艺术重于

题名：龙吟青林
树种：对节白蜡
作者：侯勇

客观物象的详细刻画，在空间结构的处理上采用的是焦点透视法，空间结构比较单一，即所谓的再现艺术；而中国艺术不仅要注重形似，而且更注重主观意趣的表现，在空间结构的处理上以道家的“气”的流动为核心，注重空间的节奏化，如绘画上采用的三远法在盆景创作上也得到了灵活运用，即所谓的表现艺术。由于受西方再现艺术的长期影响，在审美感受上客观存在的东西，很容易让人产生直观的感受；而主观创造的部分即要表现的意境很难被捕捉到。所以日本的模样木容易被西方人接受，这是我们不得不直面的尴尬问题。值得庆贺的是，近年赵庆泉大师等中国盆景艺术家多次受邀赴国外进行盆景创作表演，引起极大轰动。同时在举办有影响力的展事活动时，也邀请国外盆景艺术家来访交流，随着交流的不断深化，国外尤其西方及日本对中国盆景有了新的认识。值得一提的是，随着西方艺术的觉醒，西方艺术审美也在发生变化，逐渐意识到艺术的本质不是对客观物象的细致描写（描写越细致越容易把人引入具体的事物上），而是“有意味的形式”创造（西方现代艺术理论奠基人克莱夫·贝尔）。实际上日本盆景界也在不断创新。相信随着盆景的不断创新发展，世界盆景艺术的不断融合，具有民族特色的中国盆景一定可以赢得发源国应有的地位。

有感于此，对如何发展具有中国文化特色的盆景艺术并实现跨跃式超越我有以下肤浅看法及认识。

首先，创造性地运用古今中外技法经验，做到古为今用，洋为中用。中国在历经几千年的盆景发展历史中，积累了很多盆景创作技法经验，如“树木取景”法、“蓄枝截干”法等，这些丰富的技法经验不仅是我国盆景艺术创作的优秀传统，而且是我国盆景实现跨越式超越的坚实基础，这是我们盆景的根基，必须在继承中予以发展，缺少了这个根基，我们的盆景艺术将是无本之木、无源之水。同时，我们还应该清醒地认识到，虽然近年我们的盆景事业得到了突飞猛进的发展，但是盆景配套产业的发展还远远不够，例如，盆景专业用土、专业用肥、专业用药等基本上是空白，盆景用地、设施还有待于争取国家政策给予倾斜支持等。因此，中国盆景的振兴还需借鉴国外的先进的理念。如日本的管理技术、专业化产业化技术，日本的产业总体规划等都值得我们研究学习。由于盆景艺术的特殊性，不仅是造型艺术而且还是时间艺术，其创作周期很长，即使成型后还需要不断地修剪甚至是再创作，为了有效缩短创作周期，盆景创作必须坚持“立于传统，成于创新”的新理念。做盆景首先要沉得下心耐得住寂寞，戒除急功近利的创作思维，按照盆景艺术的创作规律，制定目标，有序推进。尤其是骨架过渡严重不到位的素材，要树立“养”重于“做”的创作意识。中国盆景传统上有“三分做，七分养”的说法，说明养的重要性。近年随着盆景市场的发展，大量体量较大、断面较大、过渡严重不协调的下山桩进入盆景市场，尤其是山采的松树素材，截面往往较大，需要培养的时间短的要几年，长的需要十几年，这一类的素材首先需要解决的是过渡问题，这种过渡没有捷径可走，只能采

题名：长征诗一首
树种：龟纹石、迎春、薄雪万年青、珍珠草、苔藓
规格：盆长 150×68cm
作者：韩琦

用科学的方法定向培养，即按照植物的自然生长规律以及盆景艺术创作规律有序推进。目前在盆景经营环节的确存在急功近利的现象，比如有的人为了让其“快速成型”，便于销售，采用拼凑的蘑菇头遮挡大截面，从外形上看有模有样，但从内部结构上看过渡骨架极不自然；还有的干脆将树干扒皮去骨，好端端的素材搞得惨不忍睹。这些急功近利的做法，都严重违背了自然规律和盆景艺术创作规律，既破坏了盆景资源，又误导了盆景初学者、欣赏者。随着环保意识的增强，国家对山采桩给予严格的限制，山采桩即将成为历史，苗培素材即将成为盆景主流，那么如何利用好现存的山采素材是一个需要给予充分重视的课题。在日本的盆景发展史上也有一个短暂的山采素材开发历史，但日本的资源量毕竟有限，再加之政府对资源的保护，山采资源的挖掘利用只是昙花一现。但即使如此，日本盆景界对山采素材还是情有独钟，珍爱有加，对每个山采素材都进行精心培养，精心创作，很多国宝级的大作都是山采素材创作的。日本对待山采素材的态度应是我们的前车之鉴。在现有山采桩中很多具有很大的艺术潜在价值，就连日本盆景大家看到后都感到惊讶和羡慕不已，这是我们盆景的宝贵财富，也是超越盆景强国日本的资本之一。在此，强烈呼吁盆景界有识之士珍惜并加强对现有的山采盆景资源进行保护性的利用，要以先进技术为支撑，树立新理念，采用新方法，循序渐进，科学利用。

题名：怀素墨韵
树种：山松
作者：韩学年

个人认为，有的人对当代盆景创作理念缺乏科学的认知，比如在松树盆景培养创作上，由于受传统观念影响，有的认为松树不宜使用蓄枝截干的技法，理由是松树长得很慢；有的认为松树过渡断面处理在冬季最适宜，理由是冬季松树休眠流油较少；有的认为松树在冬季进行蟠扎制作最理想，理由是冬季休眠不容易造成枝条损伤等。实践证明，这些思想观念都是不科学的。实际上松树不仅适宜蓄枝截干技法，而且应用的效果非常理想，本人发明的松树快速培养技术，每年可使松树增粗2cm以上，最大的达4cm，不仅过渡自然而且断面愈合也很理想，大大缩短了创作周期，为松树创作开辟了新的有效的途径；相反，实践证明，松树不适宜在冬季雕刻，尤其是北方严寒的季节，理由是愈合能力较差，严重的还容易出现冻害造成水线死亡甚至整株树死亡。而春季以及春夏之交雕刻的断面虽然有部分流油，但只要养护得当流油的地方很快会形成愈合组织，愈合情况较冬季理想得多；松树最适在冬季造型也是谬误的，蟠扎过松树的人都知道，冬季松树枝条最脆，特别容易折断，造成失枝。而春季或春夏之交，松树枝条最软适合拿弯造型，即使有断裂，由于处于生长旺盛季节，只要保护得当伤口很快会愈合。所以说，松树最佳创作季节是其生长阶段。但要避开盛夏季节，因为这个季节水分足，松针特别脆，很容易造成大量松针掉落，既影响美观又容易造成感染病害。目前本人在松柏类山采素材的培养和创作方面已经积累了成功经验，针对松柏类生长速度慢，过渡培养难度大，伤口愈合效果不佳等制约松柏类盆景制作的实际情况，发明了高效盆景专用肥“薛氏艺肥”，并注册了商标，在多个树种应用上取得了显著的效果，尤其在各种松树包括罗汉松等菌根类植物应用上效果更突出，其生长速度提高了数倍甚至达10倍之多。在加快其生长的前提下，再辅以牺牲枝等技法，大大缩短了松柏类盆景的创作周期。经过数十年实践的探索，目前所独创的“定向培养”技法已经形成了比较成熟完整的体系。培养出了大批线条自然流畅、个性突出的各类盆景素材或作品。为山采松柏盆景的创作开辟了新的途径。

其次，深度理解我国具有民族审美特色的盆景艺术的性质。盆景艺术性质是自然美与艺术美的统一体，这是盆景界共识。我们赖以生活的大自然，无论春华秋实，夏日的青山，还是冬天的寒树，大到宇宙，小到花蕊，美无处不在。刘勰在《文心雕龙·原道》中说：“日月叠璧，以垂丽天之象；山川焕绮，以铺理地之形，此盖道之文也。”意思是说：日月有如重叠的璧玉，以显示美丽的天象；山川好像灿烂的锦绣，来显示富有纹理的大地形貌，这些都是大自然的杰作。主张文以自然清新为美。道家更是崇尚自然，庄子说“天地有大美而不言”，自然美是大美，是众美之源，“朴素而天下莫能与之争美”。盆景艺术直接取材于自然而又表现自然，是本体自我表现和再现自然的审美统一。大自然天然造化，线条的千变万化，形态的古拙苍老，无不积淀着大自然的风雷激荡、世间沧桑。这些自然形成的盆景素材是大自然馈赠给人类的礼物，无需人为雕饰就让人震撼，给人以审美享受，比如千年古柏形成的舍利与吸水线，不仅代表沧桑感，而且表现与自然的抗争精神。鬼斧神工般的自然美是盆景创作的基础，也是盆景艺术形象的重要组成部分。

树种：真柏（附石式）
规格：高112cm，左右宽74cm
作者：刘赟

虽然我们说自然美在根源性、无限性、丰富性、多样性以及个性诸方面无可比拟地胜过一切艺术美，然而，盆景艺术并不是对自然的照搬，还需要在典型性、集中性、理想性以及共性概括诸方面进行艺术加工，这个过程实际上就是在客观基础上的主观再创造。艺术加工最集中地显示主体精神的创造功能，它不仅能展现有形的自然万物，而且还能以艺术内在的生动气韵表现自然万物的内在生气以及无形的意趣情味。使盆景艺术形象所表现的自然更典型、更真实、更有韵味。“虽由人作，宛若天成”，是盆景艺术美的最高境界。

盆景艺术所包含的主体和客体审美交融的两方面的价值和地位并不是均等的，盆景艺术形象所表现的气韵所包含的意境全赖盆景艺术家的主观创造，主体呈现的是主动的创造功能，而客体呈现的是被动的再现功能。从这个意义上说，盆景艺术就是自然美与艺术美的统一，主体表现与客体再现的统一。

再次，提高综合涵养。玩盆景很容易，玩好盆景却很难。玩盆景很容易指的是进入盆景圈子的门槛很低，几乎每个人都可以上手；玩好盆景却很难，指的是要创作一件神形兼备意境深远的盆景作品，没有一定的综合艺术素养还真的做不到。如何玩，在于心态。仅作为赏玩修身养性，掌握一般的植物生理学、养护经验以及简单的蟠扎修剪技术应该就可以了。但作为专业的从业者、盆景作家那就不同了。专业知识、创作技法、艺术才能、创作境界等都是必不可少的。

要有由技入道的自由创作境界。康德早在18世纪就提出美是自由的象征，这种自由不是随心所欲，相反是指摆脱一切功利欲望以后的精神的解放。但凡仅仅从谋利的角度出发，而不是出于一种喜爱、一种执着，是创作不出好作品的，即使做了也是急功近利。相反以一种热情从事盆景艺术，当你进入角色以后你会得到优厚的回报。因为只有你全身心投入，才能付出你的真情，只有付出了真情，才能对它痴迷，只有痴迷才能达到创作的自由

题名：弄潮
树种：博兰
作者：刘传刚

境界。孔子曰：“知之者不如好知者，好知者不如乐知者”。提出了“知、好、乐”三种境界。“知”即了解，知道；“好”即感兴趣，喜欢；“乐”即以此为乐，是发自内心的情感的要求和满足，不因外部环境变化而改变，使外在的规范最终转化为内心的心灵愉快和满足。我们所熟知的很多盆景艺术家都是盆景痴迷者，他们把一生都贡献给了盆景，德艺双馨，他们都达到了“知”的最高境界“乐知”，堪称盆景人的楷模。

庄子这位具有艺术天才的哲学家，以《庖丁解牛》的寓言故事阐发了“道”的生命进乎“技”，“技”的表现启示着“道”的哲理。这则寓言故事是这样的：厨师给文惠王宰牛。手所接触的地方，肩膀所倚靠的地方，脚所踩的地方，膝盖所顶的地方，哗哗作响，进刀时豁豁地，就像音乐的节奏。文惠王说：“嘻嘻，好啊！你解牛的技术怎么竟会神奇到这种程度啊？”厨师放下刀回答说：“我所追求的，是事物的规律（道的体现），已经超越一般意义上的技术了。开始我宰牛的时候，眼里所看到的都是全牛，三年以后，看到的已经不再是整头的牛了。现在，我凭精神和牛接触，而不用眼睛去看，视觉停止了而精神在活动。依照牛的生理上的天然结构，刀插入牛体筋骨的缝隙，顺着骨节间的空处进刀，依照牛体本来的构造，筋脉经络相连的地方和筋骨结合的地方，尚且不曾拿刀碰到过，更何况大骨呢！技术好的厨师每年更换一把刀，是用刀硬割断筋肉；一般的厨师每月就得更换一把刀，是用刀砍断骨头。如今，我的刀用了十九年，所宰的牛有几千头了，但刀刃的锋利就像刚从磨刀石上磨出来的一样。那牛的骨节有间隙，而刀刃很薄；用很薄的刀刃插入有空隙的骨节，宽宽绰绰地，对刀刃的运转必然是有余地的啊！因此，十九年来，刀刃还像刚从磨刀石上磨出来的一样。虽然是这样，每当碰到筋骨交错聚结的地方，我看到那里很难下刀，就小心翼翼地提高警惕，视力集中到一点，动作缓慢下来，动起刀来非常轻，豁啦一声，牛的骨和肉一下子解开了，就像泥土散落在地上一样。我提着刀站立起来，为此举目四望，为此悠然自得，心满意足，然后把刀擦抹干净，收藏起来。”文惠王说：“好啊！我听了厨师的这番话，懂得了养生的道理了。”庄子这则寓言故事虽然讲的是养生，但实际上表达的是深刻的美学命题。整个故事情节就像一场艺术表演。“道”是道家思想的核心，在“技”与“道”的关系上，“道”高于“技”，“技”从属于“道”，“技”与“道”通，只有“技”合乎“道”，技艺才可以纯精，在道家看来，“道”的本质在于自然无为，只有以人的内在自然去合外在自然，才可达到“技”的最高境界。反过来，“技”中又有“道”，“技”达到一定程度可以观道、悟道，最终达到法自然。在这则寓言故事里，庖丁志于“道”（事物的本质规律），其他厨师则求于“技”。原文中所用的“游刃”二字体现了技艺合于自然而又超于自然的神话境界，阐释了艺术创造是基于“由技入道”的一种自由创造，原文中“以神遇而不以目视，官知止而神欲行”则是艺术创作必备的心境，与心斋、坐忘、妙悟境界一致。盆景艺术创作何尝不需要这种由技入道的艺术境界呢？我们所说的师法自然、澄怀观道等，都要求从艺者全身心投入自然之中，做到天人合一，物我交融，探寻自然内在规律，形成“胸中之丘壑”“得心源”，目的是为了“代山川而言”“代山川迹化”，将自然之道物化为有生命的艺术形式，即表现自然的盆景艺术。

中国盆景发展历史经验告诉我们，中国传统文化是盆景艺术发展的根基，也是盆景艺术创作灵感的源泉，更是中国盆景艺术振兴，重新赢得发源国地位的制胜法宝。“越是民族的就越是世界的”。

02 盆景艺术之道

自然界万事万物都要遵循一定的自然规律，“兰生幽谷，不为莫服而不芳。舟在江海，不为莫乘而不浮。君子行义，不为莫知而止休。”遵从客观规律是万物之道，而盆景艺术也理应如此。盆景艺术所遵循的规律就是盆景艺术之道。

盆景是人制作的，人对自然的认识以及主观创造能力对盆景艺术格局起着决定性作用。换句话说，人的格调、境界对其艺术风格的形成起着至关重要的作用。依从艺的感悟看，盆景艺术与其说是一门技艺、一种职业，毋宁说其是一门修行。

就像修佛之人，历经磨难修成正果后所感受到的快乐，只有修佛的人才能真正体验到一样，只有真正从事盆景艺术的人，才能真正体验到盆景艺术的艰辛及苦并快乐着的心情。

从事盆景艺术的人和修佛学道之人一样，必须要有出世的精神。初学者要先从修身开始。要吃得了辛苦，耐得住寂寞，守得住清贫，同时还得足够的敬业。

盆景需要和泥土打交道，脏和累是从事盆景人的常态，而且这种常态可能会年复一年日复一日，甚至是没有节假日概念。只要你愿意，总有干不完的活。在日本，有学徒先做三年杂工再入手之说，由此可见没有吃苦耐劳的精神，耐得住寂寞的定力，你是不能从事这个行当的。况且，这还只是个最基本的条件。

作为盆景人你还应该具备足够的敬业精神，从山野或田里挖回来的桩头要修根剪枝，精心栽培，有的还需要遮阴，每天喷水，以保证成活。成活后的桩材还要因材施技，定向培养，施肥、防病治虫、日常管理自不必少，事无巨细，寒来暑往，皆是如此。一件作品的制作完成可能需要几年、十几年、甚至几十年，稍有疏忽，可能会造成一定的损失甚至前功尽弃，所以，兢兢业业是盆景人必须具备的优良品格。

有很多痴迷盆景的人宁愿不讲究吃穿而不惜重金购买盆景或盆景素材，而喜欢的盆景往往舍不

题名：无为
作者：韩学年

得出手，所以往往资金是入不敷出，造成窘迫的局面，但从来都无怨无悔。据我了解，目前的盆景圈子里有为数不少这类盆景大家，他们默默无闻，尽心钻研，终身为盆景艺术奉献着，他们不为清贫所束缚，而以钻研技艺为快乐。

美学大师宗白华先生有云：“‘道’的生命近乎技，‘技’的表现启示着道。”盆景的技艺是盆景艺术之道的具体化，盆景艺术家利用娴熟的技艺经过“写实”“传神”到“妙悟”，将宇宙人生的真谛显现于所创作的盆景艺术作品中，这个使命是够伟大的！没有高超的技艺是不可能完成这个伟大使命的，因此技艺的修为显得特别重要。

盆景是一门多学科综合艺术，技艺的修为有其特殊性、复杂性，需要“武修”和“文修”的有机结合。所谓的“武修”就是身体力行勇于实践：其一，深入自然，多观察、多思考，善于概括自然景物的审美特征，使“丘壑成于胸中”；其二，对扎片、拿弯、断面舍利雕刻等基本技法要勤于练习，并不断悟入技巧，只有悟入才能生巧，才能由技入道；其三，以成功优秀作品为师，以参禅的精神细参深究，仔细观察审美特征的概括、刻画等表现手法，认真体悟其表现的思想主题，妙悟其意境的审美体验。所谓的“文修”就是要加强理论学习，提高理论修养。其一，不仅要学习本学科理论经验，而且还要加强哲学、美学以及其他姊妹艺术理论学习，提高美学、艺术修养；其二，学习掌握基本的盆景常用植物学知识，可以想象，根本不知道盆景植物需要什么样土壤、营养元素、环境条件，甚至连盆景植物名称都不认识，如何能把盆景养好？

技艺的修为是盆景艺术之道，没有“形似”为基础何谈“神似”，没有“神似”何谈意境的韵味？由此可见技法对盆景艺术的重要性。然而从事盆景行业的门槛似乎不高，一般人都可以通过一段时间训练，来达到对技艺的一定程度的掌握，就像佛上的普渡，谁都可以学，但要达到高的境界，则需要不断修为自己，最终达到对技艺的融会贯通。

具有中国民族特色的盆景艺术是以意境、韵味为其表现特征的。也就是说，盆景艺术不仅要描写自然，而且在创作中还要融入艺术家的思想感情，用以表达胸中之意。换句话说，盆景艺术家所创造的盆景艺术作品是心造的“境”，是“心境”的表现。所以，盆景艺术家的境界决定着所创作的艺术作品的格局，“有境界自成高格”。所以盆景之道不仅在于修身，更重要的是修心。也就是说，外修只是基础条件，内修才是决定盆景艺术成就的关键。

题名：呦呦鹿鸣
树种：真柏
作者：许荣林

在禅宗看来，人的一切烦恼都来自于心中的妄念，要找到自己最美的心境，就必须彻底抛弃束缚自己心灵的妄念，寻求那个未被污染的如来清净心，这个如来清净心是无形无相的真实存在，它像一盏明灯照亮最美的人生。然而这个如来清净心不能独立存在，它和现实的妄心是一体两面的。所谓“心不自心，因色故有（心）”，要找回属于自己这个“性空”的真心，慧能提出了“无念为宗，无相为体，无住为本”的三无思想，以无念、无住去超越世俗的烦恼，摆脱一切束缚，还心一个清静空明的世界。所以，修心就是摆脱一切身外之物的执着，于一切法而不著一切法，于一切相而不著一切相，

题名：惊涛一笑万山去
石种、树种：龟纹石、米叶冬青、柏树、薄雪万年草、黄金万年草
规格：长 140cm，宽 60cm，高 50cm
作者：田园

随缘放旷，任运天真，自由自在。如清风出袖，明月入怀，气质充盈而神韵凌虚，虚至其为境。

心澄明了，来自心源的一切美的东西也就呈现了出来。释绍嵩亚愚云："永上人曰：禅，心慧也；诗，心志也。慧之所之，禅之所形；志之所之，诗之所形。谈禅则禅，谈诗则诗。"艺术的审美境界只能诞生于最自由、最充沛的心源（生命律动的本源）之中。一切美之光都来自心灵的源泉，没有生命心灵的折射，是无所谓美的。所以修心，也是修其境。

宋代青原行思禅师有云："老僧三十年前来参禅时，见山是山，见水是水；及至后来亲见知识，有个入处，见山不是山，见水不是水；而今得个休歇处，依然见山还是山，见水还是水。""见山是山，见水是水""见山不是山，见水不是水""见山还是山，见水还是水"分别代表"有我之境""无我之境""真我之境"。"见山是山，见水是水"者，其肉眼之所见；"见山不是山，见水不是水"者，其心眼之所勘；"见山还是山，见水还是水"者，返璞归真也。从物象到意象及其镜象，乃至有象无象，勘破一切之虚妄；由身临其境，到心临其境，乃至神临其境。人生的境界在不断的修为中提升，最终达到返璞归真的境界。返璞归真是修为的最高理想，也是盆景艺术最高境界。

然而，在当代盆景艺术创作中，存在不少与艺术之道相背离的现象，他们不以境界为先，而片面强调技法上的高超，甚至，一味地炫技，将技作为盆景艺术的全部。这种有违盆景艺术之道的做法在目前盆景创作上具有一定的市场。比如，盆景舍利的制作，本来是为盆景美化乃至禅意的表现而为之，按照中国传统文化，舍利制作应该有骨有肉，重点表现生命与自然的抗争，通过生与死的对比表现宇宙人生的生命价值和生命节律。而且在禅意的表现上，中国禅和日本禅也是有区别的，中国禅深受儒家、道家思想影响有其民族特色，而日本禅更彻底。有些人受日本影响，将柏树大面积制作成舍利，甚至有的为了炫技，将直径一米多甚至更粗大的柏树大面积雕刻，仅在一边留有几厘米的水线，以便形成所谓的"骨架过渡"，将几百年才形成的好端端的素材做成残废，做成"根雕"。更可怕的是这种现象似乎成为当今盆景一种病态流行趋势。作者以为这种以技代艺的做法实在有违中国盆景艺术之道。

无独有偶，在技法的滥用上，有的人不了解和尊重植物生理学特点，将松骨法应用到松树盆景的造型拿弯中，有的甚至用破干钳对松树进行破干拿弯，殊不知松树油脂道被破坏后会分泌大量油脂，很容易造成失枝，即使没造成失枝，撕裂处由于油

题名：风从东方来
树种：五针松
规格：113cm × 65cm
作者：朱德宝

脂源源不断的流出、凝固、堆积，形成臃肿的疙瘩，严重影响盆景的线条美。

在盆景各种制作表演中，炫技的情况更为常见，为了追求一步成型效果，有的强拉硬拽，进行拼凑，有的干脆往死里“整”，严重误导盆景艺术创作规律，背离盆景艺术之道。

当今盆景界存在的有违盆景艺术创作规律的种种现象，归其原因在于违背艺术属性，将艺术功利化、商品化，归根结蒂是急功近利的思想在作怪。这种有违盆景艺术之道的现象对盆景艺术的发展具有很大的破坏性，如果任其下去，后果不堪设想。必须呼吁，重新走上盆景艺术发展之正道上来，那就是尊重植物生长规律，科学培养；尊重盆景艺术创作规律，扭转当前重作轻养的错误倾向，循序渐进，并以中国传统文化为基点，创作具有我国民族特色的盆景艺术作品。

艺术所表现的真善美，本身都在自然中，就像庄子所说：“天地有大美而不言”。清人刘熙载云：“艺者，道之形也”，盆景艺术是自然之道的具象化，是人们用来领悟生命意义与生命价值的中介。盆景艺术是介于人与造化借以来打通人类愚识障碍，使与造化沟通的桥梁，同时也是连接二者之间的介质，人类通过艺术行为达到对造化的通融感悟，从而明白生命真意，生命存在的价值。以达“参天地之造化”，感知造化无所不在的慈悲。因此盆景艺术由具象到意象再到境象以及返璞归真，最终仍然归于道法自然。

道法自然是自然之道，也是盆景艺术之道。盆景艺术的最高境界就是既雕既琢复归于朴，虽由人作，宛若天开。

题名：风在吼
石种、树种：水磨灰石、榆树
规格：150cm × 75cm
作者：贺淦荪

03 论盆景艺术的创作境界

近代美学家王国维先生在《人间词话》中有云："词以境界为最上。有境界则自成高格，自有名句。"他进一步阐释说："境非独谓景物也。喜怒哀乐，亦人心中之一境界。故能写真景物、真感情者，谓之有境界。否则谓之无境界。"有境界的作品，"言情必沁人心脾""写景必豁人耳目"，即形象鲜明，富有感染力量。

王国维的这一美学思想，将艺术活动中人的主体推上了至高无上的位置。众所周知，包括盆景艺术在内的艺术美是艺术家内在美的外在形态，没有高的境界，就不可能创作出优秀的艺术作品。

那么盆景艺术家究竟需要具备什么样的境界呢？

一、登高望远的气魄，坚守执着的毅力

盆景艺术的创作周期很长，完成作品短的需要几年，长的需要十几年甚至几十年，其中的辛苦和期盼只有真正从事盆景艺术创作的人才能体会到。只看眼前，不顾长远，没有登高望远的气魄，没有一定的吃苦耐劳精神、没有一定的恒心和毅力、没有耐得住寂寞的坚守，是不可能成功创作出优秀作品的。因此长期吃苦耐劳、以盆景为伴并全身心投入是盆景人的常态。也只有具备这样的精神才能做个基本合格的盆景人。

盆景创作上有个法则叫做"三分做，七分养"，就是说盆景"作"的成分占三成，自然"养"的成分占七成，因为自然素材很少有完全符合创作要求的，有的骨架过渡要培养，有的线条需要调整，甚至有的需要"推倒重来"。加之盆景是鲜活的艺术品，需要在保持旺盛的生命力情况下去创作，否则会出现失枝甚至全株死亡的情况。所以，盆景艺术的创作必须在遵守自然生长规律的基础上循序渐进，吃的了辛苦，耐得住寂寞，精心付出，只有具备这样的精神，才能创作出优秀的艺术作品。

然而，目前盆景艺术界却存在着与这种盆景本然精神相悖离的现象，为了使其尽快成型，把功夫都用在所谓的炫技上，严重背离盆景艺术创作规律，采取极不负责任的态度，有的强拉硬拽拼凑，有的扒皮去骨以达成所谓的"过渡"，结果可想而知，将好端端的素材葬送，对资源造成了极大浪费。

对此李树华先生在其《中国盆景文化史》中尖锐地指出："我国一部分盆景工作者以追求短期经济效益为目的，不求个人修养的提高，严重影响

题名：傲骨雄风
树种：雀梅
作者：陈昌

题名：曲流山崖荡船歌
树种：枸子
作者：熊昌荣

题名：秋风徐徐韵更浓
树种：山松
规格：高 120cm
作者：张柏云

我国盆景事业的正常发展和高水平发展。我们必须应该有将盆景做成完美作品的作家态度，并保持真挚立场的指导者态度，有将苗木培育成‘未来之名木’的追求。要牢固树立盆景作家的第一目的是培养高雅素养的人格理念，重新认识盆景文化和盆景产业应有的原本姿态。”李先生尖锐指出了目前盆景界存在的弊端以及对盆景艺术事业造成的危害，强调了从事盆景艺术应该具备的精神品德，对目前的盆景艺术现状应该是个警醒和期待。

同时在该书中李树华先生又提出了对待盆景艺术该有的姿态：“说起盆景造型技术，不少人认为就是用剪刀和蟠扎用的金属丝等修剪造型器具对盆景进行制作或改作，实际上，支持盆景文化的基点技术是日常的培育技术和健全的管理技术，只有这样，才能创造出完美的作品。”李先生的以上论断，体现了盆景艺术创作该有的而且需要长期坚守的精神境界。

二、自得自适、自作主宰的主体精神

中国古典美学是建立在人生论基础上的人生美学。作为主体的人具有不可替代的作用。慧能禅提出“佛是自性作，莫向身外求”，更是将人推上至高无上的位置。因此主体精神对艺术创造起着决定性作用。禅宗主张随缘放旷，任运天真，追求自得自适的审美感受；道家追求神游物化的审美境界；儒家则倡扬“浩然之气”的人格美。古代美学家对创作主体非常关注，把艺术作为创作主体的一种精神体现。非常崇尚创作风格以及自成一家的独创精神。

宋代文学家欧阳修认为学书学画都是为了愉悦自己，不能为获得虚名而劳心学艺，强调不要为物所累，而应寓物于乐，只求自适，不为求得功名利益或取悦别人，他在《笔说·夏日学书说》中提出：“为书可以乐而不厌，不必取悦当时之人，垂名于后世，要于自适而已。”也就是说，艺术的价值在于自我心性的安宁，人生的快乐，这就是自得。实际上欧阳修所说的就是艺术活动要无所为而为。

苏轼也追求生命的萧散自适，做个无拘无束的“散人”，所谓“散人之道”既是生命的本源状态，也是艺术之旨趣。呈现的是寂泊心腑、随缘任运、自由自适的逍遥境界。在《宝绘堂记》中明确主张对于书画的创作鉴赏应“寓意于物”，而非“留意于物”，因为前者是将自己的情思寄托蕴含于物之中，以契合于自己的身心愉悦，以此获得生命之自得自乐，而后者则有住于物之实体，有悖禅宗“三无”思想。如前面章节所述，“无念法者，见一切法，不著一切法，遍一切处，不著一切处，常净自性，使六贼从六门走出，于六尘中不离不染，来去自由，即是般若三昧，自在解脱，名无念行。”苏轼以“三无”立根基，“于诸镜上不染”不执着于外物的羁绊，以物之存在捆束了本心，这样的生命自足多么轻松愉快！

苏轼对禅有很深的研究，对禅悦有独到之处，在参禅悟道中，他找到了属于自己的一片净土，所以能够如此洒脱。表现在其艺术创作上更是作为一种游戏，黄庭坚称之为“墨戏”，所谓“墨戏”就是创作为兴之所致，戏笔取适，这是生命的自在绽放，是心性的自然流露，生命就在墨戏中圆满自足。以苏轼为代表的文人画展现了禅思禅趣下的精神特质。

艺术创造精神源于心源的生命律动，是自我意趣的表达，艺术的真正价值在于还原本源生命之存在，坚持以这种为旨趣的艺术家美学家还很多，尤其宋以后，如郭若虚在其《图画见闻志》中强调绘画创作中自我意趣的表达，对创作彰显出的生命自适情怀也非常认同。荆浩也常画山水树石以自适。以上所述虽然不是专门针对盆景艺术，但“诗画本一律”其创作鉴赏境界和盆景艺术是相通的。

这种自得自适、自我主宰的独立人格体现在其艺术上，就是不追求形似以意为主的简淡风格，如宋代马远、夏圭的“半边山”，八大山人的画。在盆景艺术领域如赵庆泉大师的水旱盆景、韩学年大师的素仁格盆景、贺淦荪大师的风动式盆景等。

自得自适、自作主宰的主体精神体现在盆景艺术上，就是树立盆景怡情养性、快乐自己的意识，不为物累不为名困，痴迷但不贪婪，随心而不所欲，张扬却不炫耀，把艺术同样作为人格追求，突出自我内心，玩出属于自己的个性，玩出风格。

三、学业在勤，素气资养

“气”在中国古典美学中是一个非常重要的审美概念。“气”有儒家思想的根基，也有道家思想的意蕴。儒家指的是气节、骨气。亚圣孟子所提出的“浩然之气”是人格追求的最高境界，“富贵不能淫，威武不能屈”体现的是儒家不屈不挠的骨气。在道家，阴阳二气说则体现自然的变化规律，气是生命流动的表现，“阴阳二气相和则万物生”。气是万物生长的根。

气被引申到文艺领域，则代表着气质、风格等，曹丕在其《典论·论文》中说：“文以气为主，气之清浊有体，不可力强而致。”他关注的是作家的气质与作品风格的关系，有两重含义，一是指作者的气质，如“徐干时有齐气”即徐干时常表现齐人的气质；二是指作品风格，如“孔融体气高妙”是说孔融的风格高妙。南朝梁刘勰在《文心雕龙·风骨》中提出“才力居中，肇自血气”，认为“学业在勤”“素气之养”；作为儒家的韩愈在《答李翔书》中也说到养与气的关系。所谓养气，就是将外在的思想道德经过持久不懈的修养，转化为内在的精神个性。不过韩愈说的气指的是文章的气

题名：江山如画
石种、树种：英石、真柏、珍珠草
规格：盆长 150cm × 80cm
作者：韩琦

题名：瀛洲烟雨
作者：廖光富

势，同时也认为气“不可以不养”。南齐谢赫提出了“气韵生动”的美学命题。意谓艺术作品体现宇宙万物的气势和人的精神气质、风致韵度，达到自然生动，充分显示其生命力和感染力的美学境界。宋代大文学家苏轼在《又跋汉杰画山二首》中论道“观士人画，如阅天下马，取其意气所到。”这里的气是中国哲学思想中的生命之气，他强调作画要表现生命之气，而士人画更当有士人之气，体现士人之胸怀。纵观苏轼对艺术的品评，他所指士气既包含着士人所应具有的独立、高洁、至大至刚的浩然之气，萧散高蹈、超然自适的逍遥之气，也有疏淡空灵、清明纯净的净心之气。

气在文艺领域有着丰富的美学含义，它不仅代表艺术作品的风骨、气韵、气势，而且也彰显着艺术家的独立的人格，而这种人格恰恰是包括盆景艺术在内的艺术创造的必备条件。

四、净心的审美心胸

盆景艺术创造不仅需要长期的实践、独立的人格涵养、自适自得的主体精神，而且还需要摆脱一切束缚直达生命本源的清净心。这一美学思想源于道家及禅宗哲学。庄子认为，“心斋”可以使人摈除欲念，断绝思虑，物我两忘，专志于道的虚空境界。他在《庄子·人世间》里说：“若一志，无听之以耳而听之以心，无听之以心而听之以气！听止于耳，心止于符。气也者，虚而待物者也。唯道集虚。虚者，心斋也。”意思是说，你需要专一心志，不用耳听而用心去听，进一步不用心听而用气去听。耳的功能仅在听取外物，心的作用仅在于和外界相和事物交合，气才是空明容纳外物的，只有达到空明的心境，道自然与你相和。因此空明的心境就是心斋。心斋可以使人与物的统一，心斋的物化神游是获得审美意象的前提条件。

如果说心斋是以冥想去体验追求理想的人格，那么禅宗则直接将空堪破。慧能在论述“三无”时指出，要做到“与念而不念”“于相而离相”，关键要有“净心”，有“净心”则“心量广大，犹如虚空，……虚空能含日月星辰，大地山河，一切草木、恶人善人、恶法善法、天堂地狱，尽在空中，世人性空，也复如是。”心只有一尘不染，犹如虚空，才能以虚空之“净心”观照宇宙万物，而体认到宇宙万有的真如本性。

这种以“净心”观照宇宙万物的思想，对包括盆景艺术在内的审美活动和艺术创作意义非凡。

审美活动不同于科学认知活动和伦理实践活动，它是采取审美观照和情感体验的方式去把握世界的，而这种观照和体验需要审美者具有一种虚空明净的心，需要排除一切厉害欲求的审美心境。

王维是皈依南禅的忠实信徒，他以禅宗思想形象阐发了“净心”与艺术创作的关系，他在《绣如意轮像赞（并序）》中提出了“原夫审象于净心，成形于纤手”的美学命题。这是禅宗生命美学中一个十

题名：拂云朝阳
树种：朴树
规格：98cm×163cm
作者：魏积泉

分重要的观点。它涉及审美心胸、审美观照、审美创造等重要问题。绣如意轮是一个隆重的法事，由于真如为“空寂”的实相，远离意识界，不可用思量获得，而真如法性又不可说，所以要绣出栩栩如生的如意轮必须以“净心”的审美观照，娴熟的技法技巧才能完成。在这里，王维以南禅“净心”——明心见性哲学为指导以论述审美的鉴赏与创造活动，所谓的“审象于净心”就是审美者以一种纯净的、虚空明净的审美心胸，用圆融一体的、自由的、纯真的内在生命去进行审美观照及体验活动；所谓“审象”就是认真审视、体悟、观照审美对象，以领悟把握万有的内在意蕴与人生真谛；所谓“成形于纤手”就是通过娴熟的技艺对审美意象进行物化。

唐代诗人刘禹锡也有关于审美心胸和审美创造的论述。刘禹锡所处时代正是南禅大兴之时，而且与禅宗过往甚密，深受禅宗思想浸染，他在《秋日过鸿举法师寺院便送归江陵引》中用禅宗明心见性的哲学思想论述了审美创造等问题。

梵言沙门，犹华言去欲也。能离欲，则方寸地虚，虚而万景入，入必有所泄，乃形呼词。词妙而深者，必依于声律，故自近古而降，释子以诗名闻于世者，相踵焉。因定而得镜，故翛然以清；由慧而遣词，故粹然以丽。信禅林之花萼，而诚河之珠玑耳。

刘禹锡明确指出，文艺创作要“离欲”，排除心灵深处的一切杂念，若“能离欲”则内心虚空，内心虚空则大千世界的林林总总就会纷至沓来，进入艺术家的胸中，出现“万景入”的情景。同时有入就有宣泄（这里体现了镜的“无住”的流动性），就形成了依于声律、妙而深的辞赋。刘禹锡同时还强调，闻名于世的禅诗，华丽的词句都是“因定而得镜”，由“慧而遣词”的，也就是说“清”“丽”的艺术风格是通过“定慧”获得的。刘禹锡的论述强调的仍然是，虚空的审美心胸是艺术构思的前提条件，体现了“净心”观照的美学思想。

宋代文学家苏轼所说的“欲令诗语妙，无厌空且静，静故了群动，空故纳万镜。”以及冠九所说的“澄观一心而腾踔万象”等等，都是论述和强调清除一切杂念，以澄澈空明的心胸对艺术创造的重要性。

以“净心”观照宇宙万物，就能体认真如本性，这个真如本性就是发自心源生命律动的本真，这就是禅，禅是众生之本性，是生命之灵光，是生命之美的最高体现；是宇宙万有法性，是万物生机勃勃的根源，也是万物之美的最高体现，也就是王国维境界论里所说的“真”“真景物”“真感情”，自然，体现心源生命律动本真境界的艺术必定是沁人心脾、豁人耳目、自成高格的。

04 古典哲学（美学）思想在盆景艺术创作中的运用综述

以中国古典哲学为基础的中国传统美学对包括盆景艺术在内的中国传统艺术的影响在于为艺术创作提供特有的认识角度、审美视野以及创作方法论。中国盆景艺术深深植根于中国传统文化，盆景审美及创作也深受传统美学思想的影响，无论是儒家推崇的“真、善、美”，还是道家追求的“返朴归真”无不是盆景追求的最高境界。美学思想深深影响着盆景构思、创作、鉴赏、评判等各个环节，盆景艺术缺乏对传统美学思想营养的汲取，将成无源之水、无本之木。

一、盆景创作应遵循的美学法则

中国当代盆景流派纷呈，形式多样，风格各异，虽然创作形式因流派风格各异、树种不同、地域不同、所表现的主观思想内容也不尽一样，但万变不离其宗，脱离不了艺术创作所共同遵循的美学法则。

题名：乘奔御风
树种：黑松
规格：树高 78cm
作者：黄敖训

（一）道法自然，外师造化

道家美学认为，美存在于天地自然之中，庄子曰：“天地有大美而不言”。而儒家美学则认为，美在于创造，荀子曰：“无伪则性不能自美”。道家美学告诉我们，自然美是至高无尚的美，是众美之源。这就要求我们“道法自然”，以自然为师，从大自然中汲取营养；儒家美学启示我们，美的创造要在“天人合一”，人与自然的交融感应上，做到人与自然的和谐统一；以《周易》、玄学为基础的“观物取象”美学思想说明艺术的创造不在形的摄取而在象的创造，为艺术创作提供了方法论。以上美学思想揭示了艺术创作的源泉、创作方法以及盆景艺术创作的本质。盆景艺术创作的摹本和表现对象都是自然美，自然美存在于客观世界的法理之中，是盆景艺术创作的源泉。这就要求盆景作者深入自然，全方位地体察自然，以静照的境界与自然交融合一，从中体悟自然的奥妙，寻找创作灵感。

以自然为师，并不是说照搬照抄自然美景，而是在遵循自然法则的前提下，对自然美的特征进行选择、提炼、浓缩概括，并化为自己的“血液”（审美经验、审美心理结构、艺术才能等），当面对创作素材等创作对象时，又能把这些“血液”融入其中，通过艺术创作，抒发作者感情，所谓“肇自然之性，成造化之功”。从这个意义上讲，盆景艺术创作实际上是在尊重自然规律前提下对自然美的主观再创造。这也是盆景源于自然而高于自然的根本所在。

（二）因材施艺，意在笔先

盆景创作既要发挥素材自身天然造化的野趣，

题名：松涛
树种：五针松
规格：盆长 120cm
作者：金建胜

又要去伪存真进行适当的艺术加工，正如《园冶》中所说“自成天然之趣，不烦人事之工”，使创作出来的盆景既有自然美又有艺术美。因此“因材施艺，意在笔先”是盆景艺术创作的基础法则。“意”是立意、构思的意思，其意思是说在动手创作之前要在尊重原素材的基础上先立意构思。“意”还包含作者在主观审美思想、审美意趣支配下，对创作对象（素材）进行仔细研判、理解、融化并进行主观改造后所形成的“意象”的含义。任何一件盆景在创作的开始都要进行立意，对主题进行构思、酝酿，这是盆景造型的前提。立意的目的不仅仅是为了形的塑造，更重要的是为了意境的创构，即把作者的主观思想情感、艺术素养等与客观自然景物完美结合，从而形成一种完美意象。

盆景素材、立意构思、盆景的艺术形象三者之间具有一定的联系，诸多不同类型的素材可以加工成不同的题材，而这些不同的题材又具有不同的形式，不同形式的题材一般以不同的方式进行构图布局。如线条优美纤瘦的素材一般以极简的文人树形式构图，表现孤高飘逸、淡泊名利的文人情怀；矮壮的素材一般以大树形构图，以表现古木的苍古繁茂；一本多干或层林组合素材的简化构图则更为复杂，重点要处理好主次、聚散、虚实、争让等对比对立关系，同时总体上还要处理好多样与统一的关系，表现一种和谐美。不仅如此，树种个性不同，简化构图的方式也有所不同，我们通常所说的松要有松味，柏要有柏韵，松柏不能做成杂木就是这个道理。

我国幅员辽阔，盆景资源（主要指树桩、山石）极为丰富，地方树种、石种造就了地方的盆景特色，如两广的以朴树、九里香等为代表的杂木盆景以及苍古嶙峋的山松盆景，江浙一带的罗汉松盆景、五针松盆景，四川等西南地区的金弹子盆景，山东、江苏、安徽一带的松树盆景、柏树盆景，江苏苏中、苏北地区的水旱盆景、山水盆景等。在各类创作盆景过程中就应根据各类素材的特性，处理

去除赘疣而为自己情感的表现创造空间，为制作艺术符号埋下伏笔。同时也为有表现力的构图创造了基础条件。

在盆景艺术创作中，简化与构图是统一的不可分割的有机体，简化是情感按照自身的逻辑自动地选择和删除，而不是按照某种规范有意做出的缩略；构图是一种组织有表现力的形式的活动，它不是简单的相加，而是将各种有意味的成分加以有机融合，使其成为富有生命特征的整体。简化是构图的需要，构图是简化的结果。构图和简化密切相关，不同的简化生成不一样的构图，一般意义上的取舍生成常规意义上的构图以及创作大众化的作品，而艺术层面的简化则生成有“意味的形式”构图以及创作出艺术作品，但凡有个性的优秀的盆景艺术作品无不是在极致简化基础上的生动的构图。例如优秀的文人树盆景就是这种至简至美的典范。按照内

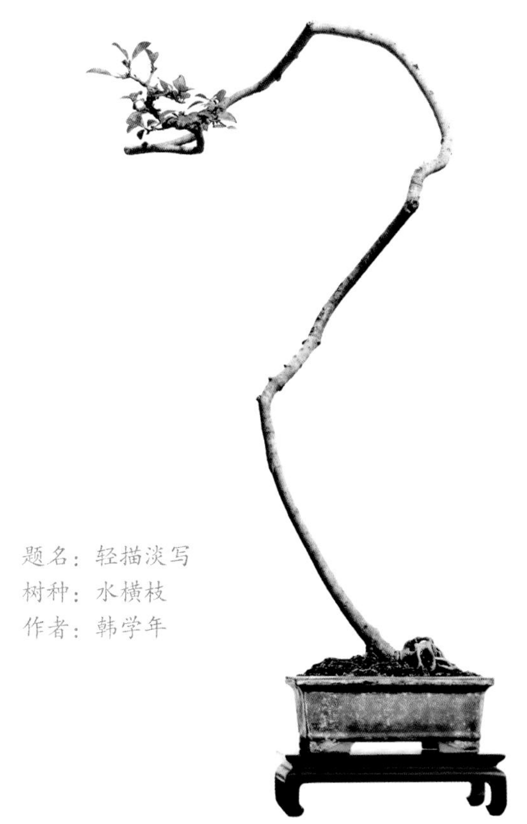

题名：轻描淡写
树种：水横枝
作者：韩学年

好普遍性和特殊性，一般和个别的关系，注重发挥各类盆景素材天然造化的内在美、个性美，并善于利用这些千姿百态的自然美，将个人的审美情感、意趣融入其中，不落俗套，因势利导地进行立意构思，以表现或古朴苍劲，或挺拔雄伟，或潇洒飘逸，或孤高淡雅，或高山峡谷，或群峰竞秀，或湖光山色，或山明水秀等自然神韵以及人们丰富的思想感情。

（三）化繁为简，至简至美

盆景艺术创作目的是表现自然、抒发感情、隐喻哲理，而不是复制自然，照搬大自然景物。要想在有限的空间里既表现自然神韵又抒发个人感情，就必然要对客观素材按照作者主观思维进行简化和去伪存真。按照作者主观思维表现需要，盆景的化繁为简过程不仅是将所谓无用的、多余的、不美的部分去除，例如去除腋枝、车轮枝、对生枝，雕刻臃肿的断面等，也即所谓的取舍问题。而且更重要的意义还在于，在作者缜密构思下，从大量的杂乱无章的东西中抽取有表现意义的审美特征，并重新组成有表现力的新的形式。这个过程实际上是作者

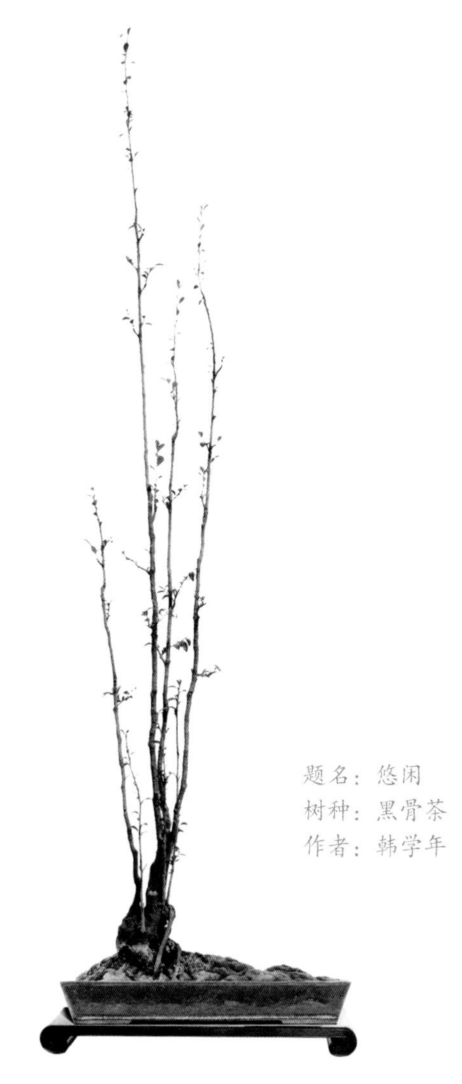

题名：悠闲
树种：黑骨茶
作者：韩学年

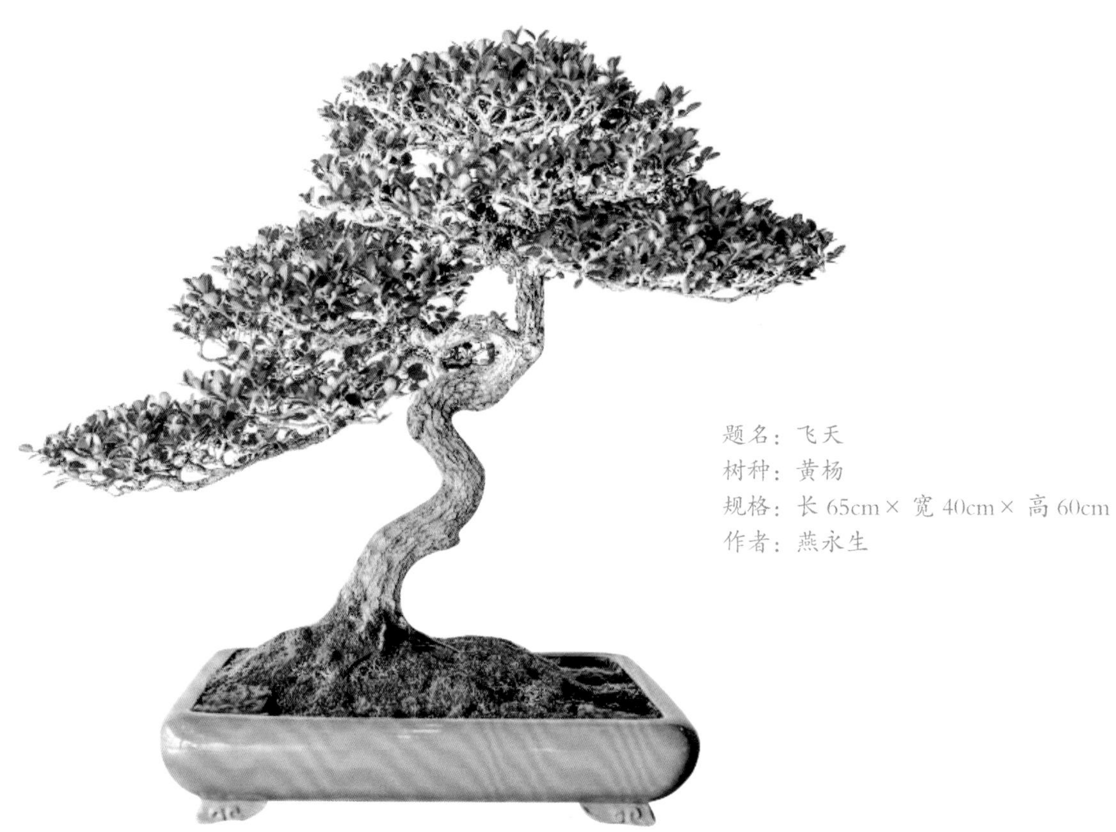

题名：飞天
树种：黄杨
规格：长 65cm × 宽 40cm × 高 60cm
作者：燕永生

容决定形式的原则，简化实质上是一种历史的进程，或者说是人类从简单走向复杂，由感受走向思维，由再现自然景物走向抽象的人的情感的表达的过程。这种貌似简约的处理，实质上却是用简约的笔触传达出及其深沉、含蓄的意味，它不仅需要情感而且需要不断的思索。可以说，艺术意义上的简化和中国象形文字的简化、中国青铜器艺术、中国古代洞穴绘画艺术上丰富的象征意义有某些相似之处，其蕴涵的象征意义有异曲同工之妙。

（四）形式新颖，个性鲜明

作为视觉造型艺术的盆景，首先美在形式，而这种形式必定是长期的社会实践活动积淀而成的形式。一件优秀的盆景作品——富含节奏韵律的线条、新奇的空间布局、鲜艳的颜色共同形成的作品总能够吸引人的眼球，给人以视觉冲击力，让人产生审美联想。对于盆景艺术而言，它的美好感人的形态同时反映出外部世界（自然界、人类的生活实践）和内部世界（人的内在思想感情、对自然的体悟、人的心里审美结构等）中的节奏、韵律、对称、均衡、连续、间断、慢快、粗细、疏密、虚实、变化、统一等的活动规律，能够激发人的特殊的审美感情以及创造能力。即内容和形式的统一。内容和形式的统一也彰显了如何走个性化之路的问题。因为鲜明的个性外部上要靠形式，内部上要靠鲜明的主题内容来展示。因此个人认为，盆景的创作应立足于作者某种表现需要，而不是靠拼凑以达到丰满，也不是为了填补空间而形成的堆砌，更不是按照制图理论搞出来的机械式的形式。而是反映“内容积淀为形式，想象、观念积淀为感受”的美学思想。

（五）以形写神，神形兼备

形是指盆景的外部轮廓，它是创作中对所表现对象具体形态的真实反映，即所谓的形似，没有形似，神将无处藏身。神则是存在于人或自然景物之中的一种内在的精神气质和勃勃生机。盆景中的神，一方面是指所表现的景物的自然神韵，如，山水的韵致风采，树木之生机、姿韵等；另一方面是指创作主体之神，即作者借景抒情，表现自己内在精神气质和情感，自然景物之神与创作主体之神的融合是盆景艺术力求表现的最高境界。盆景形神塑造和

题名：古木雄姿
树种：对节白蜡
作者：张志刚

题名：傲骨临风
树种：石榴
作者：张忠涛

盆景气韵以及意境的表现都有密切的关系。气韵是绘画、书法、盆景等视觉艺术首要的美感规律，六朝画家谢赫提出的绘画六法，将“气韵生动”放在首位，统帅着其他五法，实际上第一法的“气韵生动”，和第三法的“应物象形”讲的就是形神关系，“气韵生动”实际上也就是“生动的传神”。盆景的意境是指情景交融、诗画结合的艺术境界，而写意、抒情都要靠传神来表现，换句话说，盆景的气韵、盆景的意境都蕴含在神形兼备的盆景艺术形象中。以形传神、以形写神是盆景艺术创作的重要法则，也是盆景艺术鉴赏原则，因此在塑造盆景作品时要抓住足以表现自然景物的内在结构，即生机、神韵等采用夸张等手法加以塑造。

二、盆景创作所应遵循的形式美规律

就盆景而言，形式美是指盆景外观形式，包括线、形、色、质等外形因素和将这些因素按一定规律组合起来，以表现内容的结构。盆景艺术的表现离不开形式的创构，艺术本质就是“有意味形式”创造。传统美学积淀的形式美规律是盆景艺术创作鉴赏普遍遵循的美感规律，在具体创作实践中灵活地运用对盆景艺术创新发展具有重要意义。

（一）和谐

和谐是盆景美的重要条件，不和谐的盆景谈不上美，更谈不上艺术。和谐是指审美对象在诸种构成元素或构成部分中形成的总体协调关系。和谐的概念最早由古希腊毕达哥拉斯提出，他从音乐审美中总结出“美在和谐，认为音乐的和谐是由高低长短不同的音调，按一定的比例构成的，艺术作品的美来自各部恰当的比例。赫拉克利特发展了他的思想，认为“和谐在于对立统一”。和谐并不是整齐划一、平衡、对称、均匀等，而是在差异（矛盾）中进行调和使其产生适宜感。和谐在盆景创作中应用最为广泛，包括作品其中一部分与另一部分的和谐，局部与整体的和谐，内容与形式的和谐，审美主体和审美客体之间的和谐，盆景、盆、几架的和谐，盆景与摆放场地之间的和谐等。和谐源自对比对立，是调节矛盾因素（对比、对立）达到均衡统一的一种方法。盆景创作过程中，尤其是简化构图中，需要处理的对比对立因素很多，如主次、动静、强弱、虚实、疏密、藏露、繁简、刚柔、曲直、顺逆、大小、高低、厚薄、粗细、轻重、聚散、明暗等等，应用中应坚持“在统一中有变化，在对比中调和谐”的总规律。在盆景实际创作中，重点处理好如下几个对比对立关系。

1.有主有次，主次分明

盆景中的景物有主景和配景之分，主景是主，配景是次。任何一种盆景，不论山水盆景还是树木盆景，在多个构图单体同时存在的情况下，其中必须有一个构图单体被突出为该盆景的主体（可以是诸木中的一木，或诸枝中的一枝，或诸山中的一峰。对于分群组的层林盆景等还可以有次主体，但次主体无论从体量上、位置上都要轻于主体），其余的只能作为配体，配体可以是配石或配树或其他配件，配体除内容等方面需要外，还起到对比烘托作用。

对比是塑造典型的一种表现手法，它是对立统一辨证规律在艺术创作中的具体运用。强烈的对比可以使艺术作品的形象更加鲜明突出，使主题思想更加深刻，从而增强盆景作品的艺术感染力。盆景构图创作的重点是盆景主体的表现，要突出表现主体就要善于应用烘托渲染的对比手法。即在主配之间，通过景物的高低、体形的大小、色彩的明暗各方面的差异对比，来达到衬托出重点的目的。具体可以从主体景物的体形、体量、高度等方面加以特别的渲染加强，对细节进行着力艺术加工，对其占据的空间位置进行优先安排（常在最显眼的地方）等。使主体作为盆景构图布局的中心来统帅和主导整个盆景，并作为盆景的视觉中心。配景作为客景在构图处理上要做到“客”不欺“主”，“客”随“主”行，无论在体形、体量、高度上均不能超过主体，位置上也不能喧宾夺主。构图上只有做到主次分明，才能突出重点，突出主题，强化艺术表现力。尚若主体不能鲜明地突出出来，则盆景作品必然呆板、索然乏味。当然我们强调对主体的烘托、渲染、夸张，强调主次的对比作用，在某些方面，并不是说对比越强烈越好，还要把握一个尺度，过大的差距，不仅没有美感，相反使人产生失衡的感觉，关键是灵活运用和谐的美学原理调和矛盾的两个方面，使主次互相呼应，在变化中求得统一。

2.有虚有实，虚实相应

虚与实是盆景艺术最为重要的对立因素，实是指有形的实物，虚是指空白。对于盆景来说，树木、山石、配件、土壤等都为肉眼可见的实物，我们称之为实，而实物之间的空白空间则为虚。“虚”并不是虚无，而是一种藏镜的艺术手法。虚实与疏密、聚散等概念有含义相似之处，虚和疏、散和通，实和密、聚和连等，有相似含义。从客观上讲，虚实、疏密、聚散也反映了自然树木的生长规律，如一般树木都上密下疏，上聚下散，上实下虚。阳光照射充足的地方生长旺盛，不透光的地方则无法生长；

题名：榴韵
树种：石榴
规格：树高 90cm
作者：汤华

题名：岿然
树种：真柏
作者：郭建元

题名：鞠躬尽瘁
树种：黑松
规格：100cm × 80cm
作者：闻站军

题名：风华正茂
树种：木瓜
规格：100cm × 80cm
作者：刘长振

从哲学、美学上说，虚实、疏密、聚散也是构成统一体矛盾的两个方面。密必塞，疏则畅。构图时要具体依据所要表现的主题灵活安排景物与空白。以调和虚实、疏密、聚散等对立关系，使之和谐。一是景物与空白比例要得当，但因作品描写的对象不同，该比例不完全雷同；二是虚实相应，即虚处与实处要互相呼应，融为一体，不要断然划开界限，否则刻板生硬，散乱无章。如水旱盆景，白色大理石盆所表现的水面为虚，峰峦沟壑、蜿蜒曲折的坡面、树木为实，要使其虚实相应，在构图和创作时就要使水陆交界线蜿蜒曲折，水面延伸到陆地，陆地延伸入水面，你中有我，我中有你，浑然天成。树木盆景在构图时不仅要处理好上下、左右疏密、聚散关系，而且还应注意虚与实的穿插相应，多干或层林盆景更要处理好聚散等对立关系，使构成景物的各种要素在对立中形成和谐的统一体。三是以实塑形，以虚藏境。盆景创作注重以形传神，构图主要解决形态问题及位置关系，而留白却是为了意境的创构。

3.有疏有密，疏密有致

疏密也是盆景创作中需要重点处理的对立因素，没有疏密的处理，整个作品形同堆砌，或杂乱拥挤，或松散无趣。疏密关系的调整是调整结构布局，打破规则造型，增强作品节奏韵律的需要，艺术遵循变化法则，疏密关系的调整就是通过不规则体现美的韵律。国画中常讲“疏可跑马，密不透风”，说明盆景的构成不能在空间上均分，疏与密的对比不能轻描淡写，疏的地方要从体量上、结构上少到不能再少，甚至疏到空白；而需要密的地方密到深藏不露。当然疏密关系的处理也是相对的，疏的地方不能在结构中孤立，必须和密的结构相互呼应；而密集处的结构也要表达明白，即内结构也要交代得清清楚楚，也就是说密的地方也要有变化，该遮挡的要遮挡，不该遮挡的还要显露，从总体形象或轮廓线上呈现既有强烈动感又有总体平衡富含节奏韵律。即所谓的“疏密有致”。

盆景结构的疏密安排受主客观两个方面因素影响，客观上要尊重自然规律，一般而言，树木的自然形态都是上密下疏，阳面密，阴面疏，因此疏密关系的处理也要结合这一规律；从主观上说疏密对比的强度受到人文因素的影响，换句话说一方面体现着人文精神，体现作者的创作理念和情趣。如文人树盆景疏密关系对立可以达到多一枝嫌多，少一枝嫌少的极致。

4.有聚有散，聚散依依

大自然中有的群山连绵，有的一峰独秀，它们有聚有散；大自然中山岗丘坡有的树木生长茂密，而有的地方生长稀疏，它们共同构成大自然美的节奏韵律。盆景是表现自然的一门艺术，要在咫尺盆盎中浓缩自然、表现自然，就必须要体会自然界聚散的结构特点，运用聚散对比的美学规律来指导盆景艺术的创作。多干盆景、层林盆景、水旱盆景等构成要素较多、组合较为复杂的形式，其聚散关系的表现最为典型，要表现自然生态的节奏韵律美，就必须打破对称均衡均分的布局，使整个画面有聚合有分散，聚合的部分有主有次，有争有让，井然有序，稀疏分散的部分也不孤立存在，聚和散既形成鲜明的对比，又形成和谐的统一体，使整个画面呈现高低错落、疏密有致、聚散依依的节奏韵律感。就一个单体而言，其结构也要有聚有散，使作品灵动而自然。

5.有动有静，动静相依

从客观上讲，盆景是静态的景观，要使静态的景观表现动势的视觉效果，必然要营造一种气势，这种气势表现一种运动的趋势。形式美中，对称与平衡是构成稳定、静态美的因素，具有稳定、庄重的静态美，如建筑上的对称。但大自然中山峦的起伏、溪流的蜿蜒曲折、树木的疏影横斜等都绝少构成天然对称和几何规整的平衡形式，但它们都统一在大自然美妙的节奏韵律当中，具有内在的和谐美。盆景的主旨是表现自然美，它和人物、鸟兽、建筑等对称形体有所不同，因此，盆景造型中极少用到对称平衡手法，而是一种相对平衡的艺术手法。“险绝取势”是盆景营造动势的常用手法，例如悬崖式盆景的树干向纵深处倾斜，给人以飞流直下的动感，但需要强有力的根盘或配石加以平衡，使整体稳定。再如山水盆景中，为了营造动势，山石、树木往往是不平衡的，但空白处几粒小石，一丸小礁往往可以起到“一锤定千斤”的作用，并不会给人以不稳定的感觉。在盆景造型中，动与静是一对需要调和的矛盾统一体，一味地追求均衡，容易走到绝对平衡的极端，违背灵动的大自然规律，作品呆板无生气；但也不能一味地追求动势，走到另一个极端，使整个盆景作品失衡。应“既追险境”，又“复归平正”，使整个盆景作品静中有动，动中有静，动静相依，生动活泼，富有艺术感染力。

题名：青云藏龙
树种：真柏
规格：飘长 105cm
作者：韩琦

题名：古柏遗韵
树种：真柏
作者：张晓明

题名：五岳之巅
树种：黑松
作者：陈广

6.有刚有柔，刚柔相济

阳刚阴柔系由《易传》阐发的阴阳学说和天刚地柔的思想演化而来。“一阴一阳之谓道”，阳主刚，阴主柔，阴阳相生，刚柔相继相成。刚柔的美学思想是中国古代哲学思想以及美学思想的结晶。阳刚之美和阴柔之美是中国古典美学关于美的分类和艺术风格的一对重要范畴。刚柔的艺术表现在盆景艺术创作中具有重要的美学意义。

树木盆景的阳刚之美主要表现在挺拔、粗壮、刚健、豪放、动势强、张力大、速度快等方面；阴柔之美主要体现在温雅、安静、细柔、清秀、多姿、飘逸、动势弱、张力小、速度缓慢等方面。刚与柔是盆景创作的矛盾统一体。每件盆景作品中均含有刚、柔两个对立因素，不存在绝对的刚，也没有绝对的柔，刚的成分大则表现阳刚之美，柔的成分大则表现阴柔之韵，优秀的作品在于刚柔的相继相成。正像清代沈宗骞《芥舟学画编》中说的那样“寓刚健于婀娜之中，行遒劲于婉媚之内”，柔中有刚，刚中有柔。

盆景创作上的刚柔表现和树种、所要表现的主题、形式、表现手法均有一定的关系。高山之雄伟、苍松之挺拔、古木之粗壮等具有阳刚之美；小桥流水之清秀、垂柳依依之优雅、花朵之娇媚等具有阴柔之美。盆景作品中，刚与柔的对立因素无处不在，山水盆景中，山石为刚，树木、水面为柔，直立的山石为刚，起伏多变的坡脚为柔；树木盆景中，线条的刚直、硬角、有力的扭转为刚，线条的曲折多变、弧线、转动为柔。盆景艺术风格的表现有的以阳刚之美取胜，有的以阴柔之美而见长，尚阳刚之美者，强调骨、力、势；尚阴柔之美者，强调韵、味、趣。前者追求“壮士佩剑”般气势，后者则讲求柔婉之态。表现在线条形式上，阳刚之美方、直、急、枯；阴柔之美圆、曲、缓、润。在盆景艺术创作实践中，通过刚与柔的对比并使一方突出出来从而实现或刚或柔的艺术风格。如对形体上粗壮挺拔的主干、急转的棱角或错节突兀、强力扭转的线条机理、苍老坚硬的骨刺、由内向外射出的刚劲的配枝等骨力因素的突出刻画，使盆景形象充满阳刚之气，从而表现出阳刚之美。同样可以通过增加曲折、饱满圆润的弧线，以平淡、恬静、妍媚婀娜之态表现阴柔之美。但无论是阳刚美或阴柔美都要做到骨、力、势与韵、味、趣的和谐统一，即所谓的刚柔相济。

7.有枯有荣

枯荣的对比主要针对树木盆景，体现自然生命的生存法则，表现岁月的沧桑，与恶劣环境的抗争。枯代表死，荣代表生，在杂木盆景创作上一般枯占比较小，只作为对比的手段，作为对比烘托荣的无限生机。以表现沧桑古木顽强的生命力。随着舍利丝雕在柏树创作上的广泛推广应用，枯荣对比的表现手法以及表现的意境被推向了一个较高境界，枯荣的表现形式及表现主题不仅仅局限在通过对比来表现枯木逢春、劫后余生的意境，更重要的是用简化的线条艺术语言制作艺术符号，象征宇宙的创化，以丰厚的民族文化积淀的形式向人传达自然的哲理，极大丰富了“枯”的内涵，大大增强了盆景枯荣的艺术表现力。因此，在柏树的创作上对枯干断面的处理不能简单化，要根据要表现的主题，突出枯干的结构特征，

题名：邀风对弈
树种：黑松
规格：150cm × 90cm × 120cm
藏家：燕永生

题名：黄河在咆哮
树种：博兰
作者：刘传刚

注重线条的舞动变化，将自然美与艺术美完美结合在一起。

8.有藏有露，藏露结合

中国艺术富含朦胧美、含蓄美，而这种美的意境都是由藏露的艺术表现手法来创造的。中国画中最好的用笔看不到起止的痕迹，无人工造作气，自然流畅，藏而不露。盆景艺术也是这样，每件意境深远的盆景作品无不是藏露关系处理的典范。在盆景作品中，我们能够看到的是景，是“露”，而藏的是“意”，我们肉眼看不到的。正所谓“景有尽而意无穷”。故该露的部分必不可少，然而，如果将一切表露在外，使人一览无遗，就会使人失去想象的空间，让作品平淡无味，因为在有限的空间里所表现的内容是有限的，因此，盆景布局必须做到有藏有露，这也是盆景创作的本质要求。

中国古代画论上说：“景愈藏境界愈大，景愈露境界愈小”，中国艺术历来讲究含蓄之美，追求含而不露的境界，处理好露中有藏，就能展现出“象外之象，景外之景，韵外之致，味外之旨”的艺术效果，使观赏者产生丰富的联想，引起共鸣，达到艺术创作所追求的目标。

山水盆景中，露藏的表现手法最为丰富，绘画艺术的“三远法”对山水盆景的藏露表现具有重要的指导意义。所谓的“三远法”，即高远、平远、深远。分别以仰视、平视、俯视等不同视觉角度来描绘画中景物。高远为仰视效果，自山下往上看，取势高大雄伟，震撼人心，有阳刚之气，反映巍峨雄伟的山势；平远为平视效果，自近山看远山，反映的是山峦起伏、连绵不断的群山之势，塑造的是“山随平视远”的艺术效果；深远为俯视效果，从山上往下看，场面宏大，视野广阔，表现的是群峰连绵起伏、层峦叠嶂的艺术效果。在具体创作过程中，要想在咫尺盆中表现巍峨雄伟、山峦起伏、水岸迂回、沟壑幽深等艺术效果，仅靠山石堆砌显然是不行的，还必须应用露藏的艺术表现手法。如将水岸线加工成迂回曲折、时隐时现，将山洞做成曲折状，使其有遮挡，使其一眼望不透等。盆景配件的摆放也须做到有露有藏，例如，将亭子从山后露出一角，或将房屋遮挡一半，让人对山后产生丰富的联想。

藏露的艺术表现手法，在树木盆景上同样适用。多干盆景、层林盆景以及水旱盆景，欲表现层林之幽深，仅靠树的堆砌肯定是行不通的，关键还是要靠露藏的处理，如将树木前后穿插掩映、遮挡，使整体上有露有藏，即使有限的几株，也能呈现幽深的层林效果。孤植的树木盆景，也应注意干、枝、叶穿插变化，并将其处理得有隐有现，尤其门前枝，既有藏的作用又有露的需要，一般相对缩短，在露出盆景优美骨架线条的同时，还得适当遮挡前部，使整个作品具有立体感。而后位枝应适当延长，以增强景物的幽深感。不仅如此，在细节上还应适当遮挡部分干枝，尤其有瑕疵的地方，在藏丑的同时又增加了作品的含蓄感、韵味感。

（二）合理的比例关系

“小中见大，缩龙成寸”是盆景艺术特色，要于方寸之间，呈现大自然的山水景象，表现一定的意境，比例关系的把握十分讲究，一般遵循黄金分割定律，它贯穿于构图的各个环节中。树木盆景主干线条第一节即根盘以上的部分往往较长较粗，占比较大，第二节次之，越往上节间越短干越细，节间的长短、粗细都要按照一定的比例，整个线条要过渡得自然顺畅，陡细陡粗比例严重失调，缺乏美感。树木盆景的配枝出枝位置、粗度、长度等也要讲究比例关系，第一出枝点的位置最为重要，一般要选主干的1/3或2/3处左右点位枝，忌选1/2处点位枝，也不要选出枝点位于主干过偏下方的枝条（除非有特殊的创作需要，如仅作为点缀，或立起来作为副干）。配枝的间距要合乎下疏上密的自然规律。配枝的长度、体量不仅不能按严格意义上的下大上小的比例，相反要根据表现的主题需要灵活掌握，例如为了增加透视效果以及作品深度，往往将门前枝缩短缩小，避免前枝遮挡后枝，相反往往将后枝适当延长以增加作品深度。再如，为了营造树势，增强动感，增加盆景艺术表现力，往往将某一个配枝（不一定是第一出枝）采用夸张的手法在其体量及所占的空间上给予重点加强，而其他配枝长度、体量则适当减弱，使整体上形成抑扬顿挫、活泼生动的生命活力。我们所熟知的岭南蓄枝截干技法所创作的比例关系堪称盆景完美比例的典范。山水盆景中，树木与山石的比例不同，也可以获得不同的艺术效果，树小则显山高，因此配植的植物高度一般不高于山顶；盆景的配盆对比例关系也有严格的要求，盆小景大则显拥挤，盆大景小则冲淡主题，即使盆是好盆，景是好景，但因缺少形式美中的合适比例，整体上还是不美的；盆景摆件的点缀不仅可以深化主题，也可以作为充实构图充当比例尺的作用。如山水盆景中将合适的房屋、小船、人物、走兽摆放在适当的位置，就可以测出山之高、水之阔，当然摆件的摆放也要有章法，遵循“远小近大，上小下大”的法则，同时也要讲究比例，比例合适则起到渲染画面的作用，比例失调则会严重影响画面效果，甚至让画面失真。

（三）生动的节奏韵律

节奏原指音乐中节拍的强弱、长短交替出现的符合一定规律的律动，亚里士多德认为，节奏的本质是运动，现代文艺认为周期性是节奏的绝对条件。节奏被引进视觉艺术中，是指形（包括线条）在平面与立体构成中的形状、大小、间隔以及色彩的三要素（明度、纯度、色相）组合的既有重复（周期性）又有变化的构成，这样的构成可以引起视觉快感，使人产生审美享受。韵律的本意主要是诗歌的声韵和格律，视觉艺术中的韵律指的是视觉元素有秩序地节奏化地流动，韵律美主要体现在流动性的旋律感，柔和、自由、明快的顺畅感。节奏和韵律同属动感范畴，节奏是韵律形式的单纯化，韵律是节奏形式的丰富化。自然界中，节奏和韵律美感无处不在，如起伏连绵的山川、流动着的彩霞等等。节奏和韵律是视觉艺术包括盆景艺术中形式美的主要法则，盆景艺术基本形（如线条的弯曲变化）的重复、渐变（如近大远小的透视效果）、点线面、空间的变化都体现着节奏和韵律的美学规律，是盆景美的源泉。认识节奏和韵律的基本表现形式和美感特征，有助于我们去发挥和创造盆景艺术中的形式美。

盆景的节奏韵律美存在于盆景的根、干、枝、空间布局等各个构成元素中。盆景的根部，粗细间隔分布、根的走向都体现着节奏韵律。要求根要有粗有细，分布的间隔也有一定的规律性，根要以树干为中心，向四周放射（节奏的发射形式表现）。重叠散乱的根，显然是不美的，无根的盆景如同插木；盆景主干的节奏韵律美主要体现在线条的变化（包括肌理的纹理变化上），线条的走向变化、刚柔、急缓等方面，在盆景艺术创作中要体现或创造这种节奏韵律的变化，保持线条的顺畅，避免死角，保持盆景线条的律动以及完整性；盆景的配枝及空间布局，对盆景的艺术形象和表现力起着重要作用，这个表现力也体现在其节奏和韵律上。配枝线条有规律有变化的上下起伏，同时顺着这个起伏变化，由众多小片形成大片，不仅使盆景骨架更有结构力量感，而且使片层结构空灵而自然，动感十足。节奏韵律也体现在盆景的总体形象上，舞动的线条，节奏化韵律化的空间，使整个盆景作品充满生命的活力，无不彰显自然的神韵。山水盆景的节奏韵律美体现在山石树木的起伏变化以及沟壑纹理的和谐统一中。节奏韵律美的表现和树木盆景的艺术表现有异曲同工之妙，体现的都是自然生命的律动。

题名：大气凛然
树种：济州真柏
规格：125cm × 140cm
作者：吴德军

（四）多样统一，中和为美

“中和美”是中国古代美学思想的理论基础，是儒家追求的一种理想美。“中和美”坚持的是一种中庸的审美尺度，不偏不倚，适中和谐。“致中和，乐而不淫，哀而不伤”，是儒家追求的理想境界。西汉董仲舒提出的“天人合一”的哲学思想是“中和美”美学思想的理论基石，即认为人的审美意识应顺应符合自然，强调审美过程的物我统一，心物感应，使人在艺术、审美中达到和合化一的境界。

“中和美”强调的是“和”，晏婴提出的“以和为美”，梁代沈约提出的“五色相宜，八音协畅”，孔子提出的“大乐与天地同和”等，无不体现“和”的一面。但“和”是建立在多样基础上，与“同”有本质的区别，“同”是相同物相加，不能生成新物。谈不上美的创造。《文心雕龙》里说：“异音相从谓之和”，说明美产生于多样的融合统一。同时“和”也有调和之意，把杂多与对立的因素有机地统一起来。概括地讲，“中和美”的产生必须同时具备两方面条件，即构成统一体的因素必须具有多样性；多样性的因素必须通过某种方式形成统一体。

具有我国民族特色的“中和为美”的美学思想，深深浸润于中国盆景艺术中。中国山水盆景、水旱盆景汲取了中国山水画的营养，通过调和不同构成要素矛盾关系，使多样的构成如山石、树木以及盆器有机融合成一体，表现了具有山水画意的自然美景，体现了“中和为美”追求的恬淡、宁静、隐秀的意境。树木盆景线条、枝片、留白等构成上的多样性与统一性也体现了“中和为美”多样与统一的美学思想的核心，可以想象没有多样的构成，就不会有盆景的灵动，也不会有自然的神韵，更不会有想表现的意境。同样，没有相融和谐的统一，盆景作品将散乱无章，无美可言。因此从这方面意义上说，盆景的创作过程也就是创造变化并在变化中调和统一的过程，体现了艺术遵循变化法则。例如，多干盆景包括丛林盆景在创作中要重点把握两个方面。首先，每个干要有多样的变化，要有粗细、曲直、前后左右各个方向分布等各种变化，变化越丰富，则表现力越强，因此，在创作中首先要创造这种丰富的变化；其次要通过某种贯穿因素，如线条向某个方向倾斜，向同一方向结顶，通过虚实的空间布局等将各个构成部分连成一体，使整个作品各个构成要素各具特色，但整体上却浑然一体。

包容中国古代儒家、道家、禅宗、玄学等多家美学精髓的传统美学思想，一直高举民族特色的大旗，指引着中国盆景艺术的发展方向，不断将中国盆景艺术推向新境界。在盆景艺术创作交流日益国际化的今天，在审美能力、创作技法不断提高的今天，坚持以中国传统美学思想为基石，以提高精神境界为目标，以创新为突破口，将具有我国民族特色的盆景艺术推向一个新高度，重新确立盆景创始国地位，具有重要意义。

05 “妙造自然”是盆景艺术最高境界

盆景是以植物、山石、水土等为材料，经过艺术创作和精心栽培，将大自然的优美景色典型、集中地塑造在盆中，达到小中见大的艺术效果，以表达深远的意境。它同中国园林艺术一样受中国传统山水诗、山水画影响，追求诗情画意和深刻的思想内涵。来源于儒家、道家、禅宗三大美学的“妙造自然”的美学思想，也是从自然本体出发，以天人合一、心物交融的独特视野来看待艺术与自然的审美关系，并将艺术本体看作自我表现和再现自然的审美统一。“妙造自然”的美学思想既是对盆景艺术本质（自然美与艺术美浑然交融）的深刻理解，又是盆景艺术创作、创新方法论的解读，是盆景艺术的理论基石，也是盆景艺术的最高境界。

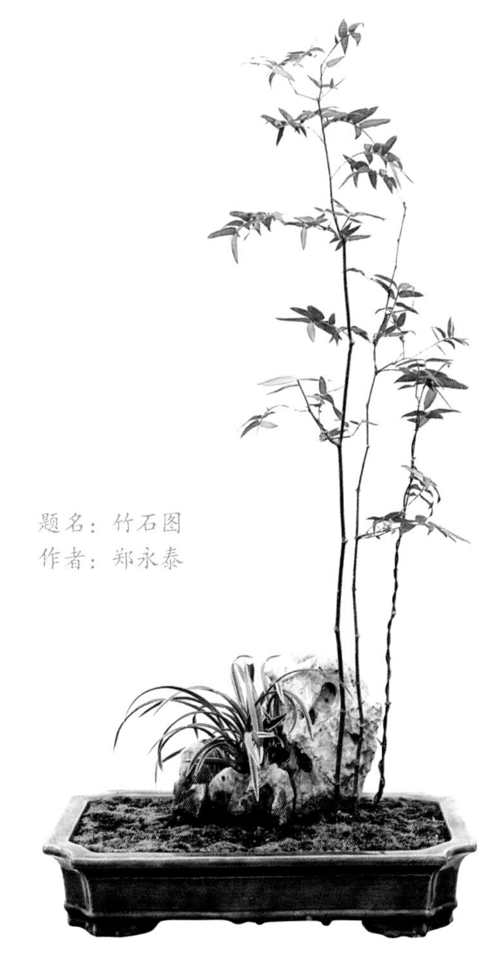

题名：竹石图
作者：郑永泰

自然是盆景艺术的源泉，自然美是盆景美的重要组成部分。在中国传统美学里，道家认为宇宙自然的创化、生命的表达、万物的成理都是自然美存在的形式状态，天地自然之美是大美，是众美之源。庄子说：“天地有大美而不言，四时有明法而不议，万物有成理而不说……”，庄子认为，天地自然的大美无条件地高于一切人工制作的“众美”，“朴素而天下莫能与之争美”，天地大美是艺术的楷模与源泉。南朝文论家刘勰继承了庄子关于自然美的观点，肯定天地之大美在自然本身，自然美是自然生命之道的形象显示。“云霞雕色，有逾画工之妙；草木贲华，无待锦匠之奇。”多彩的云霞，胜过画家精心用色的巧妙；放花的草木，无需织锦工匠的神奇。自然宇宙创化造就的大自然的鬼斧神工，不仅是盆景学习的范本，而且是盆景艺术表现的对象。自然界古柏的盘旋舞动既是宇宙创化的象征又是美的终极状态，天然舍利与吸水线不仅代表岁月的沧桑而且代表了与自然抗争以及生与死的对比。柏树的线条之美、舍利之美有些不是人工所能为的；自然界古松的线条（包括肌理）之美、空间之美蕴涵了丰富的审美元素；自然山石的纹路肌理也包含很多审美信息，是表现自然山水的重要审美特征。道家以为自然美在无限性、丰富性、多样性以及个性表现等方面无可比拟地胜过一切艺术美。当然自然美也是盆景艺术形象不可或缺的重要组成部分，盆景艺术创作必须以自然为师。

强调盆景的自然性审美，并不是可以不重视人的创造功能，相反真正美的领域在人而不在自然本

“香山红叶”所表现的大自然的美

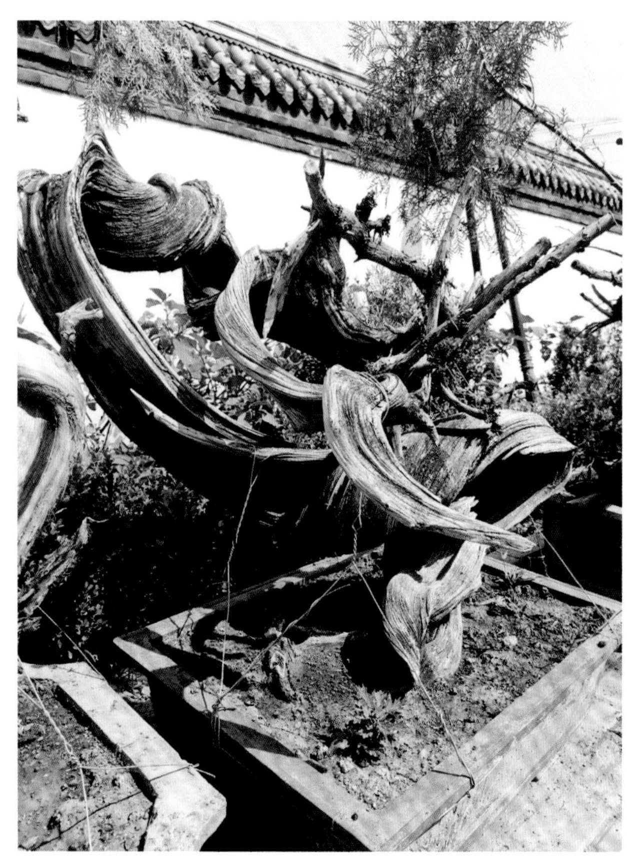

自然界舞动的柏树线条不仅代表力及生命的韵律，而且是宇宙创化的象征

体，真正的诗情画意，真正的妙不可言正是在于盆景艺术家的精神创造。正像儒家代表人物荀子所说：“无伪则性不能自美”“不全不粹之不足以为美”。妙造自然的美学理论正是融合了道家、儒家的美学思想，将自然美、艺术美统一成有机体，在肯定自然美的同时，也强调了人的主体创造功能，是自然与艺术本质的高度概括。

盆景“妙造自然”的要旨并不是对自然摹写的多么逼真，而是得自然之神。中国传统美学由形入神，极为推崇艺术作品的有机结构与内在气韵的生动显示，六朝画论家谢赫提出的六法（气韵生动、骨法用笔、应物象形、随类赋彩、经营位置、传移模写）的首法“气韵生动”及第三法“应物象形”讲的就是形和神的关系，“气韵生动”统领六法，是首要美感规律。在盆景艺术领域，盆景的“气”是指盆景作品蕴含的、活跃的、流动的、绵绵不绝的、具有生命意味与生气；“韵”是指盆景艺术作品生命结构显示出来的风韵与节律。所谓的气韵生动实际上就是生动的传神。所谓的“应物象形”讲的是形似，即描绘自然景物，必须按照客观对象的面貌来表现。盆景作为鲜活的不断生长变化的立体造型艺术，形、神的塑造是妙造自然的主要内容。盆景的自然美、意境美都要靠形来塑造传达，完美的形、准确的形不仅可以带来视角上的审美感受，而且可以充分地鲜明地突出所要表达的主题。无形则神无处藏身、无所依托，过少的枝叶甚至危及盆景的存活。但仅仅有形是不够的，形的制作只是手段，以形传神才是创作目的。盆景的神是指盆景的内在精神、生气、树格以及所表现的气韵节律。神要靠形来表现，创作者的审美意趣、思想感情等对神的塑造起着重要作用。传神实际上就是在尊重自然内在生气的同时对客观对象的去伪存真以及再创造。因此，妙造自然是自我表现和再现自然的审美统一，形与神的审美统一。形神兼备也是盆景意境创构的必要条件。

盆景的意境是盆景艺术的灵魂，是盆景艺术作品中蕴含的神形兼备、情景交融的艺术境界。“妙造自然”命题中的“妙造”二字深刻表达了中国美学对艺术创造的审美意境包蕴的意趣、情思以及静虚禅意的追求。盆景真正的“妙”，真正的“百般妙不可言的滋味”都蕴含在意境当中。唐代画论家朱景玄（《唐朝名画录》）说：“画者，圣也。盖以穷天地之不至，显日月之不照。挥纤毫之笔，则万类由心；展方寸之能，而千里在掌。至于移神定质，轻墨落素，有相因之以立，无形因之以生。”意境的创构最集中地显现了主体精神的创造功能，它不仅能再现有形的自然万物，而且能表现无形的意趣、思想感情，画由心生，咫尺画卷，万里在掌。中国的山水盆景、水旱盆景和绘画艺术何其相似，“一峰则太华千寻，一勺则江湖万顷”，充分显现了“缩龙成寸，小中见大”妙造自然的艺术境界。

盆景的“妙造自然”还涵盖了“有意味的形式”创造和自然生命之道一致性的认识。“有意味的形式”是英国美学家克莱夫·贝尔提出的美学命题，指能唤起人们审美情感的，恰如其分地表现、传达或寄托艺术家主体内在生命并富于创造的形式。作为视觉艺术的盆景，创造新颖的形式来表现艺术家的思想内容也是妙造自然的客观要求，也是实现盆景作品个性化途径。盆景艺术靠生动感人的艺术形象来表现大自然的美及艺术家的思想感情，而形象的塑造都离不开形式，艺术鉴赏中直接作用于鉴赏者感官的也是作品所采用的形式。形式独特新颖并且能生动鲜明地表现出深刻的思想内容的作品总让人眼前一亮、回味无穷。例如韩学年大师的盆景作品《适者》，作品以一方残墙断壁为载体，一棵古榕附生于墙体上，发达的气生根附着或穿进墙体每个缝隙里，从中获取有限的养分，在如此艰难的生存环境中古榕依然活得精彩，活得从容。此作以巧妙的形式创造，鲜明的主题内容，表达了“物竞天择，适者生存”的自然之道以及适者生存的人生之道。赵庆泉大师的水旱盆景更是具有民族特色的有意味形式的创造。其作品《古木清池》《八骏图》等水旱盆景简直是一幅幅充满生活气息的山水画，成为盆景艺术的经典。

盆景艺术创作境界取决于妙造自然蕴含的两个方面审美深度，一是对客观自然的体察深度，二

题名：老榆探海化蓬莱
作者：郑永泰

题名：神奇的雨林
作者：刘传刚

处理”“枝法布局”等基础上，以“自然之道”处理好“虚实”“争让”“藏露”“巧拙”等对比对立关系，使作品更贴近大自然，“虽为人做，宛若天成”，实现“技”到“艺”的飞跃。达到“肇自然之性，成造化之工”妙造自然的创作目标。

南宋文学家姜夔在《白石道人诗说》中将诗的高妙分为四种，即理高妙、意高妙、想高妙、自然高妙。碍而实通，曰理高妙；出自意外，曰意高妙；写出幽微，如清潭见底，曰想高妙；非奇非怪，剥落文采，知其妙而不知其所以妙，曰自然高妙。“高妙”的意思为美善之至，高明巧妙。“理”“意”“想”，表示艺术家主观创造精神发挥的不同程度，所谓的“理高妙”是指以理为诗，以形理的相反相成，以表现深刻的艺术效果；所谓的“意高妙”是指立意的高远、奇趣，让人产生意想不到审美感受；所谓的“想高妙”是指以含蓄的手法，营构幽深的意境；所谓的“自然高妙，是指如大匠运斤，无斧凿痕，作品素朴自然却妙不可言，回味是主观情性、意趣涵养的深度。只有融入客观自然全方位详细体察，我在万物之中，万物在我心中，做到人与自然的融合交流，才能抓住自然的本质，抓住自然美的要素；在主观方面，人的审美能力、意趣、悟性等因素也影响到再创造能力。“圣人含道映物，贤者澄怀味象”包含了以上方面审美深度的要求。主体与客体两方面审美深度相互生发、同步发展，达到一定程度就会进入“山川与予神遇而迹化”这种“妙造自然”的境界。如刘传刚大师的雨林式盆景作品《神奇的雨林》，就是在对热带雨林深度体察的基础上，将主观性情、意趣融入其中，物我交融，而创作出的具有浓郁自然气息的优秀盆景艺术作品。

“妙造自然”不仅要“肇自然之性，”而且要“成造化之工”。在盆景艺术审美情趣不断提高的今天，妙造自然的境界还要建立在对盆景技艺不断实践、不断提高的基础上。“技可进乎道，艺可通乎神”，是说当“技艺”达到巅峰后，再进一步前进便接触到天地自然规律的“道”。“技可近乎道，艺可通乎神”是对工匠精神的最美诠释。“工欲善其事，必先利其器”，要在熟练应用各种技法，如“蓄枝截干”“粗干拿弯”“枯干断面的丝雕

题名：适者
作者：韩学年

题名：舞动的山林
作者：张志刚

无穷。姜夔对以上的四种高妙的论述，体现了艺术家构思的四种独创性艺术境界，可以看出，他特别推崇“妙造自然”。知其妙而不知其所以妙，追求作品的无穷韵味正是包括盆景在内的一切艺术追求的最高境界。

“妙造自然”这一美学命题包含对盆景艺术本质的深刻理解，揭示了自然和艺术的辩证关系，包蕴了以儒家、道家、禅宗等哲学思想为基础的“师自然，师造化”“天人合一”“心物交融”的美学思想，是中国盆景艺术的理论基石。这一美学思想对当今盆景艺术创作及鉴赏均具有重要的指导意义。在崇尚自然的今天，我们不仅要传承中华民族的优秀文化，而且要勇于实践，勇于创新，丰富和发展这一理论基石。

06 观物取象
——盆景艺术创作灵感的源泉

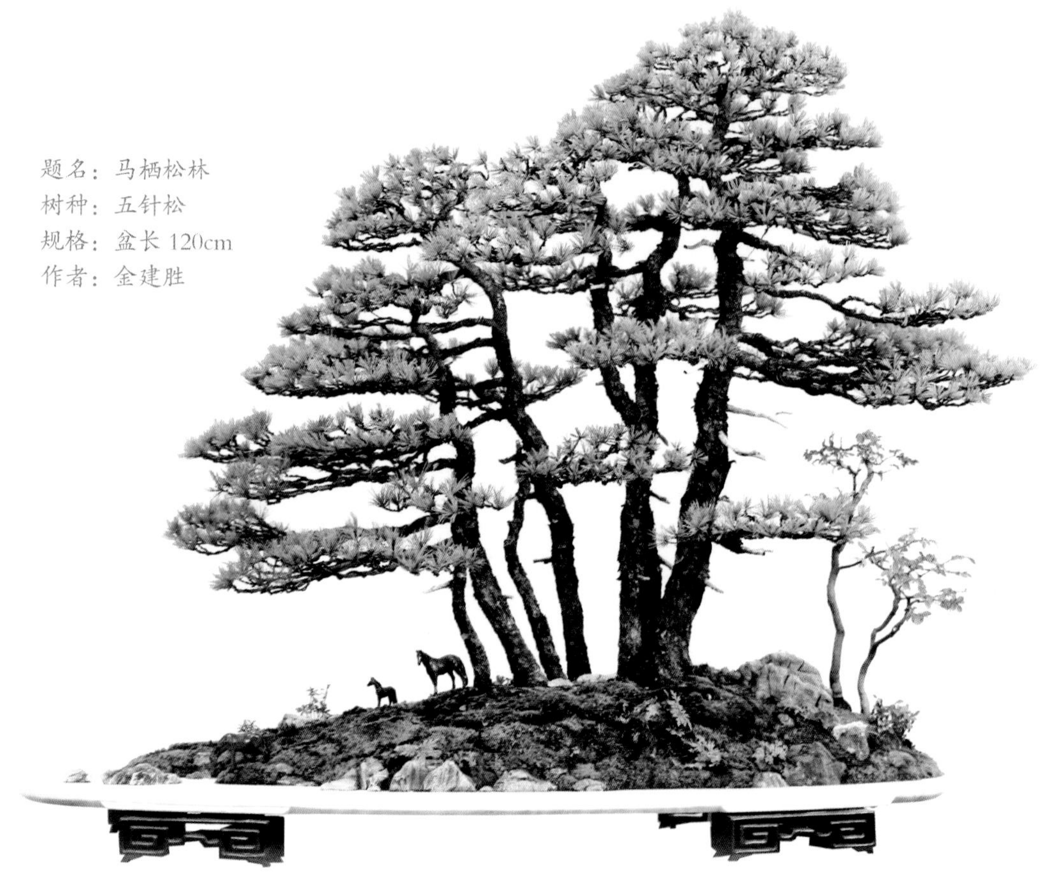

题名：马栖松林
树种：五针松
规格：盆长 120cm
作者：金建胜

“观物取象”这一美学命题源自《周易》的《易象》学说，其核心思想是从观察天地自然之象开始，以自我的生命体验为基础，在心与物的交感融会过程中，对自然之象进行提炼概括，从整体上立象见意，营构具有审美功能的意象，即于“道”相通、于情相应、于心相合的主客观相融的意中之象。“观物取象”的主旨不在“形”的写实，而在“象”的创造，体现了天人合一的哲理。由客观物象与主观心意创造性交融而产生的审美意象，正是中国传统艺术（包括盆景艺术）美学的本源。

盆景是盆景艺术家创作的表现自然美、生命美的一门艺术，是立体的画、无声的诗。中国盆景追求的是诗情画意，而不是对自然单纯的精确描写。在盆景艺术创作过程中，注重人与自然的相互感应交流、天人合一、物我交融，用自然界树木山川的形象符号，传达哲理精神，揭示自然内在规律的“道”，来表达人的主观情感和意愿，这是中国盆景艺术的特色，这一特色和“观物取象”的主旨是一致的。老子曰：“人法地，地法天，天法道，道法自然。”这里的“道”就是从一切具体事物中概括抽象出来的自然规律或法则。对“道”的追求与把握使大自然成了求道者观察的对象，庄子曰：“天地有大美而不言，四时有明法而不议，万物有成理而不说。圣人者原天地之美而达万物之理，是故至人无为，大圣不作，观与天地之谓也。”“圣人观”与“天地”就是观察自然，因为自然万物之美、法理就在其中，圣人于此获得天地之美而达万物之理，故天地之美和万物之理也是盆景艺术创作的基本规则。

盆景艺术源于自然而高于自然，因此师自然师造化是盆景艺术创作灵感的源泉。这就要求盆景艺术创作者多深入大自然，以自然为师，向大自然学习，和大自然交融互渗，从自然中寻找创作灵感。由于我们在大自然中看到的往往只是具体的客观事物，得到的形象往往只是客观事物的外在形象，这个形象不能揭示客观事物的本质，更不能体现“道”，而“观物取象”却为师法自然提供了一种审美观照的方法，即“仰观”与“俯察”相结合，“远视”与“近观”相结合，宏观考察与微观审视相结合，从不同角度、不同对象来进行全方位观照。比如，我们在观察自然树木时候，不仅要详细观察不同树木的外在表现，同时还要打破时空地域限制寻找形成外在表现的原因，自然界中各种树相以及形成条件，在此基础上对自然万物进行归类、品味、揣摩、比较、联系、综合，透过个别去发现一般，透过表象去发现本质，认清自然万物局部与局部、局部与整体、个体与群体、物种与环境等之间的有机联系，只有这样才能透过具体物象，窥

这是著名的黄山“迎客松”。迎客飘枝的叶片自然分布，叶片由上而下层层递进，小片组成大片，体现自然节奏的空间意识

“迎客松”的自然结顶，其内结构交代得清清楚楚

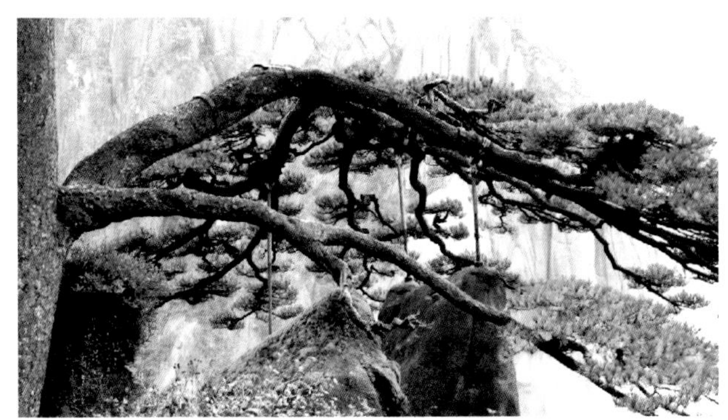

“迎客松”的大飘干，线条不仅具有和谐、节奏韵律等形式美，而且线条和叶片的空间组合尽显意境美，“道”的法理隐含其中

大自然长期的雪压风摧以及植物的向光性生理特征共同造就了古松枝条的抑扬变化及总体下垂的趋势，这也是松树高干垂枝技法的摹本

见自然万物的规律，把握自然万物的“道”，即所谓“澄怀观道”，以体现人的情感意识，在头脑中形成具有审美意义的意象，也即所谓“度物象而取其真”。“观物取象”的过程说明盆景意象的产生既是对客观世界的一个认识过程、对话过程、观照过程，同时也是个创造过程。美学大师宗白华先生说：“俯仰往还，远近取与，是中国哲人的观照法，也是诗人的观照法，而这种观照法表现在诗中画中，构成我们诗画中空间意识的特质。”这正是“观物取象”体现在中国传统艺术包括盆景艺术中的美学价值。“观物取象，立象以尽意”揭示了中国传统艺术的创作特征，是中国传统艺术包括盆景艺术创作论的肇始。

“观物取象”实质是主客观交融互渗的有机体。“物”实，“象”虚；“物”具体，“象”概括；“物”与“形”（器）连，“象”与“道”通。“观物”是基础手段，“取象”是主旨目标。“物”与“象”包含具象与抽象的艺术辩证法，是盆景艺术意境理论的本源。“意在笔先”是盆景艺术创作法则，这个“意”是立意、意象的意思，盆景意象是指在创作活动中，在创作对象的激发下（即观物基础上），在脑海中经过形象思维活动所产生的意与象、情与景相结合的主观形象，即构思中的艺术形象，是“观物取象”的结果。意象为得意含道之象，其中隐含抽象的“道”，体现了立象尽意的主体思想，是主客观统一，具有典型性的审美意象是艺术形象的基础，例如为了表现崖壁上的松树形象，就要表现松树咬定青山不放松、临危不惧的英雄气概。正如唐代诗论家司空图所说“意象欲生，造化已奇”，意象通过表现手法以实现艺术形象，“观物取象”是意象乃至意境理论的原点。

盆景艺术形象由形神、气韵、意境等审美要素构成，而以上审美要素无不通过“观物取象”获得灵感。众所周知，盆景艺术创作须遵循“以形写神，神形兼备”的原则，形是指盆景的外部表现特征，如盆景的粗细、高矮、曲直、轮廓姿态、颜色等，它可以通过人的感官感知；而神是指盆景的诗情画意、气势、神韵、文化内涵等。盆景的形和神是不可分割的统一体，李贽论画说“画不徒写形，正要形神在，诗不在画外，正写画中态”，说明艺术的创作不能只写形，而应形神兼备；没有形，神就无处藏身；没有神，形就是个死形象；盆景形神兼备其形象就生动感人，否则就呆板僵化。气韵是中国传统艺术的首要美感规律，所谓气韵指的是盆景创作者通过使用造型手法塑造出来的生动可视的艺术形象，表

古柏丰富的变化是柏树典型化审美特征，不仅蕴含丰富的审美元素，而且体现了其与大自然顽强的抗争精神，是“道”的具象化

舞动的崖柏线条不仅代表力及生命的韵律，而且是宇宙创化过程的象征。相传唐代大书法家张旭见公孙大娘舞剑器而悟笔法，宗白华也有言“舞是一切艺术表现的终极状态”

题名：铜筋铁骨立春秋
树种：真柏
作者：薛以平

达了自己的思想感情，这些手法与所塑造的艺术形象不仅仅是符号本身的形态和外物的写照，而且是作者赋予这些符号和形象的灵气以及情感载体。所谓气韵生动其实质也就是生动的传神，创作气韵生动、神形兼备的盆景艺术作品必须遵循“观物取象”的主旨，即不在形的写实而在象的创造。

在盆景艺术创作具体实践中，“观物取象”这一传统的美学理论对当今盆景艺术创作及创新发展仍具有普遍的指导意义。手法是师造化、法心源完成盆景艺术形象创造的具体手段，剪裁、美化、理想化、夸张变形等都是艺术表现手法。盆景素材取自自然又表现自然，不仅要有形象美而且还要有意境美，因此在创作时不得不概括形体，简化层次，抓住本质，对其特征进行重点表现，即典型化、理想化。在这个过程中，不可避免地形成了艺术形象和现实形象的偏离，从消极方面说偏离是不得已而为之，从积极方面说，偏离是提高盆景艺术作品审美价值的需要。偏离与创作者的主观审美理想、审美趣味特点有关，同样一件素材不同的人创作结果不尽相同，因为素材本身就具有多面性丰富性。创造性的风格偏离是盆景艺术个性化的标志之一，也是盆景创作者不断追求的目标。

盆景意境是盆景的灵魂，是指盆景艺术作品中情景交融并具有诗情画意的艺术境界，其简明特征就是“象外之象”。唐代画家张璪所提出的“外

“舍利”与生命水线是柏科植物典型性特征。柏树线条变化是在外力作用下形成的，线条的急剧变化往往伴随再生，因此往往有“舍利”的伴随

苍劲有力、极富变化的黄山松主干充满无限魅力

松树的油脂储存在油脂道里，油脂道被割断以后无法输送油脂，所以松树断面木质腐烂从芯部开始，这点和柏树有本质区别。这应是古画中“马眼”画法的法理来源吧

师造化，中得心源”是意境创造的基本条件。形与神、意与象、情与景的相互结合、渗透，是意境和艺术美赖以存在的条件。所谓“境生于象外”，所谓“得意妄言”，所谓“象外之象，景外之景，韵外之致，味外之旨”（唐 · 司空图）都指向绵延不绝的时间性审美意象的创造。盆景艺术作品的价值在于传神，在于气韵生动，在于蕴含无限生机的意象乃至意境的创造，这就是中国盆景的民族特色。中国盆景的创作应该站在民族文化审美的高度，综合盆景艺术实践经验，审视“观物取象”的目的、方法，深入研究“心源”与盆景创作形式表现方法之间关系，以指导盆景创新发展。

07 传统形神论与盆景形神表现

题名：群峰竞秀
石种、树种：芦管石、翠柏、水蜡、红枫等
规格：300cm×130cm
作者：贺淦荪

魏晋南北朝时期，人们逐渐摆脱独尊儒术的束缚，人的主体意识觉醒，玄学思想盛行，文学艺术空前繁荣，涌现出众多有理论意义的书论、画论，其中影响最大的当属顾恺之的“以形写神”论。顾恺之的“以形写神”论对中国传统艺术尤其是绘画艺术产生了重大而深远的影响，并在以后的理论实践中得到了丰富和发展。

在古代，虽然没有资料记载“以形写神”的美学思想对盆景艺术产生的直接影响，但这一时期艺术的空前繁荣不能不影响到盆景的发展。如起源于北齐的山水盆景就是在南北朝时期文化艺术空前繁荣的背景下诞生的。唐以后，尤其宋代盆景从绘画艺术中汲取营养，以具有画意的文人盆景为最高标准；现代盆景更是追求形神兼备，富含意境，具有浓厚自然气息的自然式盆景。歌颂自然、表现自然，寓情于景，聊写逸气，表现含蓄美、意境美是包括盆景在内的中国传统艺术优秀传统和艺术特色，而这些都离不开形神的表现。为了全面理解这一美学思想，并在传统的基础上创新发展这一美学思想，本章对传统形神论形成发展作简要概述，并对盆景艺术的形神表现从美学理论层面提出自己看法。

一、传统形神论的形成及发展

道家思想从哲学高度对形神关系问题进行系统论述是从《庄子》开始的，《庄子》从自然之“道”本体论出发，明确提出重神轻形的形、神观，《庄子》指出：“夫昭昭生于冥冥，有伦生于无形，精神生于道，形体生于精，而万物以形相生。”他认为道是最根本的东西，个体精神产生于道，而形体又是由精神生发出来的，因此神先于形，神贵于形。他还指出：“汝方将忘汝神气，堕汝形骸，而庶几乎！而身之不能治，而何暇治天下乎！”这里的神气与形骸即是精神和物体，两者构成完整的生命。

《庄子》把气作为生命形成过程的必经阶段，气是构成自然万物的基本因子，它流动不居，聚而万物生，散而万物消，气既代表生命的形成又代表生命活力。由庄子这一哲学思想演化出来的形神关系的美学思想对艺术形神论的形成和发展产生了深远的影响。

在绘画初期，文献记载多是说明绘画是以形为主的。《尔雅》中说：“画，形也。”西晋陆机《士衡论画》中也说：“宣物莫大于言，存形莫善于画。”指出画的最初功能是存形。应该说东晋以前的画论，以“形似”为高。《淮南子》最早触及人物形象的形神关系问题。“画西施之面，美而不可悦，规孟賁之目，大而不可畏：君形者亡焉。”这里的“君形”指的就是神，意思是说只把西施的外貌画得很漂亮，而没有把她的精神风采表现出来，人们看了不会产生美感；如果只把猛士孟贲的眼睛画得很大，而没有把他的威猛的眼神画出来，人们也不会望而生畏。说明人物画不能只画形，更重要的要画神。他认为绘画创作的原则是“以形传神”，他说：“以形写神，即神从形生，无形，则神无所依托。然有形无神，系死形象，所谓‘如尸似塑’者是也。未能成画。”画史上记载：“顾长康画人，或数年不点目睛。人问其故，顾曰：‘四体妍蚩本无关于妙处，传神写照正在阿堵中。’”“阿堵”是当地俗语“这里”的意思，即是说传神要靠人的眼睛，言外之意阐述了一个画人物画的要领，即在画家描绘和刻画人物时，要重点把握对眼神动作的刻画。因此往往要在情绪、精神状态处于最佳状态时才“点睛”。说明顾恺之对“神”是相当重视的，写形只是手段，而写神才是目的。从这方面说，虽然他在理论上明确主张“以形写神”，但在实践中还是提倡“传神写照”“迁想妙得”。关于这点，我们可以在他的《魏晋胜流画赞》中窥得一二：“《小烈女》：面如恨，刻削为容仪，不尽生气。”“《壮

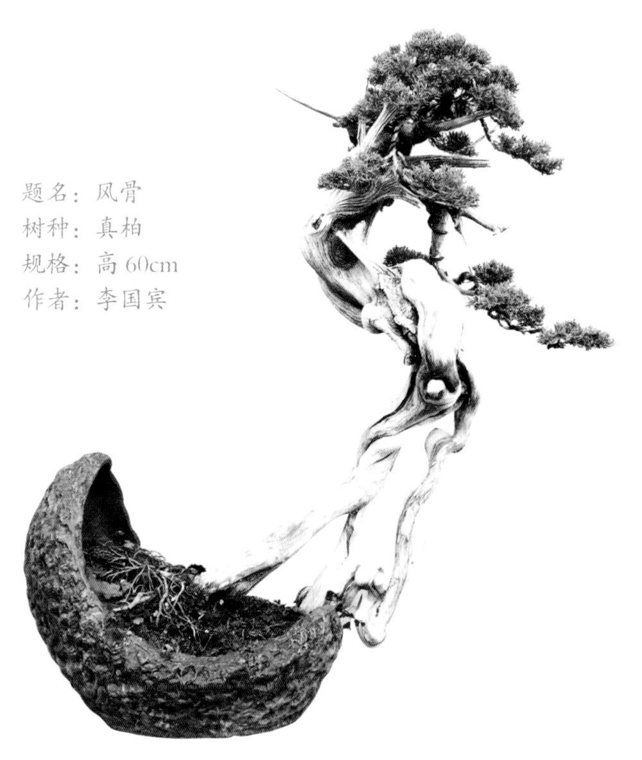

题名：风骨
树种：真柏
规格：高 60cm
作者：李国宾

题名：高士独行图
树种：雀梅
规格：130cm × 90cm
作者：许荣林

题名：相依
树种：榆树
作者：叶文安

士》：有奔腾大势，恨不尽激扬之态。”“《伏羲神农》：虽不似今世人，有奇骨而兼美好。神属冥芒，居然有得一之想”。在他的《画云台山记》中也提到了“天师瘦形而神气远”，可见他对人物画所赞美的也就是要求表现的是“奔腾大势”“有奇骨”“有得一之想”及“神气”；而他认为不足的是“不尽生气”和“恨不尽激扬之态”这些体现形的本质的东西即“神”。顾恺之形神理论所要表达的应是“写形是基础，写神是目的，从准确描绘形象的基础上达到生动的传神。”如果说晋以前的画论是以“形似”为高，那么至顾恺之起，将“传神”作为绘画的最高标准。

南齐谢赫提出的“六法论”发展了顾恺之的传神论，谢赫的六法是指：“气韵生动，骨法用笔，应物象形，随类赋彩，经营位置，传移模写”，应该说“六法论”较之“传神论”概括得更全面，内容上更丰富。气韵指的是艺术形象的形神统一体所呈现的韵味，关于气韵的内涵，对于造型艺术来说，王宏建先生在其《艺术概论》中的论述最贴切、最有启示意义，他说：“就自然美而言，谢赫的气韵主要是指自然事物内部的物质生命运动和韵律，而这种运动和韵律规定着自然事物的美，它一旦生动地、充分地表现出来，那么，该自然事物就是美的。这样看来，所谓气韵生动，就是谢赫所理解的一种美的规律，它不仅涉及自然事物的外部现象和形式，而且联系着自然事物的本质和内容。”从描绘对象来说，气韵本来就指现实具有内在生命对象的精神风貌和神韵，艺术应当传达出现实对象的精神风貌及神韵。因此，气韵生动这一法则是天然的和“传神”相联系的。但气韵又不等于传神。“气韵生动”是首法，统领着其他五法；“骨法用笔”涉及线条的形式美，和形有关；“应物象形”“随类赋彩”“经营位置”“传移模写”四法均涉及形的问题，所以说“六法论”较“形神论”更全面，内涵更丰富。气韵的产生是复杂的，它不仅要以形写神，神形兼备，而且还要在形神之外追求作品的韵味。而“以形写神”仅是通过对对象的深入观察，由形似达到神似的目的。“六法论”的产生将人物画的应用范围扩大到山水、花鸟、人物等各种领域，成为品评中国画重要审美原则，使绘画本体内容更丰富。如唐代张彦远在《历代名画记》里说：“古之画，或能移其形似而尚其骨气，以形似之外求其画，此难可与俗人道也。今人之画纵得形似，而气韵不生，以气韵求其画，则形似在其间矣……若气韵不周，空陈形似，笔力未遒，空善赋才彩，谓非妙也。”以气韵生动、形神兼备为最高创作原则和品评原则的审美一直是具有中国民族特色的主流文化。如明李贽《诗画》云：“画不徒写

题名：明清记忆
作者：束存一

形，正要形神在；诗不在画外，正写画中态。”坚持形神兼备，形神统一。

“论画以形似，见以儿童邻。作诗必此诗，定知非诗人。”随着宋朝文人画的兴起，出现“以神写形”大写意的艺术风格。在南宋梁楷和元初赵孟頫等人的努力下，文人画艺术在元中后期发展成熟。倪瓒明确表达重神轻形的观点，他说：“余之竹聊写胸中逸气耳！岂复较其似与非，叶之繁与疏，枝之斜与直哉！或涂抹久之，他人视以为麻为芦，仆亦不能强辩为竹，真没奈览者何！”又说：“仆所谓画者，不过逸笔草草，不求形似，聊以自娱耳！”深受道家、禅宗思想影响的文人画家们认为绘画的功能在于“自娱”“畅神”“摄情”“寓意”，是为了“聊写胸中逸气”，他们不再忠实于视觉所看到的自然形象来造型，而是采取张扬个性的带有某种主观随意性的造型，以免把精神耗费在准确、精细地描摹自然景物的造型技巧上，妨碍了自由自在的主观表现。

黄修复将绘画分为四格，即“逸格”“神格”“妙格”和“能格”，并进一步解释说：“逸格：画之逸格，最难其俦。拙规矩于方圆，鄙精研于彩绘，笔简形具，得之自然，莫可楷模，出于意表，故目之曰逸格尔；神格：大凡画艺，应物象形，其天机迥高，思与神合。创意立体，妙合化权，非谓开厨已走，拔壁而飞，故目之曰神格尔；妙格：画之于人，各有本性，笔精墨妙，不知所然。若向投刃于解牛，类运斤于斫鼻。自心付手，曲尽玄微，故目之曰妙格尔；能格：画有性同动植，学侔天功，乃至结岳融川，潜鳞翔羽，形象生动者，故目之曰能格尔。”简单说，逸格特点是笔简形具，重意轻形，浑然天成；神格特点是形神兼备，情景统一；妙格特点是技法游刃有余，以手运心，用墨巧妙；能格特点是重形象细致刻画，能够准确反映对象特征。能格、妙格、神格、逸格，所体现的美学意蕴在逻辑关系上是逐个递进的分别体现着物我两分、物我交融、

题名：疏林烟雨
树种：老鸦柿
作者：胡宁

物我合一、超越物我的四种创作境界。

在盆景艺术中，通过细致刻画自然典型特征，突出形的精确塑造，表现自然生机，歌颂自然美的作品，大体上属于能格；通过娴熟的手法对自然的典型特征进行概括夸张描写，以形传神，以表现大自然的神韵，大体上属于妙格；通过有意味的形式组合，将情寓于景中，并以意趣表达为主旨，以表现主体精神的作品，大体上属于神格；以极其简澹的笔墨，通过形的指向性描写，传达哲理意境美，体现了“一即多”思想，这类作品属于逸格。

国画大师齐白石在画学上有句名言：“作画妙在似与不似之间，太似为媚俗，不似为欺世。”“妙在似与不似之间”的理论，准确地揭示了绘画艺术中“形”与“神”之间的辩证关系。由形似到神似的升华是齐白石先生终身追求的创作境界。他说：“余画小鸡二十年，十年能得形似，十年能得神似”，“吾画虾几十年始得其神”。绘画艺术不可能完全抛弃对客观事物的描摹而抽象地追求形似，否则将陷入形式主义的泥潭。同样也不可以不顾神似而照搬自然，使绘画艺术步入自然主义的歧途。“形神论”在齐白石先生“似与不似”理论及创作实践的阐发下得到了完美的诠释。

二、盆景艺术的形神表现

盆景是立体的画，无声的诗。盆景艺术的创作和绘画等视觉艺术一样离不开形神的表现，成功的盆景艺术作品必定形神兼备，令人感动；而形呆神离毫无生气的作品，必然令人索然乏味。因此形神的塑造对盆景艺术创作起着至关重要的作用，必须遵循“以形写神，神形兼备”的创作原则。

（一）注重形的塑造

形的塑造是盆景艺术创作的基础，缺少了这个基础，盆景的自然美、艺术美将无法表现。《尔雅》云：“画，形也。”该定义注定了视觉艺术离不开形的塑造。众所周知，盆景艺术不是对自然的精确模仿，它要在有限的空间里表现大自然的丰富多彩，寄托作者的思想情感，因此必须根据审美意识对自然物象进行浓缩、简化、概括形成主客观结合的审美意象，并通过熟练的技法塑造出艺术形象。这是盆景艺术创作的本质要求。因此这里所指的“形”不是普通意义上的自然形态，而是经过盆景作家对自然素材进行结构改造后所塑造的崭新的形象，因此在盆景艺术创作上对形的塑造实际上塑造的不是一般意义上的形态，而是经高度概括并重新组合而形成的具有审美意义的“形”即“形似”。

形似是神似的基础，荀子曰：“形具而神生”，没有形似，不可能有神似。要传神就必须捉形。说形似是基础，然而做到形似也不是一件容易的事情，对神似的追求不仅体现了艺术家的技法水平，而且体现了艺术家的精神境界。绘画大师齐白石先生画小鸡用了十年时间才画出形似；意大利著名画家达芬奇从画蛋开始苦练基本功，一生中画了无数个蛋，几十年后终于成为闻名世界的大画家。盆景艺术的创作也一样，“景成一日，功在十年”，假如没有恒久的工匠精神，没有超越自我的精神境界，就不可能塑造出完美的形。因此，树立正确的创作意识，提高艺术涵养是盆景创作的先决条件。依此基础，从如下几个方面塑造形似。

1.以自然为师，从大自然中汲取创作营养

盆景直接取材于自然而又表现自然，自然美为盆景创作提供了不竭的源泉。这就要求盆景作家深入自然，和自然融为一体，双向交流，对自然进行全方位的观照，拨开表象，揭示自然美的本质。并将这些本质特征浓缩概括甚至升华为主观审美感受，用于盆景创作中。所谓“外师造化，中得心源”。

2.简化、概括

“缩龙成寸，小中见大”是盆景艺术的最显著特色。“一峰则太华千寻，一勺则江湖万里”，要在有限的咫尺盆盎中表现无限的自然美景，就必须对客观对象进行简化、浓缩，这个过程就是盆景的典型化、理想化、美化的过程。简化、典型化是盆景艺术创作的本质要求。所谓的简化就是精简掉与传神表现无关的部分，避免臃塞压抑，使气产生流动，为神、意的表现腾出空间；所谓的典型化就是浓缩概括与神的表现相关的审美特征。简化实质上就是以极其简约的形式表现反映内部实质的“神”，使艺术比现实更集中、更典型、更理想、更能传神达意，凸显“缩龙成寸，小中见大”的艺术效果。

3.创造有意味的形式

自然生命的形式化和形式的生命化是盆景艺术创作的本质要求，我们所要表现的大自然的无限生机等自然美无不通过各种形式显现出来，盆景艺术创作任务就是将无限的自然美以有限的物质形式展现出来，这个形式既是自然生命本身具有的形式，同时也是艺术家心造的形式，或者说是由内容积淀而形成的形式。这种积淀来自盆景艺术家对自然的全面认识和理解，来自盆景制作技艺的熟练把握，即由技悟道（由有意识的自觉训练到无意识的形象直觉形成）。创造有意味的形式的目标就是充分发挥作者的精神能动作用，创造具有“天人合一”最高程度审美和谐的有生命的艺术形式。那种严重脱离自然的抽象形式主义或单凭模仿与机械造作而得到的自然主义形式，不过是无生命的躯壳，自然不可能塑造出优美的盆景形象。

4.形的塑造要有依据，不能有违自然规律及创作规律

在盆景艺术创作过程中，只有准确的形、完美的形才能传神，有违自然规律的形，是创作上的重大失误，不仅不能传神，更不能表现主题，是盆景创作上的大忌。要做到准确塑形就要把握如下几个准则。一是根据树种的个性塑形，自然界中因树种不同，表现为各种树态，有的树冠广卵形、有的树冠伞形，有的浓密、有的飘逸，有的落叶、有的

题名：中国梦
树种：小叶女贞、迎春、黑松、黄金柱
作者：胡林波

常青，在创作中就要依据个性进行塑形，以凸显其自然之神。也就是说松要塑造出“松味”，柏要塑造出“柏韵”，杂木要塑造出古拙及盎然生机。假如把松树按杂木来塑形，杂木按古柏来创作，显然是行不通的，即使能塑出来形，也是不伦不类，也就是齐白石先生所指的“欺世”，根本谈不上传神，更谈不上表现力。根据创作所要表现的主题塑形。盆景创作题材广泛，所要表现的内容也极为丰富，有的以秀美自然山川为表现对象，歌颂自然美；有的借物言志，抒发情怀。在表现手法上，有的专注于审美特征的描写，有的以写意为主，注重意境的创造。这就要求，在形的塑造上就要按照内容决定形式的原则，依据所表现的主题而塑形。比如，以写意为主的文人树，以自娱、畅神、寓意、摄情为主旨，往往更注重以形式美来传情达意，因此在创作上采用极简的构图，以更多的空白“聊写胸中逸气”；以表现自然山川美景为主体的山水盆景，往往更关注自然山川的独特神韵，在创作上必然强化自然山川在起伏变化等节奏韵律上神韵的刻画，并通过情景结合的形象显示出自然山水的独特的风貌、气势和作者独特的具体的感受。

题名：相依
树种：黑松
作者：张志刚

（二）突出主客观之神的重点刻画

盆景的“神”是和盆景的“形”相对应的另一个美学范畴。“形”是指感官能够感知的外部形态；“神”是指盆景所表现的自然生命精神气质，是内在的东西，感官无法直接感知。在优秀的盆景艺术作品中还蕴含艺术家的情感意趣，即人的主观之神。客观自然之神和人的主观之神交融统一形成化境，这就是盆景艺术的最高艺术境界和审美境界，也是盆景艺术追求的终极目标。如前所述，形的塑造是为神的表现服务的，那么如何才能在捉形的基础上传神呢?

1.处理好虚实关系

盆景上的虚实有着宽泛的含义，既有一般意义上的虚实即实物和空白，又有比较意义上的虚实比如石头为实水面为虚等。“实”是指实体存在，即能够通过感官感知的物体外形，如盆景的主干、树冠轮廓，山水盆景的山石、树木等；虚是指虚空，即需要通过人的感觉、联想或想象而虚拟出来的，看不见摸不着，却又能客观物象体味出那些虚象和空灵的境界。有者为实，无者为虚；有据为实，假托为虚；客观为实，主观为虚；已知为实，未知为虚。虚实关系的处理是中国传统艺术普遍应用的创作法则，如韩学年大师的盆景作品《无为》，在布局上，仅以树干线条及一小片枝叶为实景，并以有限的实景衬托出大片的空白，使无限的深意蕴含于大片的虚景中，给人一种渺远的意境和广阔的想象空间。体现了道禅“无为”的宇宙自然观。虚实关系处理的目标就是使二者之间形成有机统一体，使二者之间互相渗透，相互转化，即虚中有实，实中有虚，使盆景抽象的神与具体的形有机结合起来、实物和想象结合起来，达到“神由形生”的艺术效果。为了烘托渲染主题，更加鲜明地表现景中之神以及意境，往往让虚实关系形成强烈对比，即所谓的“疏可跑马，密不透风”，以增强艺术表现力。

2.应用夸张、变形、美化等表现手法对重点表现对象进行重点刻画

“神”反映的是自然美本质的东西，即大自然无限生机、精神气质，亦即精气神，当然也包括人的精神境界。按照道家思想这些内在的东西，都由气的流动生成，盆景的气势、气度、气质、气韵等

题名：绿荫深处
石种、树种：龟纹石、榔榆
尺寸：长150cm，高90cm，宽80cm
作者：张宪文

都蕴含其中思想。所以，要强化盆景之神，就必须对其典型特征采用夸张、变形、美化等手法重点刻画，以突出其气势，使作品更生动，更传神，增强艺术感染力。

3.注重主观之神的表现

在盆景艺术创作中，不仅要关注客观物象之神的刻画，更要重视主观之神的表现（这里的主观之神实际上也是作者的主观之意）。诗论家叶燮论诗画时说："画者形也，形依情则深"，说明情对形的重要性。清末民初王国维在论述意境理论时说："境非境物也，喜怒哀乐，亦人心中之一境界。故能写真景物真感情者，谓之有境界，否则谓之无境界。"他把境界归结为情与景结合的产物，即艺术形象中情（意）境与景的交融统一，亦即主客观的统一，进一步论述了寓情于景对艺术表现的重要性。石涛《论画》诗云："书画非小道，世人形似耳。出笔混沌开，人拙聪明死；理尽法无尽，法尽理生矣。理法本无传，古人不得已。吾写此纸时，心入春江水；江花随我开，江水随我起。把卷望江楼，高呼曰子美，一笑水云低，开图幻神髓。"很显然，石涛的这首《论画》诗意在表明"迁想妙得"对于主观之神创造的极端重要性。艺术与自然，主体与客体完全在审美欣赏与创造中融为一体，万物在我心中，我心在万物之中，山性即我性，山情即我情。这就是具有中国民族特色的"移情理论"。将物化为我情感的象征，"神与物游"，正是中国传统艺术包括盆景艺术抒情达意、传神造境的手法。

意要通过可视的形象自然流露出来，而视觉形象又必须是在一定程度上反映客观对象的真，缺乏客观的真，"意"只能沦为形式的空壳。做真实的那么如何才能将人的主观之神寓于盆景当中呢？首先要有超越自我的精神境界，将自我融入客体之中，和客体交融互渗，在审美意趣的驱使下，对客体审美特征进行提炼概括，并升华为审美意象，将自然之竹化为胸中之竹。这个审美意象实际上已经包含了作者审美意识、审美情感、审美意趣等主观的东西，是主客观的统一。

4.坚持"以形写神，以神驭形"的创作原则

盆景的形神是盆景艺术形象不可分割的统一的美学范畴，形可以无神（如了无生机的呆板形象），但神却无法离开形而独立存在。因此盆景艺术创作必须坚持"以形写神，以神驭形"的创作法则，虽然形神的塑造是分开阐述的，但在实际创作中形神的塑造是有机统一的，也就是说在塑造形的同时塑造了神，在塑造神的同时塑造了形。

08 “比德”的美学意蕴及其在盆景艺术上的应用

“比德”从先秦开始几乎一直是中国古典美学秉持的美学品德，其基本观点就是把自然物和人的品德进行类比，可以从中意会到人类的某些具有正面精神价值的品德。

人格美是儒家思想一直标榜的优秀品德，把自然之美同人的高尚人格和情操进行“比德”，是古代思想家、文学艺术家借自然之美言情、托情、起情的象征。“比德”在古典美学乃至现代美学中占有十分重要的地位。是诗词、绘画、盆景等文艺领域常用的表现手法。

一、“比德”美学思想的内涵

“比德”美学思想来源于儒家美学。“诗可以兴，可以观，可以群，可以怨。”在我国最早的诗歌总集《诗经》里，赋、比、兴表现手法就被大量运用，直接间接地以物比德。“赋”，相当于铺陈直叙，把思想感情及其有关的事物平铺直叙地表达出来；“比”，就是类比，以彼物比做此物，使此物更加生动具体、鲜明浅近；“兴”，先言他物，然后借以联想，引出诗人所要表达的事物、思想、感情。《小雅·节被南山》有“节被南山，维石岩岩，赫赫师尹，民具尔瞻”之句。意思是说巍巍的南山高耸入云，层层叠叠的山石危立险矗，师尹的权势显赫，引得普天下百姓万众瞩目。这里以高山峻石比喻师尹的威严；《秦风·小戎》有“言念君子，温其如玉”之句。这里以玉的温润比喻君子温柔敦厚的品德修养；《诗经·卫风·硕人》有“手如柔荑，肤如凝脂，领如蝤蛴，齿如瓠犀”。这里以手像春荑（白茅长出的新芽）般柔嫩，肤如凝脂般白润，颈似蝤蛴（天牛幼虫）般细嫩，齿若瓠子种子般排列整齐等一系列排比句比喻女子的美丽。

题名：双雄鼎立
树种：九里香
作者：彭永恩

《论语·雍也》一章记载有孔子以水、山比德的论述，子曰：“智者乐水，仁者乐山。”西汉著名的儒学家韩婴在《韩诗外传》中对以水比德的寓意作了如下说明：“夫水者缘理而行，不遗小涧，似有智者；动之而下，似有礼者；蹈深不疑，似有勇者；障防而清，似知命者，历险致远，卒成不毁，似有德者；天地以成，群物以生，国家以平，品物以正：此智者所以乐于水也。”其意思是说水是顺着地势流动的，即使是很小的地方都不漏掉，就像有智慧的人一样；向下方运动，这与有礼貌的人一样；跳进深潭而不犹豫，像勇敢的人一样；在有阻碍的地方变得很清澈，与知道自己命运的人一样；历尽艰险，一定要达到终点而无怨无悔，与有德行的人一样。

关于仁者何以乐山的问题，《尚书·大传》也作了以下诠释：“夫山者，岿然……草木生焉，鸟兽蕃焉，材用殖焉；生财用而无私为，四方皆伐

题名：凌云
树种：真柏
作者：黄玉全

题名：巾帼丈夫
树种：茶梅
规格：高 115cm，宽 130cm
作者：薛以平

焉，每无私予焉；出云雨以通天地之间，阴阳和合，雨露之泽，万物以成，百姓以飨；此仁者之所以乐于山也。”其大意是说“山雄峻岿然，草木在此生长，鸟兽在此繁衍生息，林木在此生产，所有资源为大家共有毫无私偏，各方的人都可以到那里采伐，它却无私奉献。山还能产生云雨调和天地，使天地间阴阳两气和合，滋生雨露，万物藉以生活，这就是仁德的人喜欢山的原因。”清人刘宝楠在《论语正义》中作了如下明确结论：“仁者比德于山，故乐山也。”

屈原在《橘颂》中对橘树的描写简直句句是“比德”。“……苏世独立，横而不流兮。闭心自慎，终不失过兮。秉德无私，参天地兮。愿岁并谢，与长友兮。淑离不淫，梗其有理兮。年岁虽少，可师长兮。行比伯夷，置以为像兮。”其大意是说“……（橘树啊）你对世事清醒，独立不羁，不媚世俗，犹如横渡江河而不随波逐流。你坚守着清心谨慎自重，从没有什么过失。你那无私的品行，恰可与天地相比相合。我愿与橘树同心并志，一起度过岁月，做长久的朋友。橘树善良美丽而不淫，性格刚强而又有文理。即使你现在年岁还轻，却已可做我尊敬的师长。你的道德水平可与伯夷相比，我要把橘树种在园中，作为榜样！”正如东汉著名文学家王逸所说，屈原在《离骚》中，用“善鸟香草，以配忠贞；恶禽臭物，以比谗佞；灵修美人，以媲于君子，宓妃佚女，以譬贤臣；虬龙鸾凤，以托君子；飘风云霓，以为小人。”屈原以“善鸟香草”比喻忠贞；用“恶禽臭物”类比谗佞之人；以“灵修美人”比喻君子，以“宓妃佚女”比喻贤臣，以“虬龙鸾凤”衬托君子，用“飘忽不定的云霓”类比小人。如果说先秦诸子的“比德”含有政治、道德的意味，那么，屈原的比德，就是标准的审美了。

总之，先秦的人都认为自然物之所以美，主要在于其某些特征和人的美好品质类似，人可与之“比德”。

到了魏晋南北朝时期，随着世人对人格美的标举，文人士大夫们又将“比德”的美学意蕴向深层推进了一大步，其间流行的人物品藻，将人的风姿、风采的美和自然的神韵结合起来。刘义庆编的《世说新语》一书中关于人物品藻的记载：“世目李元礼，谡谡如劲松下风。”“时人目王右军，飘如游云，矫若惊龙。”“有人叹王恭形茂者，云：‘濯濯如春月柳。’”时人目夏侯太初，朗朗如日月入

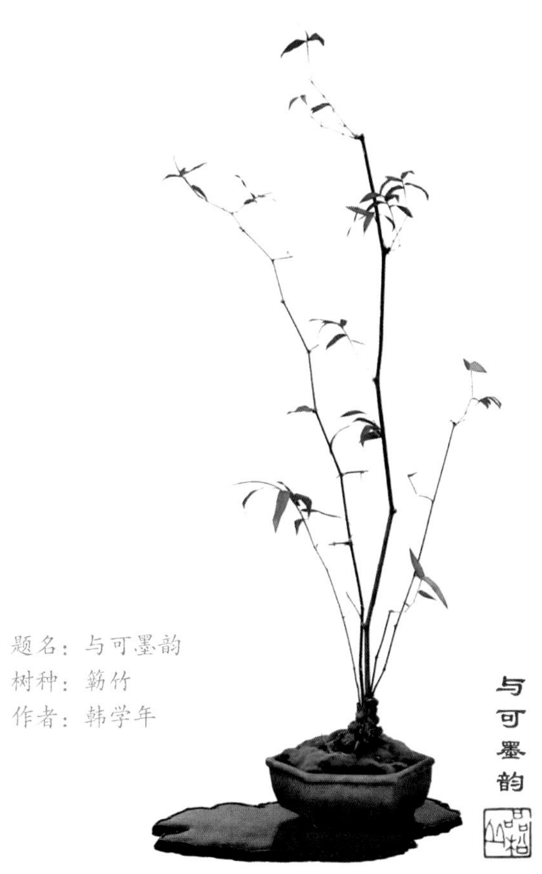

题名：与可墨韵
树种：箣竹
作者：韩学年

怀，李安国，颓唐如玉山之将崩。”“嵇康身长七尺八寸，风姿特秀。见者叹曰：‘萧萧肃肃，爽朗清举。’或云：‘肃肃如松下风，高而徐引。’山公曰：‘嵇叔夜之为人也，岩岩若孤松之独立，其醉也，傀俄若玉山之将崩。”“谡谡如劲松下风”“飘若游云，矫若惊龙”“濯濯如春月柳”“朗朗如日月入怀”“傀俄若玉山之将崩”等，可以看到当时在文人中流行着一种追求人的风姿美的审美时尚。

晋人这种对人物风采、风姿和风韵的审美评价不只是政治的、伦理的而且更是审美的，即自然美和人格美的统一。

在这种思潮的影响下，人们思想逐渐由对自然的“比德”转向对自然的亲近，自然总是那么美轮美奂，可以令“人情开涤”，把人超升为“风尘外物”，简直把自然唯美化了、人格化了。如《世说新语》中有这样一个记载：简文入华林园，顾谓左右：“会心处不必在远。翳然林水，便自有濠濮间想也，觉鸟兽禽鱼，自来亲人。”又有另一个记载：王子猷尝寄人空宅住，便令种竹。或问：“暂住何烦尔？”王啸咏良久，直指竹曰：“何可一日无此君？”在魏晋人的眼里自然俨然是“亲人”“朋友”。人和自然不仅可以比德，而且自然还可以作为人格美的象征。

自然美“比德说”，其哲学基础就是中国从先秦时期开始一直流行的“天人合一”观念。“天人合一”观念包括以下几个命题：其一，认为人是自然界的一部分；其二，自然界存在普遍的规律，人也服从这个规律；其三，认为人性即天道，道德原则和自然规律有一致之处；其四，认为人生的理想是天与人相谐调。

联系自然美的本质来看，这四个命题都与“比德”有密切的关系，都是“比德”的哲学基础。如果人不是自然界的一部分，如果人及其行为不符合自然界的普遍规律，如果人与自然不和谐，自然与人类的生活特别是精神品质，就不可能作比较。“比德”肯定的是自然物有类似人类的精神品格，或者说自然物的形象能够使人想起人类的某些精神品格。“类似”并不是“等同”，所以是“比德”。

二、盆景艺术中的“比德”意蕴

作为以自然水土、山石、树木、花草为主要素材创作的盆景艺术，其比德手法的应用自古以来都具有一定的普遍性。

据资料记载，我国明清时期曾把盆景树种分为“四大家”“七贤”“十八学士”。“四大家”是指金雀、黄杨、迎春、绒真柏；“七贤”是指黄山松、璎珞柏、榆树、枫树、冬青、银杏、雀梅；“十八学士”是指梅、桃、虎刺、吉庆果、枸杞、杜鹃、翠柏、木瓜、蜡梅、南天竹、山茶花、罗汉松、西府海棠、凤尾竹、紫薇、石榴、六月雪、栀子花。仅从拟人化的名称分类上看就有“比德”的美学含义。

作为花中四君子的梅、兰、竹、菊，梅：不畏严寒，迎雪绽放，清雅脱俗，是坚韧不拔的人格的象征；兰：淡雅清香，多生于幽僻之处，是谦谦君子的象征；竹：经冬不凋，飘逸自在，自成美景，她刚直谦逊，不卑不亢，常被看作不同流俗的高雅之士的象征；菊：她不仅清丽淡雅，花香沁人心脾，而且具有傲霜斗雪的品格，她艳于百花凋谢之后，不与群芳争艳。

孔子曰："岁寒，然后知松柏之后凋也。"孔子意在以松柏比喻临难而不失其德的高尚品格。古往今来人们之所以爱赏松柏，就是因为松柏的习性、形象具有人格美的特征，可以与人"比德"。故历来被用来象征傲然不屈、与世无争的高尚人格。松树也是常绿树种，一年四季郁郁葱葱、青翠欲滴，不管是秋风瑟瑟，还是北风呼啸、冰霜侵袭，它都岿然不动、屹立在那里，不被严寒所困扰，不怕冰雪覆盖；它代表了不畏艰难、坚强不屈的精神，象征着那些顽强向上、坚毅刚强、具有百折不挠精神的人，松树的寓意是积极向上，坚强不屈，不向困难屈服；另外还有一种象征意义为：由于松树四季常青，也可代表万古长青，象征着长寿。柏树亦是寿树，柏松具为"百木之长"，十分耐寒，又传柏树能够辟邪，曾传"魍"鬼喜欢食死人的肝脏及脑，但最怕柏树，所以很多人都在坟旁种植柏树辟邪。又传在年初一（正月初一)用柏树的树叶来浸酒，该酒是可以辟邪的，如果遇到妖魔鬼怪，将此酒洒向之，妖魔鬼怪必然趋避。

松树是山水画中应用最多的树木之一，无论是旷野还是山巅，都生长有松树。松树还可以作为主体形象表现。生长在肥沃平地的松树高大茂盛，常常挺拔高入云际；生长在山石空隙的，常常蜿蜒曲折，盘地如苍龙。它们共同的特点是：生长到一定年龄，枝干就不再往高处长，而枝多横出，形成伞状，"枝如游龙，叶如翔凤"。画松，首先要"有情而动"，唐末五代山水画大师荆浩，他见到体态优美的松树，就"因警其异，遍而赏之。明日携笔复写之，凡数万本，方如其真"。这个"真"，不是形同照相，而是抓住了松树的灵魂，因此才能描绘出松树的"皮老苍藓，翔鳞乘空""蟠虬之势，欲附云汉"，或"抱节自屈"，或"回根出土"，正因为荆浩对松树怀有深情，才能做到认真观察与研究，悟到画松的妙理。

在盆景艺术中，以比德的手法创作的作品比比皆是，这些作品有的借物抒情、有的托物言志、有的则抒发自己胸中之意。

郑永泰先生的盆景作品《不可一日无此君》以罗汉竹、英石为材料，英石峭立，竹子随峭立之石挺拔而上，两者形成了和谐的统一体，具有漏瘦特征，峭立高耸的"山峰"更加衬托出竹子的坚韧和孤高。古人云："玉可碎而不改其白，竹可焚而不毁其节"，作者只所以选用竹子作为表现对象，是因为竹子具有很多美好的寓意象征。

竹子为岁寒三友之一，是中国古今文人墨客特别喜爱的植物，其四季常青，象征着顽强的生命、青春的永驻。竹子空心代表虚怀若谷的品格。其枝弯而不折，是柔中有刚的做人原则。生而有节、竹节必露则是高风亮节的象征。竹子的挺拔洒脱、正直清高、清秀俊逸也是文人的人格追求。竹子是美德的物质载体，且有"未出土时先有节，及凌云处尚虚心"的君子之风。为无数仁人志士喜爱，古今文人墨客对竹充满了赞美，留下了大量的咏竹诗和竹画。如郑板桥的《竹石》诗：

咬定青山不放松，立根原在破岩中。

千磨万击还坚劲，任尔东西南北风。

当代画家、诗词家沈子琪不仅画竹，而且对竹子品德深有感悟，她归纳竹有九德：高洁、虚心、宽怀、坦荡、柔韧、潇洒、灵秀、清气、优美。

郑永泰先生不仅酷爱竹子，而且擅长制作竹子

题名：不可一日无此君
作者：郑永泰

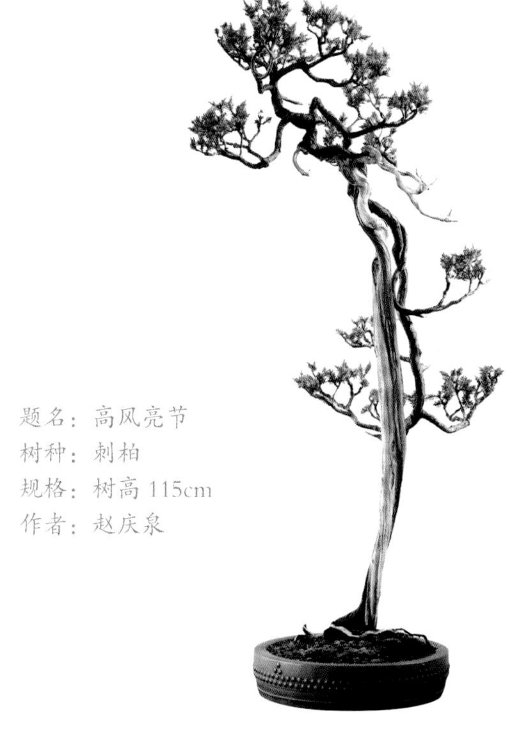
题名：高风亮节
树种：刺柏
规格：树高 115cm
作者：赵庆泉

盆景，不仅能把竹子潇洒、自在形象美描绘出来，而且还能把内在精神充分表现出来，可以说达到了“身与竹化”的境界。

苏轼有诗云：“与可画竹时，见竹不见人。岂独不见人，嗒然遗其身。其身与竹化，无穷出清新。庄周世无有，谁知此凝神。”其大意是说，文与可在画竹时，眼里看的、心中想的，全部是他描绘的对象——竹子。画家把自己的全部精神都集中在艺术形象的创造上了，体现的是艺术家的忘我境界，同时也强调了艺术家在创作过程中和创作出来的艺术形象——竹子的形象融为一体，竹子是我，我是竹子。主体和客体因竹子的美好品德和创作者的人格追求相一致而统一了起来。艺术表现的是真和善，没有真和善，无所谓美，想必郑先生的这件竹子盆景正是真善美的体现。

赵庆泉先生的文人树作品《高风亮节》，也用“比”的手法“索物托情”，表现了作者追求高尚品格，坚守坚贞节操的人格精神。

从作品的布局形象上看，树取左势，主干线条走向为上方稍偏左，树植于盆右侧黄金分割点，主飘枝偏后方下挂斜出，不仅增加了动感更重要的是增加了作品的深度。其余大量留白。为意境的表现埋下了伏笔。整个作品线条流畅明快，枝片简洁灵动，动中有静，静中有动。无论是舍利和水线散发着的骨气和力量，还是艺术形象上所表现的高洁，无不体现了作品蕴含的高风亮节的内在精神。

“高风亮节”语出宋·胡仔《苕溪渔隐从话后集》卷一：“予谓渊明高风峻节，固已无愧于四皓，然犹仰慕之，尤见其好贤尚友之情也。”这段话的意思是说“我认为陶渊明的高风亮节，本来就无愧于商山四皓（秦末四位隐士：东园公唐秉，夏黄公崔广，绮里季吴实，角里先生周术。他们都隐居于商山），竟然还那样仰慕他们，尤其向往他们喜欢贤才崇尚友谊之情。这个典故充分说明“高风亮节”所蕴含的高尚品德、坚贞的气节是文人雅士们最高的精神追求。而这种精神在赵先生的这件作品中则完全可以品味到。

众所周知，文人树作品中“意”的表达正是文人树的核心观念，“意”是自我之意，即人之生命的主体精神，将主体心性作为盆景创作的主旨融入所创作的作品中，以寄托作者的思想感情，正是“比”的手法的应用，我和盆景是平等的，“我”在言说，也是盆景在言说；盆景之“语”也是“我”的心声。《高风亮节》作品所体现的消散澹泊、自然天真、从容不迫正是作者高尚人格的写照。

徐昊先生的黑松作品《曾受秦封称大夫》用的是“兴”的表现手法，让观者触物以起情，让人联

题名：曾受秦封称大夫
作者：徐昊

想起秦始皇封大夫松的故事。

“五大夫松”也称秦松，位于中天门云步桥之北，由秦始皇分封，据《史记·秦始皇本记》记载：“上泰山，立石，封，祭祀。下，风雨暴至，休于树下，因封其为五大夫。”这是中国历史上第一棵被封爵的松树，关于它获封的来历，还有一个有趣的故事。

公元前219年，秦始皇封禅泰山，在下山的路上，原本万里无云的天空突然乌云翻滚，狂风大作，电闪雷鸣，突然下起了大雨。就在这手足无措之时发现路边有一棵大松树。

只见这棵松树高达数丈，枝繁叶茂，树冠如棚，风雨不透，荫翳数亩，正是一个天赐避雨的好地方，秦始皇急忙躲到树下避雨，感叹天无绝人之路，经过刚才一番忙乱，此时安宁下来的秦始皇顿感疲倦，于是靠在树上迷迷糊糊地睡了过去，在梦中他远远看见山顶上飘来一朵祥云，祥云上站着一个鹤发童颜的老道，手里拿着一枝绿油油的松树枝，递给他说：“皇上，我知道你身体不适，特来送灵药给你祛病。”

秦始皇于梦中惊醒，顿觉神清气爽，方才的疲惫一扫而光，此时风雨已去，天光大好，秦始皇望着眼前的大松树，只觉它冥冥之中庇佑了自己，一时龙颜大悦，为嘉奖其遮雨护驾之功，特旨封这棵松树“五大夫”爵位。

“五大夫”爵位为秦汉时二十等爵的第九级。《汉书·百官公卿表》颜师古注：“大夫之尊也。”应当是相当高的官职，大树被封为“五大夫”之后，人们便将这棵树称之为“五大夫松”。徐昊先生的这件黑松作品，主干苍老挺拔树枝偃亚，浓荫蔽天，颇有大夫之风范，不禁使人联想到以上秦始皇封爵的故事。

郑杰强先生的雀梅盆景作品《将军风范》也是采用“兴”的表现手法，以表现将军的威武、坚强、不畏牺牲的将军风范。作品以大树型构图，基础硕大，稳如泰山，侧枝粗大向四周伸展，将军的威武霸气体现得淋漓尽致。不禁使人对将军产生敬畏之心。

优秀的盆景作品中，类似“比德”的作品还很多。如赵雨海先生的黑松盆景作品《浩然之气》、李扬先生的三角梅作品《傲骨凌霄》等，这些作品都充分体现了儒家美学思想的核心价值观。

儒家强调“里仁为美”，“仁”是孔子美学思想的基础。《论语·尧曰》载：“子张曰：‘何谓五美？’子曰：‘君子惠而不费，劳而不怨，欲而不贪，泰而不骄，威而不猛。’”五美均源于“仁”的品质。在孔子看来，美若离开了善便失去了本身的意义。“人而不仁，如乐何？”不仁者，乐也就没有意义了。然而自然景物本身无所谓“仁”，怎么会有美呢？原来在孔子看来，自然美是同人的善“比”出来的。因为审美者独具慧眼，能从自然与人类内在品格的比较中发现自然中与人本身类似的特征，于是智者于水，仁者于山，君子于玉，却能见出与自己品格相类似的特征，所以觉得美不可言。

孔子美学虽然强调审美主体在对自然景物审美欣赏中的作用，但并未脱离客观审美对象的自然属性，而片面强调主体的作用。这正是“比德”美学思想的理论依据。他们在审美主体和审美对象的相互联系和相互作用中看到了主体对自然审美的中的能动性和创造性。车尔尼雪夫斯基在《生活与美学》说：“构成自然界的美是使我们想起人来（或者，暗示人格）的东西，自然界美的事物，只有作为人的一种暗示才有美的意义。”换句话说，自然景物正因为能够“暗示”人的精神品质，才能使人在自然物与人的精神品质之间进行“比德”。否则“比德”将无法进行。盆景“比德”的美学依据也就在于此。

题名：将军风范
树种：雀梅
作者：郑杰强

09 多干盆景“中和美”的艺术表现
（以多干罗汉松盆景改作为例）

这盆罗汉松作品为海岛罗汉松嫁接雀舌品种，盆龄达20多年，为一本多干型盆景。其桩头古拙苍老，富有野趣。作品曾经在沭阳全国盆景精品邀请展上获得银奖，在中国盆景艺术家协会国家级联展上获得金奖。然而此件作品仍然存在不足，树形显得松散，有的以枝片代干不和谐，枝片过大缺少变化显得呆板，部分地方显得臃塞等，树格仍有很大的提升空间。为此，作者于2017年11月对其进行了改作，突出其多干树中和美的艺术表现，现将改作过程、体会以及多干树中和美的艺术表现手法分述及探讨如下：

一、改作理念

罗汉松叶色苍翠欲滴，树形挺拔优美，在艺术表现上以挺拔、崇高、灵秀、古拙、美善合一为上。此作为一本多干型盆景，在改作上，尝试以中和美的美学思想为指导，充分挖掘桩材的美点，重组美点元素，创作具有时代气息、自然气息、和谐的盆景作品。

二、改作思路及过程

根据原作存在的几个突出问题，重点对三个方向进行改作。一是将以枝片代干的枝片改为干。原作基本上以三树四片组成，即1、3、4、5在手法上作片的处理，2、6、7作树的处理，现将“片”改成具有独立个性的“树”。二是改呆板的枝片表现手法为层次感、空间感强的片组表现手法。三是处理好主宾、争让、疏密等对比对立关系，通过共有的倾向性或者贯穿因素，促成整个作品的和谐统一。

1. 1号树原作作片的处理，缺少变化及灵动。现将其改成一株有线条变化及动感的临水树，用于点缀左后方空间，增加内容变化、深度及野趣。

2. 2号树为第一组树的主树，也是整个作品的主树，原作枝片基本都作为大片处理，缺乏层次、灵动及飘逸感。现将其改成由若干小片组成的枝片组，以增加变化、灵动以及空间感。

3. 由于1号树和2号树的体量相差悬殊，从2号树左面第一枝片组分出一个小片布于右后方，和1号树顶呼应，其间大部分空间留白，以增加两株树的亲和力、野趣以及虚空的画面感。

4. 3号树原作为一个向后延伸的枝片，现将其改成一株曲干临水树，以增加其变化及整个作品的景深。

改作前树相及干枝分布

改作后4个飘枝形成动感合流，增强了树势

改作后，树冠整体右倾，构成统一体

改作后，“7株树”具有多样性

5.第一组主树即2号树的右飘枝下压分层，和第二组主树树顶呼应，在两组树之间起到桥梁贯穿作用。

6. 4号树原作为一个点缀、沟通过渡的枝片，现将其改成具有文人风格的一株树，既增加整个作品深度、画面感，同时起到桥梁作用将两组树有机贯穿起来，形成统一的整体。

7. 5号树原作为一个枝片，现将其改成一株斜飘干临水树，进一步加强深度，营造变化。

8. 6号树及7号树从整体上被视作独立的两株树，6号树为曲干大树型，7号树为斜曲干半悬崖型。但从局部看则为双干临水树，在处理上加强6号树的右飘枝的体量、力度；7号树的顶显得过重，将其分出一个枝片作为顶飘枝；右下飘枝呆板，将其改成由4个小枝片组成的枝片组，从而形成多变的灵动的飘枝。两株树连续的、互相呼应的、层次递进的3个飘枝所组成的飘枝组合，增强了势，形成动感的合流。

9.压缩主树高度，浓缩松散的枝干，调整比例关系。经进一步调整后，总高度由原来的110cm调整为104cm，总宽度由原来的158cm调整为165cm，两者之比约为0.63，基本符合黄金分割律。

通过以上改作，增加了变化，树形变得紧凑而有画意，各株树之间违而不犯，和而不同，整体上形成了和谐的统一体。体现了中和美（见改作前和改作后对比图）。

三、改作体会

（一）盆景的创作应体现鲜明的时代精神，遵循适中、时中的美学原则，与时俱进

盆景是活的造型艺术，是有生命的艺术品，它不仅给人带来美的享受、性情的陶冶、心灵的净化，同时也反映了人们对青山绿水的眷恋，对美好生活的向往，人与自然和谐统一的美好愿望。在推动生态文明建设，建设和谐社会的今天，这一理念具有一定的现实意义和指导意义。这也正是中和美美学思想所倡导的。师法自然是盆景的艺术属性，自然界的树木形态各异，仪态万千，造就了大自然的丰富多彩，大自然千变万化的美验证了艺术遵循变化法则。既然大自然是我们创作的源泉，是我们的老师，那么我们就得热爱大自然，多向大自然学习，从中汲取营养，寻找灵感，为创作服务，创作具有时代精神表现中和美思想的盆景作品。改作后的作品基本贯彻了这些设计理念，达到预期目标，在创作中找到了无穷的乐趣，真正体验到“艺术遵循变化法则”的无穷奥妙。学海无涯，艺无止境，盆景艺术一直在路上，这也正是盆景艺术独特的魅力所在吧！

（二）盆景艺术的创新发展离不开美学理论思想包括其他姊妹艺术理论思想的指导

我国是盆景的发源国，虽然有几千年的盆景发展史，但历史上尚无立论遗著，有的仅靠“经验”制作，盆景艺术缺乏专业理论的指导。然而，经过几千年发展而形成的中国传统文化，例如书法、绘画、诗词以及其他的美学思想等却是盆景艺术的近亲，它们同宗同源，它们同样是盆景艺术发展成长的营养，创新的灵感，应有选择地加以吸收利用。例如，《芥子园画谱》之《树谱》中对各种树的画法都有阐述，如两株画法的大小两株法：“在一株大树基础上添加一株小树，叫扶老；在一株小

树基础上添加一株大树叫携幼。老树要画得婆娑多姿，小树要画得窈窕有情，两株树就像聚拢在一起的两个人一样顾盼呼应。"再如三株画法上说："即使是并排的三株树，也注意不要根部顶端齐平像一束捆扎起来的柴火，必须左右避让，使枝干穿插自然。"。倪瓒的《渔庄秋霁图》简直就是一盆气韵生动、意境深远、充满中和美的盆景佳作。再例如具有中国特色的线的艺术理论，对盆景也具有重要的指导意义。归根结蒂，盆景艺术的本质也是线的艺术，中国盆景艺术大师王选民先生在其盆景论著上多次强调线条的重要性，尤其在松柏盆景的艺术表现上显得尤为重要。以上的例子不胜枚举。由此可见，中国传统文化理论思想对盆景艺术的重要意义，也是现代盆景创新发展的源泉和动力所在。

四、多干盆景中和美的艺术表现

中和是我国古老的、传统的、具有民族特色的审美观和哲学思想的结晶，是我国传统美学的精髓或核心思想，遵循适中时中的审美原则。其基本含义是协调适中，不偏不倚，刚柔相济，使审美对象的各个要素或各部分彼此协调，对立统一，交融渗透，形成一种趋向完美的生命结构。西周周太史史伯首次提出"和"与"同"的概念，"和"指不同物的统一，"同"指相同物的相加，主张取"和"而去"同"。如"和六律以聪听"，异物相加才能成物。春秋战国晏婴以"和"为美，认为"清浊、喜哀、刚柔"相济相成。儒家继承了晏婴的思想，并根据儒家中庸的道德哲学提出"致中和""乐而不淫，哀而不伤"；汉代董仲舒提出"天人合一"的思想。这是中国古典美学的基本范畴。而道家则多一些辩证思辨，提出"万物负阴而抱阳"，"有无相生，虚实相成，善恶相依"，"万事万物都包含着对立的两极，并在对立中求得统一"，表明"和"内在包含的差异和对立。上述中和美学思想以唯物辩证法的美学观点概括为两条：一是构成统一体的因素必须具有多样性或对立性；二是多样性、对立性的因素必须协调均衡的统一体。我国书法、绘画、音乐乃至盆景无不遵循这一美学思想。

"中和美"这一具有我国民族特色的独特的审美观和哲学思想，对我国传统艺术一直产生重要的影响。尤其在崇尚自然，追求人与自然和谐共处，追求自然式盆景的今天，中和美在盆景艺术的表现上有更完美的体现。下面就以本件罗汉松作品《中和》为例，对多干盆景中和美的艺术表现作初步探讨。

（一）以多样（多变）性、对立（对比）性+和谐的统一体统揽全局

审美对象多样的构成元素以及形成的协调的统一体是中和美艺术表现核心，有4个方面的基本特征，即整体中的平衡、差异中的协调、纷繁中的有序、多样性的统一。周太史史伯认为："夫和实生物，同则不继""声一无听，味一无果，物一不讲"，异物相加才能成物；梁代沈约提出的"五色相宜，八音协畅"的论点更兼有多样统一的色彩。根据以上中和美的要素，在多干盆景的具体创作实践中，就要充分挖掘美的元素，以表现手法营造每

改作前比例

改作后比例

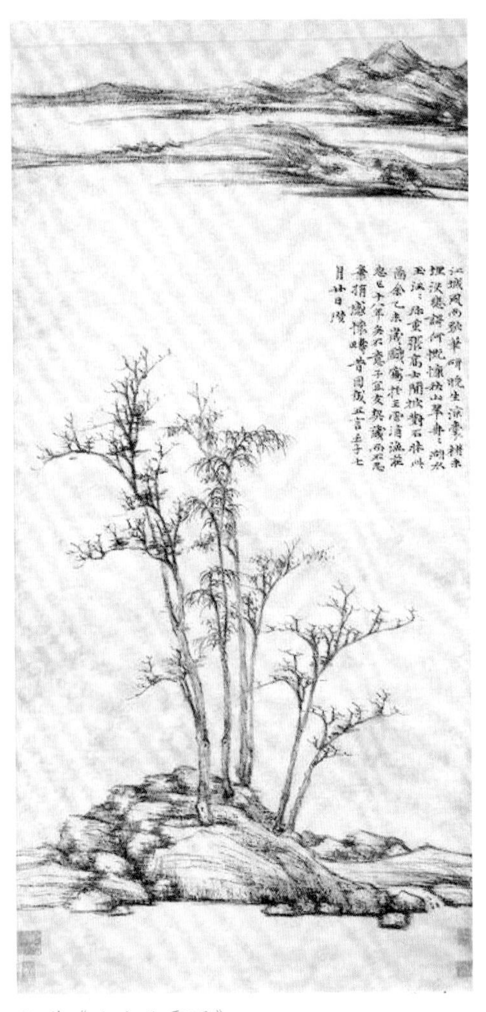

倪瓒《渔庄秋霁图》

株树的独立的个性，有粗有细，有曲有直，姿态各异，形成多变的协调一致的格局。比如此件作品1、2、3、4、5、6、7七株树，粗细不一，形态各异，有曲干大树型、双干临水型、悬崖型、文人型等多组树，具有多样性，然而通过共有的倾向性即收顶的协调一致以及贯穿因素即枝片的合理布局，使整个作品在变中求同，由此产生美的韵律。

（二）抓住矛盾的主要方面，重点突出主树个性表现，营造树势

和谐是中和美追求的目标，是对比对立矛盾运动达成均衡统一的结果，没有对比对立则缺乏视觉刺激性，对比对立失衡则不和谐。明代解缙《春雨杂述》中论述到："一篇之中，虽欲皆善，必有一二字登峰造极，如鱼、鸟之有鳞凤，以为之主，使人玩绛，不可名言。"意思是说一篇之中必有一二个字出众，如鱼中之龙，鸟中之凤，起到主导作用和提神醒目作用，这样的作品才能使人玩味无穷。对多干树的艺术表现更是如此。以此作为例，7个干可以分成2组树，其中1、2、3为第一组，4、5、6、7为第二组。第一组主树2号树位于中间位置，1、3两株树分别位于主树的侧后方，形成近大远小的艺术效果，主树和副树形成强烈的对比。虽然主树和副树比例失调，但由于在艺术表现上把副树作为深度树和点缀树，所以不失和谐感。第二组树6号树作为主树，7号树作为副主树，6号树为曲干大树型，7号树为半悬崖型，6号树右飘和7号树右飘以及7号树顶飘形成合流，既强化了树势的对比、对立，又形成了激烈的动感。同时从整体树势看，2号树通过4号树贯穿因素将6号树、7号树衔接起来，形成了和谐统一的整体。

（三）气韵、意境的表现

气是指从哲学的宇宙生命本源意义上的"气"，到艺术本体意义上的"气"的推演过程。

气和势一脉相承，紧密相连，势是气运行的走向与趋势，而气势又和气韵、动感紧密相连。所谓气韵是指作者通过所使用的造型手段与所塑造出来的可视的艺术形象，来表达自己的思想感情。不仅是外物的写照，而且是作者赋予这些形象的"灵动"，是作者情感的载体。六朝著名画家谢赫在他所著的第一部画论中提出"气韵生动、骨法用笔、应物象形、随类赋彩、经营位置、传移模写"六法，把气韵作为统帅和灵魂，是结构、形象、色彩、构图、表现等造型手段共同营造的目标和最高准则。古人云"六法之难，气韵为最，意居笔先，妙在画外"。而意境是指艺术创作中主观意趣与客观境象交融而产生的具有丰富内涵的境地和形象，是所创作的艺术形象中包含的、传达的、暗示的使人得以联想的画外之意、弦外之音。司空图提出了"象外之象，景外之景""韵外之致，味外之旨"是意境的重要审美特征。清代画家恽寿平说："意贵乎远，不静不远也；境贵乎深，不曲不深也"，揭示了宁静、虚空、深邃、辽远等是营造意境的表现手法。根据以上美学原理，在作品的具体创作过程中，通过调节主宾、虚实、争让、露藏、顺逆、高低、重轻等矛盾关系，重点加强蓄势、留白、增加深度，达到"气韵生动、神形兼备、情景交融"的艺术效果。

10 盆景的阳刚之美与阴柔之美

阳刚之美与阴柔之美是中国美学两种美的基本形态，类似于西方美学所说的壮美和优美。阳刚之美与阴柔之美是两个对举的范畴，阳刚往往具有巨大、壮丽、无限、力量、突然性、空无、速度感等性质，表现出冲突和张力特征；阴柔则具有小巧、柔和、轻盈、圆润、宁静等性质，表现出和谐、收敛等韵味。从审美主体看，阳刚之美由于内在的矛盾或冲突，往往造成主体先排斥而后又升华主体的转变过程；而阴柔之美则有吸引主体向往、流连的心里状态。

在文学艺术领域，崇阳刚之美者，强调骨、力、势；尚阴柔之美者，强调韵、味、趣。前者追求“壮士佩剑”般气势，后者则讲究平淡、肃敬、恬静、娇媚、柔婉之态。表现在形式上，阳刚之美：方、厚、直、急、枯、壮等；阴柔之美：圆、藏、曲缓、润等。表现在气势上，阳刚之美：豪迈、气

题名：飞天
树种：济州真柏
作者：王建

题名：小河弯弯
树种：三春柳
作者：张福禄

题名：情怀
树种：黄杨
作者：金艳

题名：浮峦叠翠
树种：榆树
作者：拙政园管理处

势磅礴、刚健威武等；阴柔之美：淡雅、柔婉、妍媚婀娜等。我国古代诗词所说的“豪放”与“婉约”指的就是阳刚之美与阴柔之美。

阳刚阴柔美学理论中，最著名的当属清代姚鼐，他把哲理、创作和意境论融为一体，深刻阐发了阳刚之美与阴柔之美。他在《复鲁絜非书》中说：“天地之道，阴阳刚柔而已。文者，天地之精英，而阴阳刚柔之发也。阴阳刚柔，其本二端，造物者糅而气有多寡进绌，则品次亿万，以至于不可穷，万物生焉。故曰：‘一阴一阳之为道’。夫文之多变，亦若是矣。糅而偏胜可也；偏胜之极，一有一绝无，与夫刚不足为刚，柔不足为柔者，皆不可以言文。”他从哲学高度将阳刚阴柔的天地之道引申到文艺领域，认为文之美是由刚柔生发而来的，阴阳刚柔的变化无穷，导致了万物的产生，文的多变也是这样产生的。刚或柔有一方偏胜是可以的，但走向极端甚至绝有绝无，那就不能成文了。他接着论述道：“其得于阳与刚之美者，则其文如霆，如电，如长风之出谷，如崇山峻崖，如决大川，如奔骐骥。其光也，如杲日，如火，如金镠铁；其于人也，如凭高视远，如君而朝万众，如鼓万勇士而战之。其得于阴与柔之美者，则其文如升初日，如清风，如云，如霞，如烟，如幽林曲涧，如沦，如漾，如珠玉之辉，如鸿鹄之鸣而入廖廓。其于人也，漻乎其如叹，邈乎其如有思，暖乎其如喜，愀乎其如悲。”姚鼐的以上论述抓住了阳刚之美和阴柔之美的本质特征，既形象也颇富艺术辩证法。

以上关于阳刚之美与阴柔之美的内涵及在文艺领域的表现特征同样适用于盆景艺术。阳刚与阴柔的美学思想对盆景艺术审美创造、鉴赏、品评具有重要的指导意义。

盆景阳刚之美与阴柔之美在盆景的形象上均有直观的体现。从形态形式上看，挺拔、茂盛、壮观、惊险等体现的是阳刚之美。挺拔，有直冲云霄之势，志在高远的志向，体现的是乐观向上的进取精神；茂盛，是生命内在力量的迸发，体现的是自然生命的强大生命力；壮观体现宏大，给人以视觉的冲击力，让观者震撼，油然而生一种壮美的感觉；惊险，视觉上有险峻之势，给观者造成惊恐的心理刺激，继而又会转化为刺激后的快感。阳刚之美在盆景形态上有多种形式，以表现高大、挺拔茂盛的大树型盆景，以表现巍峨、壮观崇山峻岭之雄姿的山水盆景，以表现惊险或有一泻千里之势的悬崖盆景等都具有阳刚之美的典型特征。

与阳刚之美对举的是阴柔之美，盆景的阴柔之美在形态上则有柔顺、稀少、弱小、安闲等特点，柔顺体现的是线条柔和以及舒缓的状态；稀少，指的是枝条稀疏简洁；弱小，体现的是一种柔弱、细小；安闲，体现的是安静闲适的状态。阴柔之美在盆景艺术表现形式上也有多种，如恬静、稀疏的水旱盆景，具有柔曲线条的曲干盆景，温婉秀丽的山水盆景，树冠稀疏柔弱的文人盆景等。

此外，树木的叶性、颜色、山石的纹理、颜色等也具有阳刚之美与阴柔之美的特征，如松树放射状针叶、怒放的花朵、沟壑深凹的山石纹理、炸裂的树皮等都蕴含阳刚之美的气质；而舒展甚至下垂的叶片、稀疏淡雅的花朵，纹理较浅颜色较淡的山石等都含有阴柔之美的韵味。

盆景的阳刚之美或阴柔之美和表现对象的树种特性也有一定关系。黑松、黄山松、罗汉松有表现阳刚之美的明显特质，赤松、柽柳、璎珞柏、各种观花树种有表现阴柔之美的明显特性。而侧柏、真柏、刺柏等柏科树种主要具有阳刚特质但也有阴柔特性，应尊重树性特征，创作相应审美形态。

盆景阳刚之美和阴柔之美与立意、手法以及表现的对象有一定关系。

立意以表现崇高、挺拔、高尚品格情操、生命对宇宙的体验、威严高大、表现大自然的无限生机及生生不息等主体思想的，偏重阳刚之美，在创作上偏重刚性元素；立意以表现闲情逸致、母爱善德、恬静的田园风光、幽林曲涧等主体思想的，偏重阴柔之美，在创作上偏重柔性元素。

创作手法对盆景的刚柔审美形态也起着重要作用，具有强烈动感的取势、放射状的强壮有力的根盘、干枝线条的棱角、错节突兀、体现速度感的直线、加强动感的飘枝、枝干的强扭转曲、坚硬苍老的舍利节疤、蓬勃向上的芽头叶片等，都可以使形象更坚实、更有力、更强壮、更能体现生命的活力，尽显阳刚之美；相反，比较均衡静态的取势，根、干、枝线条细弱柔和等，使作品更秀雅更柔婉，尽显阴柔之美。

清代沈宗骞在《芥舟学画编》中说："挟风雨雷霆之势，具神功鬼斧之奇。语其坚则千夫不易，论其锐则七札可穿。仍能出之于自然，运之于优游，无跋扈飞扬之躁率，有沉着痛快之精能。如剑秀土花，中含坚质；鼎包翠碧，外耀光华。此能尽笔之刚德者也。柔如绕指，软若兜罗，欲断还连，似轻而重。氤氲生气，含烟霏雾结之神；摇曳天风，具翔风盘龙之势。既百出以尽至，复万变以随机。恍惚无常，似春蛇之入春草；翩翩有态，俨舞燕之掠平池。飏天外之游丝，未足方其逸；舞窗间之飞絮，不得比其轻。方拟去而忽

题名：梦里水乡
树种：榆树
作者：向莉

题名：龙吟虎啸
树种：榆树
作者：王建昌

来，乍欲行而若止。既蠕蠕而欲动，且冉冉以将飞。此能尽笔之柔德也。”寓刚健于婀娜之中，行遒劲于婉媚之内，只有掌握了刚柔用笔，方可创作出阳刚或阴柔的作品来。这里论述的虽然是绘画的手法对作品刚柔的影响，但对盆景创作仍具有一定的指导意义。

盆景艺术是内心情感的抒发，主体的人格境界与所创造的艺术形象有着密切的关系，也就是说，盆景美的形态与作者的个性也是相关的。一般女性的作品都体现一种温婉、柔美的气质，尽显阴柔之美。如金燕的黄杨作品《情怀》、向莉的榆树水旱盆景《梦里水乡》；而具有豪迈、宽广等个性的人所创作的作品则往往气势磅礴，如王建昌的榆树作品《龙吟虎啸》等。

盆景的阳刚之美与阴柔之美与所表现的形式、内容也有一定的关系，有的作品所采用的虽然是阴柔之美的形式，但所表现的内容却是阳刚之美的。比如，以表现人格境界的宽广、不屈不挠的精神、强烈的宇宙意识为主题的文人树作品，虽然从形象上看弱小甚至弱不禁风，但所表现的思想内容却很强大，是属于外柔内刚的类型，也具有典型的阳刚之美。

阳刚之美与阴柔之美没有绝对的界限，也就是说没有绝对的刚，也不存在绝对的柔，具有阳刚之美特征的盆景含阳刚的成分多一些，具有阴柔之美特征的盆景阴柔特质高于阳刚的特质。在盆景艺术创作中应该根据素材的特点以及所创作的主题综合考察。

11 禅宗“自然的心相化”于盆景艺术之意义

人与自然的关系，或者说人对自然的认识，儒、道、禅持不同的观点，也就是持不同的自然观。儒家对自然采取敬畏的态度，所谓“听天由命，富贵在天”。虽然《中庸》提出“人与天地参”思想，将人提升到与天地同等位列第三位置，荀子后来又提出“知天命而用之”主张，但仍然是以“天人相分”做基础的，也就是人与自然是相分对立的，人应该顺应自然，依天地之规律行事，这就是儒家的“天人合一”观。而道家则在“道论”基础上明确提出人与自然的同一性，“道”先天而生，为天地母。人与自然是和谐的统一体，这就是道家的“天人合一”观。所以道家主张亲近自然，和自然打成一片。魏晋时期，魏晋玄学更是在道家基础上把人与自然的关系向前推进了一大步，随着“情感”理论的提出，人与自然等同于朋友、亲人，人的思想极为解放，人们纵情或隐逸于山水，亲近自然、享受自然。虽然儒、道在自然观上有很大的区别，然而毕竟是以物质自然为客观存在作为基础的，但禅宗就不一样了。它的自然观是完全建立在“空”的基础上的“心相化”。

一、禅宗“心相化”的概念及实质

禅宗宇宙自然观是以主体人的心作为本体论而展开的，所以宗密称慧能所创立的禅宗为“心宗”。佛性论是慧能禅的基础，佛性论的实质就是心性论。而心性论是建立在空观基础之上的。所谓“三

题名：山幽图
树种：博兰
作者：王礼勇

界唯心，万法唯识”，即认为宇宙万物皆是因缘和合而生的幻相，是虚幻的不真实的，即空的。我们所见到的宇宙万物都是妄心所造成的假象，而唯一真实存在的就是“空”。

惠昕本《坛经》中有这样一则著名的“风吹幡动”公案：慧能在广州法性寺看到两个和尚正在争论，一个说是幡动，而另一个却说是风动，谁也说服不了谁，就在难解难分时侯，慧能说，既不是幡动也不是风动，而是“仁者心动”。

这本来是一个客观世界的物理问题，但在这里，慧能却从不同的角度把它转变为禅宗的精神现象（意识）问题。风吹幡动，是一个视角上的直观，然而境随心转，习禅者却可以从这个直观了知自己精神上的变动，最终产生某种了悟。

题名：古木逢春
树种：金弹子
作者：罗世泉

禅宗“心相化”是建立在佛教唯心论基础上的，“三界唯心，万法唯识”被奉为大乘教心要。洪州宗创始人马祖道一《祖堂集》卷十四云：“三界唯心，森罗万象，一法之所印。凡所见色，皆是见心。心不自心，因色故有（心），汝可随时言说，即事即理，都无所碍。菩提道果，亦复如是。于心所生，即名为色。知色空故，生即不生。”马祖的这段论述，将“心相化”中“心”与“物”的关系阐发得非常透彻。这里的三界是指欲界、色界、无色界。森罗万象的诸法是指森罗万象的现象界，即色界。“一法之所印”即是说宇宙中万事万物都是宇宙法性的映现，因此我们所见到的万事万物，皆是见心。“心不自心”说的是“心”不能独立存在，必须由宇宙万物而呈现、印证。如果你看清楚“心”的主体作用，你随时都可以印证。因此，事与理，是一体两面的，是圆融统一的。于心里所生出的就是色，知道了色的空性，那么生也就是不生了。

禅宗主张自悟、自渡、自我解脱，“佛是自性作，莫向身外求。”“菩提只向心觅，何劳向外求

题名：江清月近
石种、树种：云雾石、真柏、珍珠草
作者：曾庆海

题名：起舞弄姿
树种：黄杨
作者：胡宁

玄。"自然作为色相、境界，被赋予了不可或缺的"唯心"的意义，是个体解脱的最直观的亲证。在众多的禅宗公案中，以自然色相悟入成佛的有很多，最著名的当属灵云志勤禅师"见桃花悟道"的典故。据《五灯会元》卷四《灵云志勤禅师》记载："（志勤）初在沩山，因见桃花悟道。有偈曰：'三十年来寻剑客，几回落叶又抽枝。自从一见桃花后，直到如今更不疑。'沩览偈，讥其所悟，与之符契。沩曰：'从缘悟达，永无褪失，善自护持。'"灵云志勤是百丈怀海的再传弟子，他多年求道而未果，有一天，他看到了盛开的桃花，从而开悟，进入禅境。

在禅宗看来，桃花是色界的东西，"色即是空，空即是色"，他的开悟是由于从色界领悟到"空"的本体界。桃花以她艳丽多姿的形态吸引人，这是美的象征；它那生机勃勃的生命乃是美的本性。"见桃花悟道"的公案，乃是我与物共鸣，个体自性与宇宙法性的契合，从而进入禅境，获得审美体验的写照。

"拈花微笑""见桃花悟道"是一种共鸣的愉悦的审美心态，是个体自性与宇宙法性产生生命共振从而引起的审美愉悦。类似公案，禅宗典籍中有大量记载，如庞居士好雪片片的公案，赵州庭前柏树子的公案等，不一而论。

"心不自心，因色故有"的禅宗思想，以心为本体，以色为用，将宇宙万物视作为心造的现象（色），并把色作为参悟宇宙自然法性（空）的本体，这就是"自然心相化"的本质内涵。禅宗这一心物关系理论具有重大的美学意义。

二、心相化与境界

如前所述的"风吹幡动"的公案，在慧能那里，一个重要的变化就是把自然的风和人造的幡从它们具体的时空中阻断并孤离开来，使其失去广延和绵延的时空性质，成为超时空的自然，即"心"造的"境"。于是，这一类的直观就被赋予禅宗领悟的意义。由此可以看出，宗教的意义其实是借助美学的感性（直观）的方法而得来。这是一种全新的审美体验，将自然进行了心（境）化。它牵涉"心"与"境"即美学上的心物关系。"心"是纯粹的直观，境是纯粹的现象。换句话说，这是一类特殊的审美经验，其特殊之处就在于，它一改儒、道人与自然所谓"天人合一"的关系，自然被心"境"化了。

禅宗最终所获得的禅境或者开悟以后的审美体验，是靠“悟”使自然山水辗转变化来实现的。让我们再看一则著名的公案：“老僧三十年前未参禅时，见山是山，见水是水。及至后来，亲见知识，有个入处，见山不是山，见水不是水。而今得个休歇处，依前见山只是山，见水只是水。”

这是青原惟信禅师自述对自然山水辗转变化的三个看法或者说三个心境。第一境“见山是山，见水是水”。说的是未参禅时见的山水为普通人所见的客观实体，那是与观者分离的认知对象。第二境“见山不是山，见水不是水”。参禅以后，主体开始破除对象（将之视为色相），不再以认知，而是以悟道的角度去看待山水，于是，山水的意象就渐渐从客观时空孤离出来而趋向观者的心境，不再是原先看到的山水了，而是在参禅者亲证的主观心境和分析的客观视角之间游动，还是有法执的。第三境“见山只是山，见水只是水”。仿佛是向第一境回归，但实际上主体的觉悟已经完成（得个休歇处：是指开悟），山水被彻底孤离于时空背景，认知的分析性视角已不复存在，然而，山水的视角表象依然如故，只是已经转化为悟者“休歇处”的证物。

这个完全孤离于具体时空背景的个体化的山水其实只是观者参悟的心相。这一直观的心相，保留了所有感性的细节，却又不是自然的简单模写，它是心对物悟到的心相（境），是超越主客的统一，具有美学上重要意义。

青原禅师对自然山水悟前悟后的三种心理历程，也就是禅家所说的三种境界。第一境“落叶满空山，何处寻行迹”。喻示自然茫茫寻禅不得，举目所见无非客观对象。第二境“空山无人，水流花开”。虽然佛尚未寻到（也寻不到），但禅者即将自然看空，喻示对我执法执已经有所破除，“水流花开”是一无欲非人的声色之境，水正流，花正开，非静心谛视无以观，观者正可以藉此境以悟心；第三境“万古长空，一朝风月”。“一朝风月”是色，“万古长空”是空，色只是空的印证，喻示时空被勘破，禅者于刹那间顿悟。在这里自然也被作为色相、境界，被赋予了不可或缺的“唯心”的意义，是个体解脱的最直观的亲证。禅宗的这一自然观，明显地不同于庄子，却与庄子精神有着内在的关联。庄子是亲和自然，而禅宗却是自然中亲证，目的都是为了获得自由，所不同的是，前者为逍遥，而后者为解脱。

禅宗追求的是个体的某种觉悟境界，在这种境界中自己也成为佛（实质上是审美的体验，禅宗和其它宗教一样，也属于一种精神现象。）如果执着于空无，那么主体的解脱是得不到验证的。因此，只能采取“色即是空，空即是色”这一相对主义的方法，将色和空、性和相统一起来。这种统一就是境界。境界一方面是心境，另一方面又是喻象。境界有如下特点：其一，它是出世间的，主空的；其二，它是悟道，心灵的，个体独特的（禅的经验始终都是独一无二的）。其三，它是内化了的意象；其四，该意象是真如或般若的喻象，是超绝时空的；该意象有时是以时空错位组合而成。

禅宗境界有着重大的美学意义，以致后来王国维以境界概括中国艺术的美学特征：“词以境界为最上，有境界则自成高格，有名句。”作者阐释说：“境非独谓景物也，喜怒哀乐，亦人心中之一境界。能写真景物、真感情者，谓之有境界。否则谓之无境界。有境界的作品，言情必沁人心脾，写景必豁人耳目，即形象鲜明，富有感染力。”很显然，王国维所说的“真景物”“真感情”指的就是发自心源的纯净的审美悟境。

禅宗美学作为一种体验美学，特别重视对人的内在生命意义的体验，对人生最高境界——一种一切皆真、宁静淡远而又生机勃勃的自由境界的体验。这种体验是个体性的、唯美的。禅宗“自然心相化”的直观体验方式，开辟了一条通往最高审美境界之路，对包括盆景艺术在内的艺术审美创造具有十分重要的意义。

三、心相化与审美创造

《南宋群贤小集》第二十三释绍嵩亚愚《江浙纪行集句诗·自序》中指出：“永上人曰：禅，心慧也；诗，心志也。慧之所之，禅之所形；志之所之，诗之所形。谈禅则禅，谈诗则诗。”“禅”是人人具有的本觉智慧性，推而广之，谈画则画，谈书法则书法，谈盆景则盆景……它发自心源呈现于各个艺术领域。艺术创造不可或缺的主观条件乃是“中得心源”，因为艺术的审美境界只能诞生于最自由、最充沛的心源之中。“一切美之光都来自于心灵的源泉，没有生命心灵的折射，是无所谓美的。”无论是李白的豪放，杜甫的沉郁，王、孟的静远，还是苏轼的洒脱，全都是植根于一个活跃的、自由的心灵。黄庭坚说：“欲得妙笔，当得妙心。”释詈光论书法曰：“书法犹释氏心印，发于心源，成于了悟，非口手所传。”诗、书、画是这样，盆景艺术更是这样。没有心灵深处的光源折射，就不会创作出让人心动的作品。

“心源”一词在禅宗典籍中是一个很重要的概念，慧能法嗣南阳慧忠国师曰：“禅宗学者，应遵佛语。一乘了义，契自心源。”；南岳慧思禅师的一首偈曰：“顿悟心源开宝藏，隐显灵通现真相。”；龟山正元禅师偈颂曰：“寻师认得本心源，两岸俱玄一不全。是佛不须更觅佛，只因如此便忘缘。”……禅宗千言万语，无非教人认识本心，返回心源（本来面目）。所谓“心源”也就是生命律动的本源。美学大师宗白华先生在其《美学散步·艺术意境之诞生》一文中指出：“禅是动中的极静，也是静中的极动，寂而常照，动而常寂，动静不二，直探生命的本源。”铃木大拙也指出：“禅把储藏于我们之内的所有精力做了适当而自然的解放。”得到了“解放”的自我，可以超然自在，掉臂而行，去发现和接近生命的律动，直探生命的本源，寻找美的本质。

“外师造化，中得心源”是包括盆景艺术在内的传统艺术创作的必要条件，只有来自于心源深处的灵感才是真实的最美的，禅宗心相化的美学命题，为盆景艺术的审美创造开辟了一条通往心灵化的自由自适的创新之路。

四、禅宗自然的“心相化”于盆景艺术创作之意义

禅宗自然的心相化，即将客观自然视为心造的自然观对盆景艺术审美创造具有极为重要的意义，因为它比以往的任何审美经验更为心灵化（心相）境界化，更注重主体的内在创造精神，使盆景艺术的创作导入了精神的深度，向心灵化的深层掘进。为盆景意境的表现增添了无限的韵味。

（一）导引盆景艺术向简澹方向发展

目前，我国盆景艺术正在呈现品种众多、形式多样，逐渐形成了多元素整合的发展格局。突出的

题名：同来望月
树种：老鸦柿
作者：刘国雄

题名：崖春秋
树种：金弹子
作者：肖庆伟

表现在盆景的民族化、文人化、个性化。盆景的形式和表现的意境都具有一定的民族特色，比如，具有民族文化内涵的水旱盆景；再如近年刮起的文人树风潮。其表现的手法不约而同地指向了简洁、空灵的方向。水旱盆景不仅注重树石组合多变的形式表现，而且更加写意化，所选用的素材更加简洁清秀，以疏简为美，以空间表现为上，以表现宇宙自然的空灵淡远。文人树盆景在继承我国文人情怀的基础上，也在大踏步地向精神境界的深层掘进。比如以韩学年先生为代表的素仁格盆景，以少到不能再少、简到不能再简的姿态出现在人们视野里，引起了盆景界的高度关注，但引起当今盆景界极大兴趣的并不是简到不能再简、少到不能再少的形式，而是引起人们共鸣的审美意趣，以及唤醒人们对人生对宇宙自然的思考。盆景艺术是心灵的外化，我不敢妄断韩先生是禅的信奉者，但韩先生所表现的创作境界以及作品所表现的禅境必定是受到禅宗思想影响的。

盆景的简澹化、空灵化、禅境化是我国盆景的发展趋势，这不仅是传统文化长期积淀的审美心里结构使然，而且也是盆景艺术与时俱进的必然要求。随着物质水平生活水平的不断提高，人们对精神层面的尤其是个性发展的追求越来越高，人们越来越倾向于抛弃妄念，追求本真。体现在盆景艺术上就是洒脱、自由，就是绚烂至极之后的平淡和闲适。几分疏淡的悠闲。以表现上述意趣的作品近年有不断增多的趋势。如韩学年大师《怀素墨韵》作品、陈安勇先生的杜鹃写意盆景《把酒问青天》等，而这些恰是玄学思想以及禅宗思想所要表达的。

题名：秋思
树种：榆树、朴树、牡荆、水蜡、三角枫
作者：贺淦荪

（二）以无形式表现形式

境界组合的自由化是禅宗心相化为美学作出的又一个重大贡献。禅宗的空观思想体现在对自然的观照上，则可以将自然现象从流动不居的线性时空中孤离出来，并将它们进行自由组合，形成境界。盆景艺术可以应用这一创造性美学思想，以无形式作为表现形式，将个人意趣融入作品中，创造出具有“真景物”“真感情”的盆景艺术作品。

在我们常规的思维中，二元对立具有不可调和性，白的不是黑的，而黑的也非白的，这就是事物或观念在这个感官与逻辑的宇宙之中的样子。正如铃木大拙所说：“依照禅的哲理来说，我们对于彻底二元论的因袭思想方式太过倚赖了，以致成了受它拘束的奴隶。”禅宗用三十六对法（基本上是相对主义的方法），以相对的、有无穷组合的两极来破除“我执”“法执”等偏见，形成了奇异的现象。如“三冬花木秀，九夏雪霜飞”“人从桥上过，桥流水不流”“焰里寒冰结，杨花九月飞。泥牛吼水面，木马逐风嘶”等这些成对的喻象总是违异于人们的日常生活经验和科学原理。禅宗之所以这样做，就是要打破习以为常的思维逻辑，肢解常规的时空观念，这在中国以往的思想学派中是绝无仅有的，然而在看空的般若学这里却轻而易举实现了。

这种时空错位自由组合的现象在诗歌、绘画领域都有鲜明的表现特色。如王维著名的《袁安卧雪图》竟将一丛芭蕉画在雪中，时空发生了严重的错位，然而，其迥出天机的画境则完全是为了揭示某种精神境界。《袁安卧雪图》在美学界影响是重大的，它标志着禅宗对传统美学和传统艺术的突破。

它的成功之处就在于突破了传统思维方式的约束，并成功地导入了禅宗精神。不仅在绘画上，而且在其诗歌上也能打破时空的约束，进行时空转换。如同样深谙禅理的苏轼在评王维的诗时云："味摩诘之诗，诗中有画；观摩诘之画，画中有诗。"诗与画于时空中随意转换。由此可见王维对禅宗思想领悟之深和艺术表现之自如。

在盆景艺术创作上，这种打破时空规定性将自然现象作任意组合的例子也是存在的，比如夏季在盆景的生长季节将叶片摘除，以寒枝的姿态出现在夏天，以表现冬天的景象；也可以把属于严冬的雪景搬到绿意盎然的夏天，以表现禅意；从某种意义上说，柏树舍利的雕刻也体现了这种打破时间线性流动的束缚，将本该在"未来"才会形成的舍利用创作技法"当下即现"。

这种令时空错位以抒发个人独特情感以表现独特禅境的表现形式往往是错位的、"无形式"的，如韩学年大师的山松盆景作品《丝丝柳意》，以松的刚来表现柳的柔。韩学年大师的山松作品《无涯》（参见第159页作品图），以无形式的布局，极其简澹的笔墨，通过"无涯"题名，表现一种空寂的禅境。

禅宗依据空观使自然现象心境化并能够任意自由组合，对盆景艺术创作中审美意象的形成具有重要的启发意义，使创作者更能够发挥主体的创造精神，在盆景艺术创作中突出个性，形成盆景艺术的多元化、多样化。

（三）盆景艺术中的审美悟境

中国古典美学将禅境视为艺术的最高境界，盆景艺术也不例外。禅境体现在盆景艺术上，是脱落形似的审美悟境。

永嘉玄觉云："一性圆通一切性，一法遍含一切法，一月普现一切水，一切水月一月摄。"（《永嘉证道歌》）这是说，"空"和"色"，"性"和"相"是统一的，一即一切，一切即一。"一"指的是般若、真如，"多"指的是无穷无尽的色、相、境。也就是以个别体现一般，以用（末）印证体（本），体用不二。

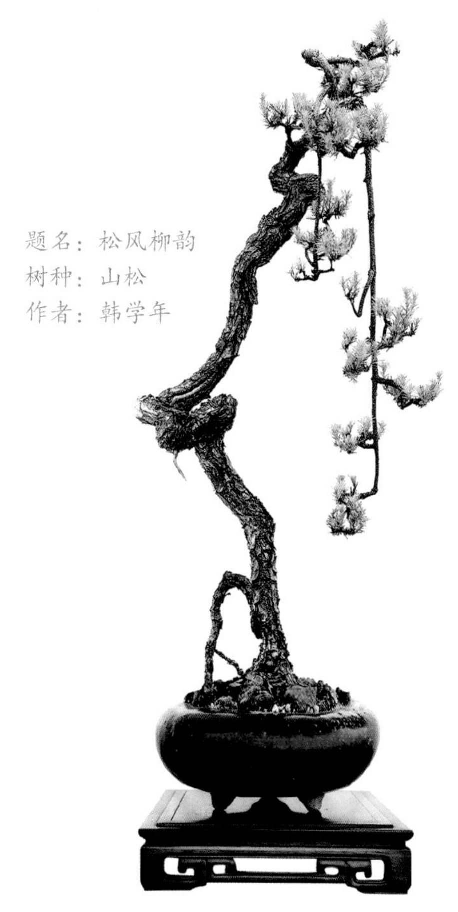

题名：松风柳韵
树种：山松
作者：韩学年

禅宗这种"籍境观心""触境皆如"的思想，体现在盆景艺术上，往往是不注重形式或无形式，不注重形的精确模仿而以"胸中之意"的抒发为主体，是生命本源的体现。禅境既是"静穆的观照"，又是"飞跃的生命"的传达。因此须在直觉体悟中获得。

盆景艺术所表现的禅境，往往以寂静、虚空、高远、澹泊等空明的境界呈现给观者，并通过题名等启发观者对无限宇宙的联想及人生的意义的思索。盆景禅境之美在《盆景禅意及禅意表现》《盆景的空寂之美》中有较为系统的阐发，这里不再赘述。

心相是心造的境界，是发自心源的，是包括盆景艺术在内的一切艺术的本源。盆景艺术美的创造必须以胸中的审美意象为基础，这个审美意象的形成不仅赖以丰富的审美经验，而且必须由妙悟获得。

12 以悟为则
——盆景艺术创作及鉴赏的直觉体悟

一、禅宗“悟”的哲学思想

“悟”的字面可理解为了解、领会、觉醒，而觉醒就是从迷惑中清醒过来，现实生活中有半觉半悟也有大彻大悟。“悟”在自然科学、宗教乃至文艺领域都有着重要意义。很多著名科学定律就是在日常生活中突然开悟而发现的，如牛顿通过苹果落地而悟出了万有引力定律、阿基米德在洗澡过程中悟出浮力定律等。本章探讨的是禅宗“悟”的思维方式在盆景艺术中的重要美学价值。

“悟”是禅宗的“看家法宝”或者“叫本分家业”，“悟”是禅宗的生命与灵魂，没有悟就没有禅。这正如日本禅学大师铃木大拙所指出的那样：“禅如果没有悟，就像太阳没有光和热一样。禅可以失去它所有文献、所有的寺庙以及所有的行头，但是，只要其中有悟，就会永远存在。”足见“悟”对于禅的重要性。

六祖慧能在建立南禅时就明确指出“道由心悟”的命题，确立了南禅“心宗”的地位。自此，历代禅宗大师对这一思想进行了丰富的阐发和实践，并展示了自己的禅学思想。

黄檗希运禅师主张“道在心悟”；香严智闲禅师主张“道由悟达”；宋代临济宗禅师圆悟克勤进一步丰富发展了这一主张，并强调：“以悟为则”，

题名：碧云出岫
树种：真柏
作者：朱有才

“先悟妙明真心”；他的弟子大慧宗杲也提出“学道无它术，以悟为则”；元代临济宗禅师中峰明本也强调指出：“若不妙悟，纵使解语如尘沙，说法如泉涌，皆是识量分别，非禅说也。”以上主张都突出了“悟”对禅的极端重要性。

禅宗不立文字，否定概念、推理、逻辑，不强调枯坐冥想，不宣扬长修苦练，就在坐卧等日常生活中当下即得，在四处皆有的现实境遇中悟道成佛。因此“悟”是禅的得胜法门，也是禅的灵魂，禅的生涯始于开悟之处。

二、“悟”的美学意义

如本章开头所述，“悟”具有心解神会的含义。被引申到美学理论中，“悟”是一个非常重要的美学命题，它涉及审美活动中一系列重要问题。“贵悟不贵解”，可以说，“悟”既是禅宗的精髓所在，也是中国古典美学的神髓所在。

元人刘壎对“悟”作过形象化的解释，他说：“儿童初学，矇昧未开，故懵然无知，及既得师启蒙，便能读书认字，驯至长而能文，端由此始，即悟即谓也。然此止是一重粗皮，特悟之小者耳。学道之士，剥去几重，然后逗彻精深，谓之妙悟，释氏所谓慧觉，所谓六通。……世之未悟者，正如身坐窗内，为纸所隔，故不睹窗外之镜。及其点破一窍，眼力穿逗，便见得窗外山川之高远，风月之清明，天地之广大，人物之错杂，万象横陈，举无遁形，所争惟一膜之隔，是之谓悟。……唯禅学以悟为则，于是有曰顿宗，有曰教外别传，不立文字，有曰一超直入如来地，有曰一棒一喝，有曰阐莺悟道，有曰放下屠刀，立地成佛，既入妙悟，谓之本地风光，谓之到家，谓之敌生死。”

这段话把世人之悟与禅之悟作对比分析，精辟地论述了悟的两种特征及境界，认为世人之悟只是皮毛小悟，而禅是“逗彻精深”的妙悟。从对禅悟的形象论述看，刘壎对禅家悟则知之甚深，析之甚透，可谓很有见地。

从本质上说，禅宗的“悟”乃是一种直达生命本源的个体直觉体验，具有刹那性，其速度“如击石火，似闪电光”，不允许参禅者“伫思停机”，不允许理智与逻辑思维插手干预，否则必然违背禅宗思维方式，错过灵感爆发的瞬间。禅宗以直觉体认真如本性的思维方式和艺术思维方式具有异质同构的关系，对于文艺创作鉴赏具有很大启发意义。

中国古代一些文艺理论家和美学家，早就借“悟”的思维特征来解析文艺创作和审美活动中一些现象。“悟”的美学思想经常出现在诗论、画论、书论、乐论等艺术领域中。

在诗论方面，宋代江西诗派诗人、诗论家韩驹在《赠赵伯鱼》中说：“学诗当如初学禅，未悟且遍参诸方。一朝悟罢正法眼，信手拈出皆成章。”

题名：一带一路
树种：对节白蜡
作者：李鹤鸣

题名：涛声依旧
树种：大阪松
作者：李飞鹏、周云林

宋代诗论家严羽首次提出著名的“妙悟”说，他在其《沧浪诗话》中论述道：“大抵禅道惟在妙悟，诗道亦在妙悟。”与严羽同时代的戴复古对参禅悟诗也有深刻的体悟，他说：“欲参诗律似参禅，妙处不由文字传。个里稍关心有悟，发为名句自超然。”

在绘画方面，清代画家王时敏对禅悟也有精辟论述，他说：“绘画创作犹如禅者彻悟到家，一了百了，所谓一超直入如来地，非一知半解者所能望其尘影也。”

在书法方面，北宋朱长文在论及释怀素书法时说：“自云得草书三昧，始其临学勤苦，故笔颓萎，作笔冢以瘗之。尝观夏云随风变化，顿有所悟，如壮士拔剑，神彩动人。”意思是说，虽然勤于临摹苦学，但成就其书法艺术的仍然是悟所得。

在音乐方面，成玉磵《琴论》云：“攻琴如参禅，岁月磨炼，瞥然省悟则无不通纵横妙用而尝若有余。至于未悟，虽用力寻求，终无妙处。”这里也说明，琴声的妙处不是用力可以做到的，同样需要“悟”。类似例子还有很多，不一一列举。

以上论断表明，诗歌、绘画、书法、音乐等所有文艺的创作欣赏都离不开“悟”，同时也说明，艺术活动（包括规律、原则、技巧等）之道和参禅悟道必然有相似相通之处，虽然未论及盆景，然而，这一理论所蕴含的道和盆景是一致的。

三、禅宗“悟”与包括盆景艺术在内的艺术审美体验的同构关系

那么，应该怎样来认识、理解审美活动与参禅悟道的相似相通之处呢？

原来，禅是众生之本性，是人生之美的最高体现，其最大特点就是体验性，是直达生命本源的一种体悟，这一过程本质上就是审美体验过程。

禅宗公案中有很多禅师开悟之时获得审美愉悦的记录，如信州智常禅师在慧能示法偈的启示下有所开悟，“师闻偈已，心意豁然”。马祖道一在南岳怀让的开示下，有所悟入，“一蒙开悟，心意超然”“一闻示诲，如饮醍醐”。圆悟克勤也展示了开悟时的审美心境，他说：“此段大缘人人具足，但向己求，勿从它觅”，“但信此语，依而行之，放教身心如土木如石块，到不觉、不知、不变动所靠教，绝气息，绝笼罗，一念不生，蓦地欢喜，如暗得灯，如贫得宝，四大五蕴，轻安似去重担，身心豁然明白，照了诸相，犹如空花，了不可得，此本来面目，现本地风光，露一道清虚，便是自己放身舍命安闲无为快乐之地。”

禅门宗师在开悟时的审美体验，常常表现为两种不同的审美心态，或者是共鸣的喜悦，或者是开悟的惊喜，两者都是见性，自觉到本来具有的佛性。这种审美体验并不是基于通常情况下主观对客观的认识，而是超越主客二分的对心源的一种洞察，是基于本觉自性的一种直观。正如日种让山指出的那样：“原来艺术的真境，是从大道最深奥处发出来的；那最深奥处，和禅的究极真境是有着相通点的。禅的究极真境，是超脱了时间和空间，同时，与时间和空间同其无限。一参透这个无限的真境，于是真实的超脱性，真实的灵趣，真实的气韵，自然地在感应上流露出来。是以从前的高僧，有自禅走到艺术界，也有伟大的艺术家，自艺术的门走向禅堂。”这就指明了艺术与禅“在那真境上把握住正在跃动的根本生命”上是相通的。如前所述，禅宗开悟而带来的喜悦，实际上也就是审美愉悦，也就是说参禅悟道的方法与审美活动、审美感受的某些特征与现象有相似相通之处。如果说“悟”是禅的生命，那么“悟”同样也是盆景艺术的灵魂。

由于古典美学理论都十分重视审美主体独特的审美感受与体悟，而且把那种只可意会不可言传的审美境界视为最高境界，因而，禅宗标榜的不假外求、直指心源、见性成佛，一言以蔽之曰“悟”的命题成为中国古典美学所认真借鉴的重要思想。

四、盆景艺术唯在妙悟

（一）盆景艺术灵感是依据妙悟而获得的

“悟”是盆景艺术构思中的一个特殊阶段，它的表现形式就是兴会（灵感）的爆发，审美感受的获得，审美意象的形成。这和禅的以“定”发“慧”，定慧一体，“定”为体，“慧”为用，体用不二法相类似。在这里，“悟”就是“体”，“兴会（灵感）、审美感受、审美意象”就是“用”。在盆景艺术创作活动中，当作为客体的素材的某些审美特征和主体心源高度契合后就会产生妙悟或神悟，妙悟或神悟被及时捕捉之时，就会产生审美意象，而审美感受和审美意象往往也都是同时产生的，也就是

题名：巴峡烟雨
石种：千层石
作者：刘波

说，在盆景艺术构思和审美活动中，当审美意象获得之时，就是审美感受产生之时；意象的酝酿、组合、凝聚和延伸就是美感的捕捉、撷取、发展、深化，审美意象具体体现和凝聚着审美感受。

在这里有必要简单论述一下古典美学对兴会美学命题的探讨，以加强对盆景兴会问题的认识和实质的领会。我国古代美学家曾经从各个方面、各种角度探讨过兴会问题。有的对兴会的状态特征进行过生动形象的描述，如清代画论家沈宗骞在《芥舟学画编》中说："兴之所至，笔端必达，其万千气象，都出于初时意计之外。今日为之而如是，明日为之又是一样光景，如必欲昨日之所为，将反有不及昨日者矣。何者？必欲如何，便是阻碍灵趣。"这里所说的兴会具有不可预料性、瞬刻性，突然爆发性，需要及时捕捉。兴会产生之时如不及时捕捉，当你再想寻找时，已经是难觅踪迹；有的认为兴会的触发需要机缘，不可强求。如明代诗论家谢榛他在《四溟诗话》中说："诗有天机，待时而发，触物而成，虽幽寻苦索不易得也。"有的认为兴会的获得是以丰富的阅历、长期的艺术实践为基础的。如清代经论家袁守定在《占毕丛谈》中论述道："遭际兴会，得之在俄顷，积之在平日"。以上对"兴会"美学命题的论述应该对盆景艺术审美活动中兴会的把握具有一定的启发意义。

盆景艺术和其他姊妹艺术一样，没有妙悟就不可能有兴会的产生，更不可能创作出让人耳目一新的好作品。没有妙悟的随意而作必然是普通商品，谈不上什么艺术价值。因此在盆景艺术创作过程中，必须在对素材进行反复琢磨，孰参深究基础上寻找机缘，及时捕捉灵感，创作出耳目一新、回味无穷的艺术作品。

（二）"悟"是对盆景艺术创作规律和技法的体验和把握

盆景艺术创作不同于概念、推理、逻辑，没有固定的公式，可以说法而无法，这是由艺术的思维特征决定的。因此其创作规律和技巧都需要悟得。那么，在盆景艺术创作中"悟"的内涵是什么呢？陆桴亭在《思辩录辑要》中说："凡体验有得处，皆是悟，只是古人不唤作悟，唤作格物致知"（作者注："格物致知"是儒家重要思想，意思是，探究事物原理并从中感悟到某种心得。）这里对"悟"的内涵解释很明确，有两个关键词，一个是"体验"，一个是"有得处"。所谓体验，就是深入事物内部进行反复体会、琢磨、品味；所谓有得，就是对事物反复体验基础上而总结出来的内部规律。将两者合在一起就是“悟”，有体验没有所得不算悟，没有体验过程也不是悟。只有体验了并从中有所得才是“悟”才能掌握艺术三昧。相传，唐代书法家张旭因观看公孙大娘舞剑而受到启发，以公孙大娘剑舞的神韵练习书法，结果书法水平大大提高；庄子“轮扁斫轮”的寓言故事也说明，有些技法需要悟得，需要心领神会，“得之于手，而应于心”，用概念、逻辑等语言文字是无法描述的。盆景艺术创作也是类似道理。

在盆景技法应用上，对悟的重要性本人有切身体会。树干或枝条的做弯或调整角度要在经验积累的基础上逐渐悟入，在实际操作时，力在线条上分布要靠悟，弯曲部位用力的方向也要靠悟，只有在准确把握力度、着力点、用力的方向基础上才能顺利完成操作，否则不是操作不到位就是折断枝条，造成操作失败。而且这种悟只能靠直觉的体会，这种感觉只有实际操作的人才能体悟到，根本无法用语言来描述，也无法传授给别人。只能靠自己经验积累慢慢把握悟入。盆景的线条是基本的艺术元素，线条的走向变化对盆景艺术表现起着极为重要作用，在素材的培养或者创作过程中，线条的结构变化往往无迹可寻，为了体现自然的生命节律，就必须在道法自然的法则下体悟自然条件下线条的节奏变化，像大书法家张旭那样通过舞剑而悟线条，只有将线条形式美规律悟透了，并应用在盆景素材培养或创作中，才能制作出好的作品。

（三）盆景的妙悟要渐修和顿悟相结合

禅宗注重见地与般若，但仍注重修证。没有渐修的根基，就谈不上顿悟的成就。顿悟是讲见地，识自本心，识心见佛；渐修是讲修证，修行。禅宗有南顿北渐之说，慧能的南宗禅主张顿悟，而神秀的北宗禅主张渐修。所谓顿悟就是当下直入如来地；所谓渐修就是循序渐进的入悟。不管是顿还是渐，其结果都是为了明心见性，以求得解脱。在艺术上，很多艺术家、美学家还是主张渐修和顿悟结合起

题名：博林沐雨
树种：博兰
作者：王礼勇

来。如吕居仁强调指出，只有进行反复的艺术实践，才有可能达到“悟入”“顿悟”的超升境界。他说：“作文必要悟入处，悟入必自功夫中来，非侥幸可能也。如老苏之于文，鲁直之于诗，盖尽此理也。”虽然论的是诗，但同样适用于盆景艺术创作。

盆景艺术上的顿悟来自长期的艺术创作实践，灵感往往在“山穷水复疑无路”时突然爆发，因此，灵感的到来虽然具有偶然性，但里面却隐藏着必然性，长期的积累，艰苦的探索，为“柳暗花明又一村”准备了条件。所以，毛塞顿开，突然顿悟的到来既是“神来之笔”，也是艺术长期实践的结晶。没有酷爱思索的习惯和时时审视自然的强烈创作意识，是永远找不到灵感而步入创作新境界的。因此渐修和顿悟相结合是盆景艺术创作的唯一途径。

其一，要加强理论知识的学习，不断提高自己的理论水平，并以理论指导实践。没有丰富的理论知识储备，渐修将变成无源之水，不可能有很深的悟入。

其二，走进大自然，对大自然的山川地貌树木形状等进行详细观察，透过现象探索本质，对自然之美进行提炼、概括，使其储存于胸中，形成胸中之丘壑。

其三，加强对前人优秀作品的总结、学习、体验和领悟，以参禅宗公案的方法参作品，以达到以参求悟的目的。尤其对前人优秀作品所采用的创作手法、作品风格、所表现的思想内容等方面进行“孰参”，以达到对其审美特征、意境等方面的领悟。在参的过程中，切忌走马观花，浅尝辄止，应该反复咀嚼、体验，只有这样才能在盆景艺术形象和意境中，领会它的审美情趣，悟透它的成功之所在。

其四，不断坚持盆景艺术创作和审美实践。盆景艺术之悟是主体性的亲证，所谓的熟能生巧，只有坚持长期的创作实践，才能积累足够的创作经验，不断领悟创作技巧，当积累到一定程度后，即可以达到“顿”的飞跃。

（四）盆景艺术妙悟需要“用志不分，乃凝于神”的精神

“用志不分，乃凝于神”是一种极端聚精会神的心理状态。《庄子·达生》篇中关于“佝偻者承蜩”和“梓庆削木为鐻”寓言故事，说明掌握一种技艺应该“用志不分，乃凝于神”。佝偻者“虽天地之大，万物之多，而唯蜩翼之知”；梓庆“斋以静心”，“未尝敢以耗气”，甚至忘记自己的“四枝形体”，不分心于外物，心中只有鐻的形象。这种极端的对审美对象的凝神关注，是一切艺术构思所必需的。

晋代陆机在《文赋》中提出了艺术构思时“皆收视反听，耽思傍机”；梁刘勰在《文心雕龙·神思》中提出：“陶钧文思，贵在虚静，疏瀹五脏，澡雪精神”；张彦远在《历代名画记》中也论述到：“凝神遐想，妙悟自然，物我两忘，离形去智。身固可使如槁木，心固可使如死灰，不亦臻于妙理哉？所谓画之道也。”以上论述都是强调只有作家将全部注意力聚集在所观察的客观事物上，并进行潜心观照，才能唤起灵感的爆发。

“悟”是盆景艺术创作鉴赏过程中一种高级思维活动，“悟”是“觉”也，是“一悟即入如来地”的高级审美体验。盆景艺术唯在妙悟，“悟”也是盆景艺术创作鉴赏的高级智慧，只有通过“悟”才能通达最深处的心源，形成最美的审美意象，创作出神形兼备、意境深远的盆景艺术作品。

13 盆景的禅意及禅意表现

植根于中国传统文化中的盆景艺术，不仅得到道家、儒家哲学思想及美学思想的熔铸，而且也是在禅宗哲学思想及美学思想的浸染下由自然的再现而逐渐转向了主体对宇宙自然生命的感悟，由形的细致塑造而逐渐转向神的摄取尤其是主观内在之神的表现，由追求色相的丰满而转向简约，由单纯追求审美特征的刻画而转向通过典型化的特征传达哲理，使盆景艺术风格整体上向空灵、简约、空寂淡远的禅意（禅境）表现上发展。

一、盆景禅境的内涵

所谓的禅境，顾名思义是由禅宗哲学思想阐发的审美意境，李泽厚先生、宗白华先生等当代美学家都把禅境归结于艺术意境的最高境层，著名画家李可染先生称之为“化境”。禅是发自心源的心灵境界，正像宗白华先生指出的那样：“禅是中国人接触佛教大乘义后体认到自己心灵的深处而灿烂地发挥到哲学境界与艺术境界。静穆的观照和飞跃的生命构成艺术的两元，也是构成禅的心灵状态。”“禅是动中的极静，也是静中的极动，寂而常照，照而常寂，动静不二，直探生命的本源。”禅是发自心源的本真，是生命之美的最高体现。

中国自六朝以来，随着魏晋玄学与佛教的合流，人对自然的认识也在发生根本变化，即不再以外在的纷繁现象而是以内在精神为本质。这种思想体现在艺术中，便是对外在的雕饰美、动势美的否定和对内在精神美、静态美的肯定。在审美创造上更注重人的主体精神气质、情感和内在性格，在意象上追求自然平淡、虚空静寂的韵味。意境上也多为幽静抽象的哲学思辨：色即是空，空即是色，色不异空，空不异色。这种哲理的意味，不但是盛唐人的诗境、宋元人的画境，而且也是盆景艺术的禅境。

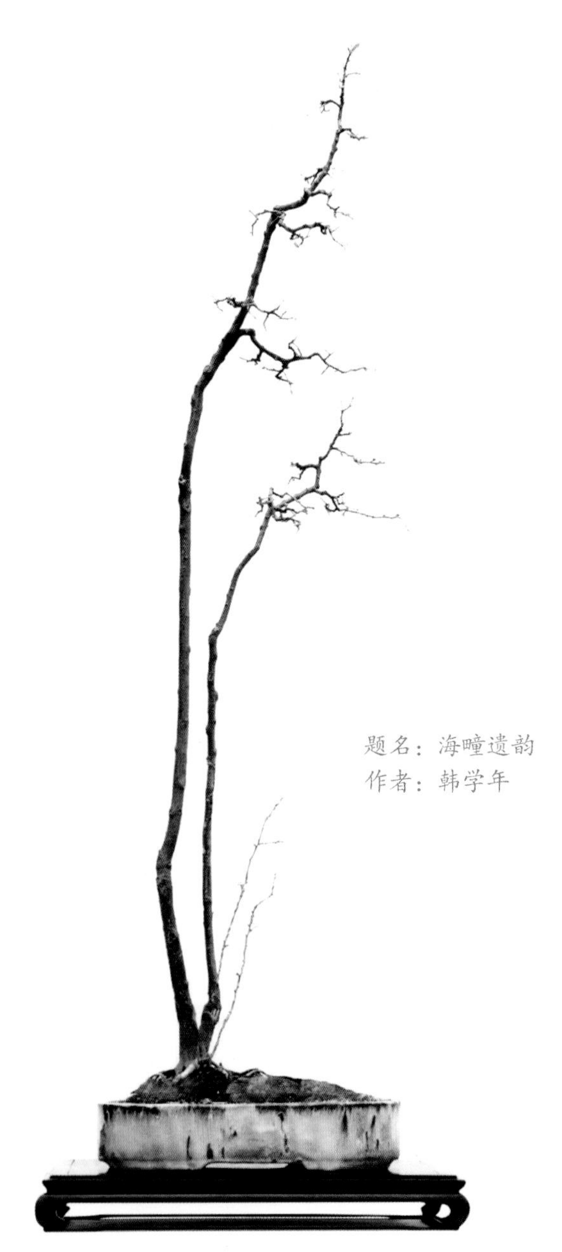

题名：海疃遗韵
作者：韩学年

题名：刺破青天锷未残
树种：真柏
作者：时畅

题名：山行
石种：龟纹石
作者：严龙金

从某种意义上说，盆景的禅意就是能够唤起观者产生对宇宙自然哲学思辨的韵味。是一种超绝之美、纯素之美，一种平淡天真之美。“艺术的最高理想境界就是‘澄怀观道’，在拈花微笑里领悟色相中微妙至深的禅境”，禅境不止是中国诗、书、画的最高理想，也是盆景艺术的最高境界。

禅不可说，不能靠思辨的推理认识，而是个体的直觉体验，禅是以直觉的方式来表达和传递那些被认为不可表达和传递的东西，即所谓的某种领悟，而这种领悟不离开现实，却要超越现实，不离开感觉却要超越感觉，力求在精神上传达某种带有永恒意味的超越性的东西，因此盆景的禅境一方面需要有色相来传达，另一方面需要人去悟达。总之，完全需要主体的创造。

二、盆景艺术中的禅境表现特征

禅在色相上不追求以满、艳示人，而崇尚简约浅淡；在意象上不追求镂金错彩，而崇尚自然平淡；在形式上不追求动的气势而崇尚静的意味；在意境上不追求意蕴美而是崇尚哲学的思辨。

在盆景艺术各种风格中，蕴含禅意的当属文人盆景，文人盆景顾名思义为具有文人情趣的盆景。文人盆景渊源于中国的文人画，文人盆景起源和中国文人画起源基本是同一时期，可以说文人盆景和文人画相当于一对孪生的姊妹，因此受禅宗思想的影响也是必然。

文人盆景在作品构思上在歌颂自然美的同时，将表现重点放在个人主体主观意趣的表现上，不追求色相的丰满和完整，不追求面面俱到，不追求情理上的秩序等，相反用简之又简，少到不能再少，甚至残破不全进行构图，为留白腾出尽可能多的空间，将无限的可能留在空白里。文人盆景的这种极简性和象征意义的丰富性，体现了“一即多，多即一”的禅宗哲学思想。即“一”是整体，相当于道生一中的“一”，并非“多”构成“一”，而是“一”构成自身，并在“一”里展示“多”。就像天上的月亮映照在一切水中，而一切水中的月亮由天上的月亮统摄着一样，一滴水一片叶都能映现真如的存在。文人盆景的这种表现形式并不是以形态表现无形态，而是以无形态作为主体，并在形态中表现“无”自身。这个自身就是禅宗所说的“真如本性”——人的心灵境界。八大山人的诗句“大禅一粒粟，可收四海水”最能代表其中的内涵。正像日本美学家今道友信在《关于美》中所说“超越时空的限制，暗示出具有永久性象征意义的存在，并唤起宇宙的生命，这才是艺术的意义。”

艺术的审美在于超越，没有超越就没有审美，这点和禅宗思想的核心秘密———超越的哲学思想

题名：仰望
树种：真柏
作者：蔡华仁

题名：暮雨云树且归怀
树种：黑骨香
作者：黄惠联

是一致的。文人树的这种超越性主要体现在如下几个方面：一是，超越主体心灵的自由性，体现了“无相为体，无住为本”的禅宗思想，所关注的不是树本身，而是主体心灵境界的表达，把有感情的我融入无感情的树中，树即我，我即树，我与树的圆融统一。正像赵庆泉大师所说：“与其说文人树表现了某种树木景象，不如说借树表现了一种精神，一种文人的孤高、凛然、潇洒和飘逸，同时也创造了一种诗的意境。”二是，超越单一文化的包容性，而这种包容性也恰是禅宗思想所蕴含的，文人树包蕴了儒家人格精神、道家的宇宙自然观、释家的空观等核心思想。文人树孤高的风骨代表儒家所倡导的志向远大、卓尔不群，孤是人群中的佼佼者，孤寒冷傲，但内心却特别强大，是一种特别的美；淡雅是清新雅致，素淡典雅，淡是一种平淡中的朴实无华，朴实无华是道家追求的最美境界。淡也是“冲和淡泊”，体现文人的濯足清流，不染俗尘，对安静、恬适美好理想境界的憧憬。雅就是文人追求的文雅的高雅品位。体现在文人树上就是以“冲淡的笔墨”“至简的干枝塑造”拖出人生——心灵境界，这个境界就是“动中静，实中虚，有中无，色中空”。李泽厚在《禅意盎然》一文中指出：“淡或冲淡或淡远，是后期中国诗画所经常追求的最高艺术境界、艺术理想，它与禅意密切相关的。”文人树所表现的儒家风范、见素抱朴、空寂淡远使文人树包蕴了更多的文化意蕴。三是超越时空的空寂之美。文人树多以新奇的形式构图，如素仁格盆景往往打破所谓的黄金分割定律将树植于盆的一边，打破常规的不等边三角形构图，甚至采用夸张变形的手法构图（如竖矩形），其目的就是为了打破时空的限制，将人们从时空的连续线性的逻辑思维中解脱出来，实现人对时空的超越，将人带入幽远澄清的空灵境界，表现在其内在气韵上则幽而静，静而空，空而寂，这恰恰是对自然本真的回归，也恰恰是素仁盆景具有禅意的艺术魅力。王选民大师在其《关于文人树的思考》一文中引用了日本盆栽景道宗师、当今最有代表性的文人树作家须藤雨伯的一段话，“我认为只有能表现幽玄、静寂之风格和美的文人树方能称得上是极致的文人树”。须藤雨伯所说的幽玄、静寂指的就是文人树的空寂之美——无拘无束、清净淡远、幽静玄妙的理想境界，而这一理想境界也是禅宗美学追求的最高审美境界。

禅宗对中国盆景艺术的浸染不仅仅表现在文人树上，也蕴含在水旱盆景艺术风格中，最突出的就是时空转换所带来的禅意，即通过虚与实的时空安排，赋予空更多的内涵，以呈现幽静、淡远、澄澈自然法性。例如赵庆泉大师的水旱盆景《烟波图》，以渐变节奏的创造手法，将远景逐步缩小冲淡，将心境融入宁静淡泊的自然本体，使观者身临其境，并融为一体。充分体现了“平远者冲淡”“险危容易，平远难”的禅宗美学的最高境界。从整个作品的意境看，所关注的并不是“取象”而是“取境”，这种画面似乎有一种水墨的韵味。前文多次提到宗白华先生对禅的论述，“禅是动中的极静，也是静中的极动，寂而长照，照而长寂，动静不二，直探生命本源。”赵庆泉大师的这件作品正是体现了动静不二的禅意。

朱勇在《水旱盆景〈烟波图〉作品赏析》一文中，从作品的立意、创作手法以及所表现的意境等方面进行了深刻的剖析，文章说：“《烟波图》以其透明感和纵深感引发人们对空间的神思和遐想。在手法上‘虚实相生，平中见奇’，以其独特的色调使素雅中见丰富，洗炼中见幽深，作品主题内涵是在有限的空间展示自然美景，以其空旷暗示无限，以其朦胧赋予神秘，反应出《烟波图》吸收了大自然的精华，给人以‘身临其境’的感受，从这里体现赵庆泉先生的文化心理与审美意识。”《烟波图》所采用的“单纯而不单一的造园构图方法”“虚实相生，平中见奇”的表现手法，“素雅”的色调，林与水、船与山的动静结合，以及所营造的“曲水通幽的情韵”“小中见大”的艺术效果，“无言的宁静之美”的意境无不蕴含禅宗美学思想的意蕴。

禅意在盆景艺术上的表现是多方面的，比如柏树盆景单纯的神枝、萧瑟的寒树、素朴的风格等，无不是禅宗美学思想的具体外在表现。

“随风潜入夜，润物细无声”，作为和诗歌、绘画等传统艺术同宗同源的盆景艺术在禅宗思想的浸染下，其艺术形式、艺术风格以及所表现的韵味也都在发生变化，更加注重人的直觉妙悟，更加注重人的主体心灵境界的表达，使作品更加哲理化、艺术化。

题名：烟波图
树种：小叶女贞、石榴
作者：赵庆泉

题名：一夜春风新芽苗
树种：满天星
作者：韩学年

三、盆景艺术的禅意表现探讨

（一）把握禅宗思想纲骨，体会禅宗思想方法论，开辟盆景艺术审美创作新途径

禅宗否定逻辑思维，主张打破时空秩序，专注于个体“静心妙悟”的美学思想对盆景艺术的审美体验、审美意识都具有一定的启发意义。皮朝纲在《禅宗美学史稿》中指出：“慧能提出的‘道由心悟’的命题，可以说是禅宗美学思想的纲骨，它把‘禅’‘心’‘悟’等基本范畴有机联结在一起，其内涵更多地涉及审美体验活动的规律和特征，体现出禅宗美学是一种体验美学——是在深切地关注和体验人的内在生命意义的过程中生成和构建起来的美学。”禅、心、悟构成了禅宗美学的逻辑结构，体现了新时代盆景艺术创作的一般规律，只有用摆脱世俗欲望的真心去妙悟，才能呈现心灵境界的禅意。

（二）从具有禅意的诗词、绘画中汲取营养，为盆景艺术创新发展注入活力

可以说禅宗在中国古代影响了一大批文人雅士，创作出了大量的富有禅意的诗词绘画作品，比如王维的诗、八大山人的画，这些都是盆景“诗情画意”源泉，尤其八大山人的画对盆景审美及创作具有很大的启发意义。如前所述，八大山人的画以奇取胜。奇，不在位置，不在常理，而在韵味；奇，不仅形象夸张变形甚至扭曲残破，而且不是以形态表现无形态，而是以无形态作为创造主体，在无形态中表现自身。画即我的心境，画即我的影子，我的心境均体现在画上。体现了禅宗有意打乱时空秩序，体悟真理的美学思想。一片树叶往往也能代表着我的心境，也能意味着宇宙万物存在的真理，而我的心境、宇宙万物的存在真理，也可全部无遗的体现在一片树叶中。虽然盆景艺术有其鲜活的特殊性，过度地追求奇异有客观的限制性，但借鉴这一理念，运用特殊技法，追求简约清新，注重禅意的表现，创作具有独特个性的盆景作品还是切实可行的。

（三）盆景艺术要注重境界的表现

盆景之所以会被称为艺术，就是因为有境界的呈现，前文论及，王国维在《清真先生遗事·尚论三》中有云：“境界之呈于吾心而见于外物者，皆须臾之物，惟诗人能以此须臾之物，镌诸不朽之文字，使读者自得之。”王国维的这一境界论高度概括了包括盆景艺术在内的中国艺术美学特征。王国维的境界论具有“境界之呈于吾心而见于外物”的主客观一体性，又具有“须臾”开启的瞬间特征，和禅宗美学思想的精髓是一致的。盆景艺术和绘画等其他艺术一样，在创作中要做到摆脱眯眼，净心观照，只有这样才能创作出富有禅意的优秀作品来。

（四）盆景应追求素朴淡雅之美

禅宗否定客观物象的真实存在，故而将客观存在进行虚化，以追求宇宙本体的真理，反映在审美上则以单纯、素朴、淡雅为美。在禅学意义上，单纯不是无知不成熟，而是指对人生的思考，是人生摆脱喧嚣，洗尽铅华之后的一种心境的追求，好似

晴空无云，一种超越感官的纯净世界，表现在盆景艺术上就是一种纯净的本质之美，通俗地讲就是一种以至简去表现至深的心灵境界。素朴语出《庄子·马蹄》:“同乎无知，其德不离；同乎无欲，是谓素朴；素朴而民性得矣。”素朴指的是原汁原味的朴实无华，素朴也是禅宗追求的审美境界。表现在盆景艺术上则是浅淡的意蕴，不是靠华丽的形象去描绘自然，而是以普通的素材表现心灵的境界。如张志刚的对节白蜡作品《水木清华》就有一种素朴美。淡雅有清淡高雅、素净雅致之意，表现在盆景艺术上就是以清新的形象，表现人们淡泊名利、随缘任运、雅致闲适的文人情怀。

盆景的禅境美需要有限的艺术形象来表现、领悟，一方面依赖盆景艺术家的审美创造，令一方面还要依赖观者的悟达。一件盆景作品有没有禅境美，不仅要看其简、淡等禅境的表现特征，而且还要看是否能让观者领悟之。

禅境是艺术的最高境界，盆景艺术也不例外，它“既使心灵和宇宙净化，又使心灵和宇宙深化，使人在超脱的胸襟里体味到宇宙的深境。”因此，蕴含禅境美的作品必定是灿烂至极后对宇宙本然的回归，对蕴含禅境美作品的鉴赏须从有限艺术形象中实现超越，去体悟一种纯洁、简朴、平淡天真、含蓄和空灵之美。

题名：水木清华
树种：对节白蜡
作者：张志刚

14 盆景的空寂之美

盆景是一门源于自然而高于自然的艺术。自然和禅有着千丝万缕的联系，是历代禅宗大师们修禅悟道的道场。“三界唯心，万法唯识”。佛教认为万法皆由因缘和合而生，是流动不居的虚幻。禅宗依据“无念、无相、无住”三无思想，将流动不居的自然现象蹈虚堪空，并通过自然之色，藉境观心，以契证宇宙万物的真如本性，以达西方佛陀境界。禅宗作为佛教的一支虽然具有典型的唯心主义色彩，但其高扬主体、直觉顿悟的思维方式和盆景艺术思维具有异质同构的关系，对盆景艺术具有重要的启发意义。盆景的空寂之美是禅境的最高审美表现，探索和把握盆景空寂之美的艺术特色，于盆景艺术创作鉴赏具有一定实际意义。

一、空寂之美所蕴含的禅宗哲学思想

禅宗是佛教的一支，是印度佛教与中国传统文化结合的产物，因此，也称中国本土化的佛教。在中国哲学体系中，禅宗最关心也最重视人的灵魂的解脱。它主张破除天命，不信偶像，不立文字，抛开经典，突出自性，自我拯救，自我解脱。《坛经》依传统佛经提出：众生“自有本觉性”，须“各于自身自性自度”。同时又指出：“见自性自净，自修自作自性法身，自行佛形，自作自成佛道。”，于二十三字一句话中连用八个“自”字，可以说把人的“自我解脱”的主体性推到了极致。

佛教的解脱是建立在其空观基础上的，“三界唯心，万法唯识”，也就是说世界万物皆由因缘和合而生，无有实体，无有自性，它的本质就是“空”。我们所能感知到的一切都是不真实的、虚幻的，流动不居的，唯一真实存在的就是“空性”。于是，“空”遂成为禅宗标举的科学旗帜，成为禅宗美学的基调。人生无常，万法皆空，只有悟到了空，才能超越时间的界限，凝成永恒的存在。

禅宗认为，一切皆空，不仅意味着世间万事万物只是因缘和合而生住异灭的幻相，而且意味着这个“生生不息”的因缘聚合的过程也是虚幻的。一切现象世界都没有确定性和永恒性，都处在不停的生住异灭的过程中。《佛学大辞典》编著者丁福保云：“观诸法皆空之理也，一切诸法，尽为因缘所生，因缘所生之法，无有自性，空寂无相也。”禅宗主张万法皆是流动不居的虚幻假象，即所谓的空观。然而这一所谓的“空观”却并不执着于空，而是通过观种种色相以了悟万法空幻的本质，“空即是色”“色即是空”“空不离色”“色不离空”，离开了现象的诸多境界，空无所依凭。“一切色是佛色，一切声是佛声”，也就是说空必须用现象界（色）来佐证，但这个佐证不是二元对立的，而是佛教般若学所用“对法”，是体用不二的。

为了把万法堪破看空，找到那个本体的存在，慧能提出了“无念为宗，无相为体，无住为本”的三无主张。禅宗认为，人的烦恼都是由认知（业障）造成的，所谓的认知也叫念，念念叠加烦恼不断，要彻底解脱，就必须坚持“无念、无相、无住”的“三无”思想。所谓的“无念”不是没有念，也不是“不起于念”，而是“于念而不念”，不让念在心里有住，“于一切境上不染。”所谓“无相”，也不是没有相，或与相绝缘，而只是“于相而离相”。世间万物本是刹那间因缘和合的幻相，“于相离相”只是在当下呈现的所见之物中“破相”“扫相”，看作其本来就是空的，“悟”到“即色即空”的真谛。因此，所谓的“无住”就是不追想过去，不筹划未来，不执着于现在，所谓“过去心不可得，现在

心不可得，未来心不可得。”《金刚经》僧肇注云：“过去已灭，未来未起，现在虚妄，三世推求，了不可得。”于刹那间将刹那间生灭的幻相与念念看“空”，超越世间一切事物，断绝心中一切妄念，于“一刹那间透入法界”，把握到真如的存在。

在这里，为了便于理解，我们可以把刹那看作是无限分割的“时间点”，而且这个“时间点”如此无限的短暂，以至于它既是开始也是结束，甚至没有开始也没有结束。刹那不是静止，刹那转瞬即逝，刹那不是一个固着的时间点，它是流动不居的。因此不可以顿足刹那，因为顿足刹那，刹那就“有住”，就会被刹那的意识所支配，无法超脱，亦无法达到永恒，因为刹那无所谓静，也无所谓动，因此刹那就是永恒。之所以说刹那即永恒，是因为每一刹那都是一个开始，也都是一个结束，开始就是结束，或者说无所谓开始，也无所谓结束，开始是空，结束也是空，在刹那生灭中，真如（即“空”）显现。作为宇宙天地间唯一的真实存在，“空”在刹那间自现。世尊“拈花”顷刻，迦叶“微笑”瞬间，而“微妙法门”已传。从禅的意义上说，这一过程即是开悟的过程，也是瞬刻即永恒的审美体验过程。

对于人而言，刹那间生灭的是心中之妄念，妄念为空，意味着没有任何内心牵挂，无欲无求，没有紧张焦虑，没有任何执念，甚至忘记自我，真正做到心是自由的，与空寂的宇宙融为一体，这无疑是处于审美状态中的自由而澄净的人；对于物而言，刹那间生灭的是世间万相，而万相为空，离一切相，所以性体空净，呈现的都是澄明的本体世界，物以其纯粹现象现身，“见山只是山，见水只是水”（山和水只是真如的见证），割绝了一切功利用途、概念逻辑，无所谓客观对象的拘泥，万物呈现着一个自在彰显的世界，这是一个自本自色、原质原美，是空灵澄澈的自然之美。

题名：一览众山小
树种：新西兰柏
作者：孙勇

禅宗以“空观”将宇宙万物统一起来，将无对立无分别圆融无碍之美视为美的最高境界。在刹那生灭间，人为空，物也为空，因此无所谓人，也无所谓物，一切分别都是妄念，没有人与物的对立，物我融合，心物合一，人与本真的世界瞬间照面，“空”在刹那间澄出，美在刹那间映现。这种美，是在刹那间排除一切功利，弃绝了一切情欲，忘却物我，超越尘世之后而得到的空寂清净、空灵澄澈之美。因此，从禅宗哲学上讲，“空寂”是生命原本的空白与寂静，却并非一无所有，它是一种生命原始的“存在”，是瞬刻即达永恒的哲思，是对无限生命的向往。

将宇宙万法蹈虚堪空，以达佛陀境界，禅宗所用法门有南北之分，慧能（称为南宗）主张顿悟，即以色观空，定慧不二，在机缘下瞬刻悟入，以达真如境界；而神秀（称为北宗）却主张渐修，通过坐禅等长修藉境观心、以定发慧，以达涅槃境界。如果说“顿悟”是南宗禅的不二法门，那么“藉境观心”就是北宗禅的得胜法门。也就是说在禅宗那里，“境”和“色”一样都是不能回避的问题。

前文有述，禅宗上的所谓“空观”并不是空无，而是通过种种色相以了悟空幻的本质，“空即是色，色即是空”“空不离色，色不离空”，离开了现象的诸多境界，空无所依凭，也就无从谈论空、心、悟、禅等问题了。因此，这个与心识相关的“境”和“色”一样扮演着同样的角色。

那么，如何来理解“境”呢？据丁保福《佛学大辞典》的解释，“心之所游履攀缘者谓之境。如色为眼识所游履，谓之色境，乃至法为意识所游履，谓之法境。”所谓“境”，是由识变现为相分而成，也就是主体作用于对象所形成的宇宙间一切现象，即所谓的“功能所托，各为境界，如眼能见

题名：秀林微澜
树种：对节白蜡
作者：黄守贤

色，识能了色，唤色为境界”。这里的“境”无疑更多指的是“俗境”，即世间种种虚幻的假相。

将境看作实存、实有，正是众生烦恼之根源。所谓人心不净，就是说境有遮蔽净心的作用。所以必须要离弃“境”，于一切境上不染“于一一境不惑不乱不瞋不喜”。前文有述，“境”是由“识”变现而成，是人的感官对现象界的反映，如果把一切声色都当作佛道现象来对待，却是开悟之机，为“即心即佛”的最便捷的渠道。因为佛的法身遍在于一切境界，从世界上任意一处境都可以印证佛性，哪怕是土木瓦石甚至声音都可以入佛，这就是万法皆如的道理（实际上这也就是以境观空）。

在此基础上，北宗禅归纳出一个法门——“藉境观心”，即在任何心境中观心性之空净。南宗禅虽并不倚重境相，而是强调“于相而离相”提倡在日常生活中顿悟，然而在将清净本体与境相结合上是相近的，因为“境”和“色”都扮演同样的角色，如果说“色不离空，空不离色”，那么也可以说“境不离空，空不离境”。总之，禅宗总体上是主张“法界一相”，心境冥合，体用不二的，这样，境就不单纯是外界对象化的世界，而是空境的呈现，境即是心境。

然而，心往往为境所束缚，要做到“藉境观心”，心境一体，就需要破除迷妄，就要灭境，以彰显真理，“所谓一切境界，唯心妄起故有。若心离于妄动，则一切境界灭，唯一真心无所不遍。”所谓的灭境不是消灭境，也不是不要境，而是于境而离境，即不执着于境，不染着于境。黄檗断际禅师云：“且如瞥起一念，便是境。若无一念，便是境忘心自灭，无复可追寻。”人心缘于所见而一起念，就会产生境界，如果不起念，就不会在所见之境上住念，心也就自然寂灭，回归本真了。心虽为绝对自性之空，却是以境相的面目呈现的，灭境就是不再把外境执为实有，而是将其视为心境的虚幻之相，不再把境看作是因果时间链中的一环，而是在刹那生灭间出现的寂灭之境。

前有所述，在禅宗看来，世间万物皆是因缘和合瞬间而起的幻相，“境”也一样，也是由识变现为相分而成，只是因缘而瞬间生起，刹那寂灭，不分时间当下，即刻显现，生灭的当下心随境而灭，境随心而无，因此心境得以冥合，清寂空灵，是谓“真心实境合一”。对此，法融论述道：“开目见相，心随境起，心处无境，境处无心，将心灭境，彼此由侵，心寂境如，不遣不拘，境随心灭，心随境无，两处不生，寂静虚明。”在禅宗看来宇宙万法都没有自性，因此绝对不存在现成的、已在那里等待观照的客观之境或主观之境，能够冥合的只有在刹那间人与客观世界相互交融而生发的刹那生灭之境，因而切断境的时间性联系（对时间的超越），于心与境照面的瞬间，呈现境之寂灭本性，正是禅悟的妙机之微。

在禅宗公案中，有很多禅师借助瞬间之境体悟本心，直指佛性，并以此开悟众人。如“檐头水滴，分明沥沥。打破乾坤，当下心息”，这是归省禅师从水滴的偶然之动悟到了打破乾坤的涅槃之境。

为了切断事物与时空的联系，强调当下瞬间呈现的本真状态，禅宗常常打破自然现象在时空中的秩序，将自然现象随意组合，从而造出瞬间之境，以超越时空，直指本心。如“焰里寒冰结，杨花九月飞”“空手把锄头，步行骑水牛。人从桥上过，桥流水不流”“三冬花木秀，九夏雪霜飞”等都是打乱时空以呈现瞬间之境的例子。之所以这样，就是要打破人们习以为常的依时间先后顺序看待世间万物沉迷于时间所织成的执妄中，看不到事物的虚幻本性，看不清自己的清净本心，所以将时空打乱，将不同时间、不同季节的事物排列在同一境界，以混乱的时空感冲破束缚，从而能够彰显瞬间开启的澄空之境。

“藉境观心”所阐发的“境”的美学思想意义重大，为艺术呈现了空寂的纯真之美。前文多次论及，王国维在《清真先生遗事·尚论三》中有云：“境界之呈于吾心而见于外物者，皆须臾之物。唯诗人能以此须臾之物，镌诸不朽之文字，使读者自得之。”并以境界概括中国艺术之美学特征。这里的“境界之呈于吾心而见于外物者”指的是人与客观世界圆融无碍时产生的最高审美境界，这个最高的审美悟境具有瞬刻性，只有诗人能够及时抓住这个灵感，铸成千古绝唱，并让读者也能够体悟到其中的韵味（即所谓的“不隔”）。王国维这一基于禅宗思想的境界论，极大地丰富了具有民族特色的“意境”美学内涵。

综上所述，空寂之美是以禅宗空观为哲学基础的超越时间及一切功利世俗的审美悟境，呈现的是宇宙自然澄澈空明寂寥的原自然之美，是禅宗哲学思想对艺术独特的贡献。

二、盆景空寂之美的美学特征

上一节我们阐发了禅宗空寂之美所蕴含的禅学思想以及空寂之美的美学特征。我们认为，盆景的空寂之美表现的是人与宇宙自然圆融一体的本体原自然之美，是超越时间空间的超越之美，是灿烂至极而回归的纯粹之美，也是极动与极静动静不二的静寂之美。依据上述理论基础，在艺术表现上，盆景的空寂之美以空寂、简澹、淡远等为其审美特征，凸显幻化、空无、寂寥的禅意。

（一）虚空

虚有幻、空之意。慧能认为，万法（指现象界万事万物）无有自性性空。他在论述其“三无”思想时指出，要做到“于念而不念”“于相而离相”，关键在于“净心”，有“净心”则“心量广大，犹

题名：巴山渝水情
石种、树种：龟纹石、米叶冬青、薄雪万年草、黄金万年草
规格：长 65cm，宽 35cm，高 32cm
作者：田一卫

如虚空……虚空能含日月星辰、大地山河、一切草木、恶人善人、恶法善法、天堂地狱，尽在空中世人性空亦复如是。”慧能的“性空”是只空虚妄，不空真实（真如、佛性）。世界虚空，人性也空，色即空，空即色。但禅宗并不执着于空，而是“于一切处而不著相，于彼相中不生憎爱，亦无取舍，不念利益成坏等事，安闲恬静，虚融澹泊，此名一相三昧。”禅宗的“三无”思想，就是要打破对外界事物的任何执着，“安闲恬静，虚融澹泊”。空，体现在盆景艺术上，主体创作精神则表现为“无念、无相、无住”之无心境界，倡扬心悦于无执无缚的自在恬淡人生。空，体现在盆景艺术作品中则是无为、静寂与虚空。

道家认为宇宙本体“无为”“虚静”，“静”是物质世界的本有状态，老子《道德经》云：“归根曰静”，意思是“静”是道的本根，按道家思想，“静”的极致就是动；“寂”原意指的是没有声音，而禅宗上寂和空都代表宇宙的本然状态，即静寂代表着宇宙本体的永恒。宗白华先生在其《美学散步》之《中国艺术意境之诞生》一文中说：“禅是动中的极静，也是静中的极动，寂而常照，照而常寂，动静不二，直探生命的本源。”“空”和“虚”指的是物质世界的空性，但真如实相却不是空的，因此不能理解为绝对的空无和虚无。体现在盆景艺术上，虚空则是藏境的地方，“静故了群动，空故纳万境”。静寂的虚空中深藏盆景艺术家无限的深意。

那么，在盆景艺术创作和鉴赏中如何表现和体悟“空”呢？那就是禅宗“藉境观心”的法门，也就是说，要靠创作的艺术形象来表现，以实证空。“万古长空，一朝风月”，“万古长空”为虚为空，代表着无限；“一朝风月”为实为境，代表着有限。没有现实中的“一朝风月”，也就不可能体悟到无限的“万古长空”，所谓“大禅一粒粟，能吸四海水”。依此，盆景艺术空寂的表现形式就是以有限来表现自身空寂的实相。盆景艺术的这种审美表现，可以从很多具有禅意的盆景作品中领悟到。

如韩学年大师的山松盆景《无涯》，作品主干向左斜出，干苍老遒曲，至2/3高度向右上方折回，并从中心位置偏左方急流直下，最后在根部偏左上方“结顶”。从整体布局来看，基本上以树干线条表现为主，仅所谓结顶部位布局几个有限的小片用作“树冠”，其他大量留白，有限的“树冠”映现出无限的宇宙空间。完全是一种无形式营造，也就是说，形式本身即在于无形式，当观者沉浸在画境中时，那种静谧、空灵，那种宇宙天地的无限广远超越了一切。作品题名《无涯》，更加烘

题名：双雄再秀
树种：榕树
作者：彭永贤

题名：玉骨仙风
树种：五针松
作者：张柏云

题名：无涯
作者：韩学年

托了宇宙的无边无际的空旷，营造了空旷、虚无的禅境。

（二）简澹

禅以精巧为美，以少胜多，因此，盆景的空寂之美还体现在盆景的简洁构图上。简的极致就是"无"，就是"空"，体现在作品上，简是主体追求淡泊的审美形式，是脱落形似的意趣的表达。宋代文学家苏轼曾以"无心"来解读"简"："'易''简'者一之谓也。凡有心者，虽欲一不可得也。不一则无信矣。夫无信者，岂不难知难从哉？乾坤惟无心故一，一故有信，信故物知之也易，而从之也不难。""简"即"易"，即"一"，那么，对"一"的领悟和把握就是通过"无心"，"无心"自然会导向艺术的简远和疏淡。这里苏轼显然在以禅之"无念无住"的思想来解读"易"，从而使其艺评思想也呈现着禅的意味。

盆景艺术中的简澹正是体现了禅宗"一即一切，一切即一""无念无心"等思想，构图形式上的"简"恰是"意"之充盈处，此也正是苏轼等文人所倡导的"意于笔墨之外"的体现。笔墨之外的世界是个心造的世界，也是想象的世界，即自我之"造境"，"心源"之流淌，因此，更加意蕴深远。

当然，并不是只要简就一定有禅意，形式上的简是为了表达禅意，营造禅境，评判一件作品是否有禅意，重要的看作品有没有塑造出禅境，并能使欣赏者领悟之，而不是只着眼于其外在的形式是否简澹。

禅宗不执着于任何"色相"，以形式而达无形式的美学思想体现于盆景艺术中，则是一种简澹的自由。如张柏云先生的《玉骨仙风》（五针松）作品。从作品构图上看，主干起势向左斜出，树干苍老，舍利似玉骨，颇有禅意；树冠取左势，主飘枝条苍劲有力，洒脱自在，枝片布局简洁明快，层次分明。整个画面给人以遗世独立的从容和自在，作品表现了外柔内刚，随缘放旷，任运天真、逍遥自在的禅宗思想。作品题名《玉骨仙风》是画龙点睛之笔，启示着观者追求人生之自由的本然。

铃木大拙曾指出："禅是自由的，……禅追求'心'的自由，'心'的自由是没有任何羁绊的。"

禅宗是解脱心灵羁绊的人生论美学，对生命自由的追求贯穿于禅宗美学的始终，也深刻地影响着包括盆景在内的中国传统艺术的创作。日本学者日种让山指出："禅是指佛教上所谓生死涅槃、烦恼菩提等。离却一切的对待，也没有什么绊累，超然独脱的境界名为'独立'……自在无碍的发扬自己的精神以顺应社会，更无所滞曰'自由'。于是也有把这一独立的立场曰'无位真人'或'绝学无为闲道人'。所谓无为，是脱却佛位及凡夫位的意味……绝学，照定义是不拘束于真理的研究及各种的修行的意思……在这里无菩提可求、无烦恼可断的境地，所以又把这种境界名之曰'神通游戏'或'游戏三昧'；同时，这是自性本来的生活，于是把这样超脱的心呼之曰'禅'。"自由是世界的本然，盆景艺术就是要追求这种世界的真实，大解脱、大自在本性之本，而简澹的审美追求正是摆脱一切欲望对自然本真的回归。

（三）淡远

淡或冲淡是禅在艺术表现上独特的风格，是绚烂至极的一种回归，体现着出世之美，是人格的自我圆成。淡和远相连则更加体现了对宇宙真谛的思索。冲淡的艺术风格自宋以后开始大规模进入文人视野，欧阳修主张诗"以闲远古淡为意"；梅尧臣认为："作诗无古今，唯造平淡难""因吟适情性，稍欲到平淡"；而苏轼对平淡的理解和论述则更有美学意义，他说："素处以默，妙机其微。饮之太和，独鹤与飞。犹之惠风，荏苒在衣。阅音修篁，美曰载归。遇到之匪深，即之愈希。脱有形似，握手以违。"冲淡是素朴的最高境界，体现冲和之气度，"不离不染"的禅宗思想以及"若即若离"的审美距离。

冲淡的艺术风格呈现在盆景艺术上则是自然清新、空寂辽远的艺术意境。如张延信先生的水旱盆景《山水清音》（三角枫、龟纹石），就体现了这种冲淡的艺术境界。

该作品采用水旱式阔远表现手法，以树木、坡岸为近景，以阔水、汀渚等为中景，以远山为远景的三段式构图。左侧用七组三角枫组合为主景，龟纹石、土壤等组成的丘陵石山基本上平展铺开，数组树木有聚有散，高低错落，虚实相生，朴素自然，静态的疏林和谐静谧，并向右与对岸呼应；近岸边布以体量较大且纹理较粗的龟纹石，土面以苔藓表现岸边高低错落转折自然线条坡岸效果；前方一突出水面较大卧石置一无人的茅亭，有纳万景之效；中景为阔水，水面（留白）部分占总面积近一半，配以汀渚、沙滩、小桥与石房，以实来表现虚；远景石置于正后方边缘位置，以体现远的艺术效果；

题名：山水清音
石种、树种：龟纹石、三角枫
作者：张延信

所用的为白色无边框大理石盆，更加渲染了画面上无边无际的艺术表现力。整个画面空旷、清新、静谧、辽远。使人产生无限的联想，将人的神思带向了远方的佛陀境界。

这个作品所用的素材极为普通，但却能使人神思，并对宇宙、人生产生丰富的想象，所表现的禅意之浓厚，不禁让观者在惊叹其技艺之精湛、境界之高远之后，思考其创作之秘密。

首先，该作品采用阔远法布局，画面中主景到副景再到点石配景以渐变的节奏将景不断向远处、向深处拉远拉深、冲淡，把观者的思绪不断地导引向远方，引向浩瀚的宇宙，引向佛陀的审美境界。

其次，树木以寒枝树相呈现给观者，寒枝与白色大理石盆融于一体，更加凸显了空寂的禅意。

再次，作品将主体之意有机地融入景中，提名《山水清音》，景与意高度契合。作者的创作境界之高，可见一斑。

该作成功之处除了体现作者的主体创作精神以外，还有很重要的一个原因，就是阔远法的创新应用。盆景中远的境界也是空寂之美的诠释。“远”体现的是宇宙意识。

宋代郭熙提出“三远”的绘画思想，并依此作为品评画作的艺术标准，他言道：“山有三远：自山下而仰山之巅谓之高远，自山前而窥山后谓之深远，自近山而望远山谓之平远。高远之色清明，深远之色重晦，平远之色有明有晦。高远之势突兀，深远之意重叠，平远之意冲融而飘飘渺渺。其人物之在三远也，高远者明了，深远者细碎，平远者冲澹。明了者不短，细碎者不长，冲澹者不大，此三远也。”郭熙所说的“高远之色清明”“高远之势突兀”，所以，高远者明了；“深远之色重晦”“深远之意重叠”，所以，深远者细碎；“平远之色有明有暗”“平远之意冲融而飘飘渺渺”，所以，平远者冲澹。在“三远”之中，郭熙更推崇“平远”之境，因为“冲澹”的意境不会有“高远”“深远”给人心灵造成的起伏动荡，而是能够使人在冲融飘飘渺渺中展开想象的翅膀，体验人生的幻化，使人心灵上找到安适的归宿，这种意境更合乎人们的审美理想。关于这点，我们完全可以从张延信《山水清音》作品中领悟到。

韩拙在郭熙高远、深远、平远基础上提出阔远、迷远、幽远的“三远”法。他论述说：“愚又论三远者，有近岸广水旷阔遥山者，谓之阔远；有烟雾溟漠野水隔而仿佛不见者，谓之迷远；景物至绝而微茫飘渺者，谓之幽远。”韩拙的“三远”不仅丰富了画面的美感，使其审美意味更加浓厚，而且此“三远”更着眼于个体的妙悟体验。徐复观曾言此“三远”虽仅郭氏平远的扩充，而实已使远与虚无相接。这虚无更加深了心灵之于理想境界的想象和体悟。很显然，宋以后平远山水的流行和这一理论的创建是分不开。

让我们重温一下张延信先生《山水清音》这幅作品，体悟一下这幅阔远式的盆景作品给我们带来的空寂之美的审美体验吧：随着画面由近及远视角空间上的移动延展，我们的心灵也跟着一起腾挪远顾，心灵跟着视角的引导，不禁从现实的、习常的、俗厌的此岸世界奔向远方的、理想的彼岸世界，这种画面中渐渐远去的无边的际涯即是心灵的归宿，生命的真实。画面中所呈现的“远”意味着对世俗的超越，对理想的期盼，它构成一种光源，安顿着人们的心灵，构建着生命的意义。

“远”的视角效果营造出巨大的距离感，这是此岸与彼岸的距离，现实与理想的遥对，这是一种审美距离，因而在远观中会有舒畅的愉悦感。但是，画面的“远”又不会让人飞升出去，反而还会有视点的回移盘桓，因此，此岸彼岸总是相连的，超越和当下总是难以割舍的，正如画面中水之于岸的连接、树之于大地和天空的连接，这意味着现世间即出世间，意味着循环往复时空的流转，意味着当下即永恒。因此，远是深邃的，远也是澹荡闲适的。

盆景空寂之美的美学特征是多样的，除了以上几种主要美学特征以外，盆景的寒枝、舍利、雪景等都呈现一定的禅意，因为它们更接近于表现人与自然的本源。

唐代著名诗佛王维在《绣如意轮像赞（并序）》中说：“寂等于空，非思量得，如则不动，离意识界……”空寂是宇宙自然的本然，靠概念、逻辑、语言等无法表达其真实的本性；真如是远离意识的宇宙自然唯一不变的真实存在。空并不是空无，而是宇宙自然的本然状态，代表着无限；寂并不是寂灭不存在，而是心之向往的宁静，代表着永恒。

15 反常合道　无理而妙

——“奇趣”盆景的表现特征及创作途径

反常合道是禅宗的常用语，指的是异乎常规，但合乎常理的一些语言或做法。所谓“反常”，就是表面上看起来似乎违反人们习见的常事、常理、常情；所谓“合道”，就是看起来“反常”而实际上反而深刻地表现了人们的心理和情感逻辑。如果从审美心理学的角度审视，反常合道乃是艺术家情感的一种特殊的反常的表现形式。所谓情感的反常表示，是指艺术家对审美体验，以违背一般的生活常理和思维逻辑的形式表现出来，其主要表现是情感的外在形态与情感的内在体验（审美体验）不相一致或互相悖逆。

题名：古城遗韵
树种：六角榕
作者：何锦标

在艺术表现里，反常表现形式比正常表现形式常常具有更浓的审美趣味与更大的审美吸引力。这是因为，在审美活动中，美感常常产生于新奇、怪异，也就是苏轼所说的“奇趣”的境界，“无理而妙”的艺术韵味。

“反常合道，无理而妙”的美学思想在中国诗词、绘画等文艺创作中有着广泛的应用。在绘画领域如“王维画物多不问四时，如画花往往以桃、杏、芙蓉、莲花同画一景。”在诗词文学领域，如唐代李益的《江南曲》：“嫁得瞿塘贾，朝朝误妾期。早知潮有信，嫁与弄潮儿。”以上例子都体现了反常合道的美学思想及无理而妙的审美意蕴。当然，类似的例子还有很多，在这里就不再赘述。

蕴含“反常合道，无理而妙”的美学思想的盆景艺术作品，初观，往往给人以不可思议、难以预料、神乎其神、不可捉摸、无法想象、难以理解等反常的感受，但随着审美体验的深入，往往又会让人恍然大悟，觉得合道有理，在错觉中给人以深刻的审美体验。具有这种美学意蕴的盆景艺术作品在各类展览上都是特别吸引观者眼球的、“有个性”的优秀作品。如第十届全国盆景展金奖作品《古城遗韵》、第十届全国盆景展参展作品《立身云天》等作品都体现了这种“奇趣”的美学意蕴。

这种貌似不合理的奇趣现象的依据就是大自然的造化之工，特殊的树种在特殊的环境下就会形成奇形怪状的各种形态。如侧柏如果生长在肥沃平坦的土地上，往往长成挺立的参天大树，而生长在海拔较高的岩石缝隙中往往就会形成扭曲多变的矮子树；黑松生长在肥沃、平坦的土地上往往是刚直的

题名：立身云天
树种：新西兰柏
作者：孙勇

大树形态，但生长在瘠薄的丘陵坡地或山岩上则往往是有弯曲变化的树态；生长在岭南的榕树，由于气生根的作用，可以附着在崖壁、墙壁等附着物上生长。凡此种种，不一而论。

我们常常用千奇百怪来形容自然的造化，按照禅宗哲学观点，我们所见皆是“因缘和合”而成，由于我们认知的局限性，大自然的无限性我们是无法通过意识活动而全面认识的，但我们可以借助禅宗“反常合道”美学思想，通过迁想妙得，将自然可能出现的现象作任意的组合，形成审美意象，并通过熟练的手法把胸中意象表现出来，创作出“奇趣”的盆景艺术作品。

中国当代盆景已进入前所未有的发展期，随着人们审美情趣的不断提高，人们对一般常规盆景作品越来越失去欣赏兴趣，相反对有个性的作品却情有独钟，在各级展览现场，能够吸引众多眼球并赢得赞赏获得奖项的也是有个性的作品。由此“怪桩”在盆景市场也特别受欢迎，因此，盆景创作也应顺应这种审美取向，把奇趣盆景的创作，作为创新的一个方向。

所谓的奇趣就是指盆景作品在形式、内容、典型化表现手法、艺术形象等方面具有个体特性，能给人带来独特审美感受与心灵洗礼。奇趣与大众化相对，奇趣是奇趣风格形成的前提，也是盆景艺术家终生追求的目标。

奇趣盆景除了具备鲜活的、栽植于盆中的等一

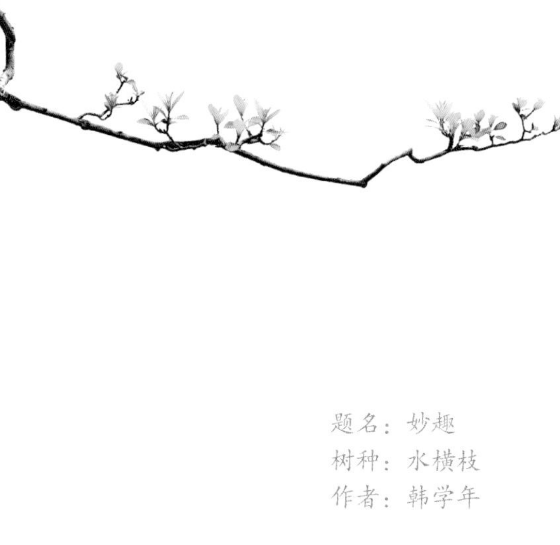

题名：妙趣
树种：水横枝
作者：韩学年

般盆景共性特征外，还应具备如下个体特征：

具有典型的自然神韵。盆景是一门以自然树木、山石、水土等为创作材料，在盆盎中借助自然美表现个人思想感情的立体造型艺术，因此自然美既是艺术表现的对象，又是思想感情表现的载体。自然美在大自然中无处不在。庄子说“天地有大美而不言，四时有明法而不议，万物有成理而不曰”，天地的大美蕴涵在万物的成理之中，大自然的美丽让人心荡神驰，大自然的神奇让人叹为观止，大自然赐给我们生命与灵感，它是美的源泉，也是生命的象征。因此自然的神韵，自然清空淡远的意境是盆景艺术表现的基本主题。

形式新颖，内容深刻鲜明。形式美是视觉艺术基本属性，形式的独特本来就彰显一种个性，但仅仅形式美是不够的，形式还要和所要表现的鲜明主题内容相统一。如赵庆泉大师的水旱盆景形式多表现自然生活的田园风光；而文人树盆景却多将主观情趣放在第一位，以表现深刻的哲理认识。

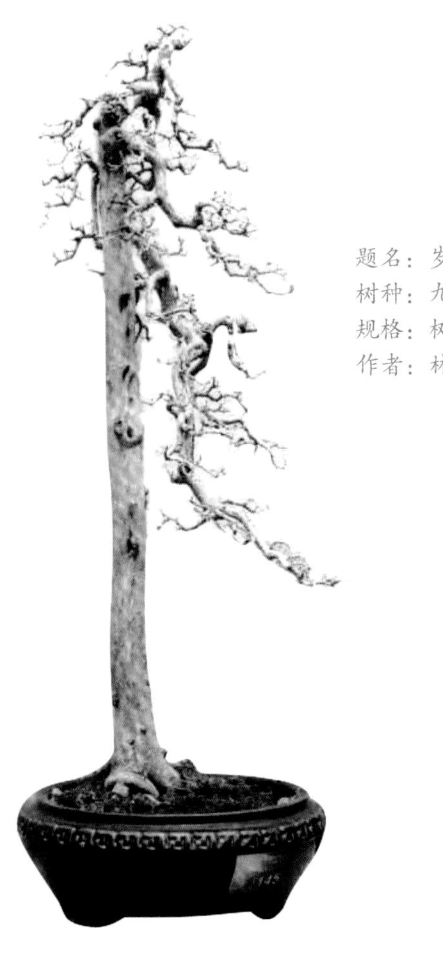

题名：岁月悠然
树种：九里香
规格：树高 83cm
作者：林学钊

审美特征典型化。有个性的盆景往往应用夸张、变形、偏离的手法，塑造动感强烈的艺术形象。

题名：天劫
树种：柏树
作者：卞海

具有浓厚的诗情画意。盆景是无声的诗、立体的画，诗情画意是盆景最重要的审美要素。

情景交融，神形兼备。盆景艺术的要旨并不是一味模仿自然，而是在以自然为师，和自然水乳交融基础上以形传神、以形写神的主观精神的再创造，是自然之神的表现，而不是仅仅再现自然。

构图简洁，线条灵动，作品形象生动，韵味无穷。有个性的盆景无不是形有尽而意无穷，知其妙而不知其所以妙。

奇趣盆景的审美创造涉及妙造自然的美学命题，其美学意蕴相当于姜夔所说的意高妙、想高妙及自然高妙；也可类比于黄修复所说的妙格、神格及逸格。创作有奇趣意蕴的盆景作品，必须在技法娴熟体道的基础上，打破常规，以超越精神，付诸实践。

在方法论上，我们认为，“形的偏离”理论、“有意味形式创造”理论是创作奇趣盆景的理论指南。

“偏离”是语言文学、绘画、雕塑等艺术创作

采用的表现手法。“偏离”与规范相对立。创造性“偏离”就是创作者以审美理想、审美意趣为基础，以独特的创作手法创造出有别于常规的艺术形象，创造性“偏离”体现了创作者审美创造，给创作者创造具有鲜明个性的艺术形象提供了一个广阔的空间，是盆景创新及实现盆景风格多样化的重要途径。

从客观上讲，在盆景创作中，偏离是不得已而为之，对自然模仿再细致也赶不上大自然的逼真，偏离在所难免。从积极方面讲，“创造性偏离”是为了增加艺术表现力或达到某种效果时对固有的规范、模式等的故意超越或违背。偏离与作者审美理想、审美情趣有一定的关系，同一素材不同的人创作结果却不同。这是因为创作者在审美意趣的驱使下，在追求和强化艺术表现力时，导致所创作的形象与客观物象之表象间有一定差别，这种“偏离”是客观事物反映到主体意识后一种改造或者是重新创造，它源于师造化，取之于心源，是艺术家创造生命形式、开发和强化形式表现力的结果。其目的就是将自然的法理、生命的活力、精神的象征、情感的智慧注入形之中，让观者从中受到感染，激起心灵的共鸣。

从形象上看，盆景形的偏离就是盆景线条和构图的偏离。从本质上说，盆景是线条艺术，线条是盆景最基本最有表现力的艺术元素，线条不仅具有造型功能，而且还有审美功能，具有气韵、和谐、黄金分割、节奏韵律、动感、均衡、意境等形式美。盆景主线条的走向变化不仅影响着盆景的形式，而且影响着盆景的气势。在条件允许的情况下，经过调相、调整主线条走向可将临水式盆景转换成悬崖式盆景；直干盆景经调相可以转换成斜干型或临水型盆景，直干盆景经过拿弯处理还可以转换成曲干盆景等。同时，盆景主线条的运动变化决定着盆景的构图，从而影响着盆景形态。盆景空间是依附于线条的实体和留白，是建立在超旷空灵宇宙意识基础上的流动的、节奏化的、充满想象的艺术空间。线条和空间是盆景形式美不可偏废的两个重要组成部分，如果说线条是筋骨，那么空间就是血和肉，它们共同构成了盆景的生命体。线条决定着空间布局，不同风格的线条搭配不同风格的空间。粗旷的线条搭配厚重的空间，写实的比重较大；风骨飘逸的线条宜搭配大量留白的空间，写意的比重较大。盆景的形神表现、情与景的融合、意境（其结构为道、舞、空白）的生成，都离不开线条及空间的表现。

题名：老雀逢春
树种：雀梅
作者：赵幼明

创造性形的“偏离”意在表现。即不在于形的写实而在于象的创造。传统美学里“形”和“象”代表不同的含义，老子“大象无形”的命题早已将形和象区别开来，“形”指的是物体的外在表现，靠感官可以感知，而“象”指的是在认识事物本质基础上经提炼概括以及再加工而形成的审美意象。“象”是虚灵的。象与天通，形与地相应；象是时间性的，形是空间性的；象虚，形实；象隐，形显；象简，形繁；象概括，形具体；象偏重于主体，形偏重于客体；象与道通，形与器连；象靠想象方能摄取，形靠感官就能感知。创造性形的偏离实质上就是象的创造。即融入作者思想情感、意趣等主观因素的意象的创造。而这一意象需要富含张力的线条及空间进行肉身化，因此线条和构图的创造性偏离是盆景创作实践以及实现奇趣的主题。

夸张、变形是实现形的偏离的常用手法。

夸张就是运用丰富的想象力，在客观现实的基础上，对盆景审美特征或需要强化的地方进行重点刻画，以突出其本质或加强作者的思想感情。在实际创作中，应用好夸张的表现手法，主要处理好对比对立关系，盆景可供利用的差异因素很多，如线的长短、曲直、粗细、刚柔；形状的大小、空间的宽窄；体量的轻重、形象的动静；表现手法的繁简、虚实藏露；表现技巧的工意、巧拙、张弛等。以上形式上差异矛盾越趋尖锐，则艺术形象蕴含的张力越趋强化，其形象越鲜明，个性越强。

变形是基于突出盆景个性而对盆景形状、比例、结构等方面进行改造，以增强艺术表现力的表现手法。偏离但未完全脱离具象艺术范畴。盆景变形包括规范性错位变形、结构化变形、张力合流变形等。规范性错位变形，就是有违常规的改变，例如我们通常认为正点正位的出枝一目了然，但也就是因为其正统，往往缺少变化，表现无力，而取用非常规出枝点枝条，可以增加线条幽深感、神秘感，从而却增强了表现力；结构化变形是指强化其结构力量，以增强其力感，从而增强其艺术表现力。通过强化盆景骨架线条的扭曲刚柔节奏变化，增加线条的粗度等，以增加力量感；张力合流变形是指通过强化盆景主干、配干等方向一致性，以形成动感合流，以强化动感。如风吹式盆景就是张力合流应用的典范。

司空见惯的常规盆景作品，往往感到视角冲击力和表现力的贫乏，而各种奇桩怪树却能让人眼前一亮，给人以新鲜、奇妙、振奋的审美感受，究其原因就是因为这些偏离常规造型的作品更直接、更率真、更强烈、更具感染力。

我们强调“偏离”手法在盆景奇趣创作中的必然性和重要性，但并不是说“偏离”越离奇、越怪诞、越抽象、越远离客观事物的形态就越好，还应遵循内容与形式，主观与客观辩证统一的规律，遵循“不似之似”的创作法则，必须源于内心深处的有感而发，寓情于形。而不是标新立异。正像中国盆景艺术大师赵庆泉先生所说“创作与创新不是为了讨好市场，也不是单纯地为了与众不同，必须尊重盆景传统，尊重自然科学，尊重艺术规律，奇趣的盆景艺术不是唯心、虚无、抽象得远离盆景定义的东西”。

奇趣盆景创作另一理论基础就是“有意味的形式创造”。英国形式主义美学家、评论家克莱夫·贝尔在其《艺术》一书中提出“有意味的形式”理论，该理论认为，“艺术作品中，线条、色彩以及某种特殊方式组成某种形式间的关系，激起我们审美感情，这种线、色的关系和组合，这些审美的感人形式，我称之为有意味的形式”。简单地说，凡是用来恰如其分地表现传达和寄托艺术家内在生命并富有创造的形式即为“有意味的形式”。该理论反对摹写自然的创作方式，主张打破艺术创作在题材和构图方式等方面的传统规范，提出了艺术独立性问题，它的任务仅仅是表达审美情感。形式中的意味和有意味的形式共同构成了贝尔形式主义艺术思想的核心内容。贝尔认为现代视觉艺术的本质就是“有意味的形式”。贝尔的“有意味形式”理论是对自古希腊至文艺复兴再到印象主义再现艺术的全盘否定，也是对以塞尚为代表的现代艺术的总结和肯定，对西方现代艺术产生了重大影响。个人认为，贝尔的这一理论对揭示盆景艺术的本质，指导现代盆景艺术的创新发展也有一定的理论借鉴意义，应该坚持“拿来主义”的方针，去伪存真，为我所用。

实际上，中国传统美学思想也极为重视形式创构，如刘勰《文心雕龙·风骨》说：“怊怅述情，必始乎风，深乎风者，述情必显”，这里的“风”是形式的意思，这段话的意思是说，内心的感受，

题名：寸园倩影
作者：王军

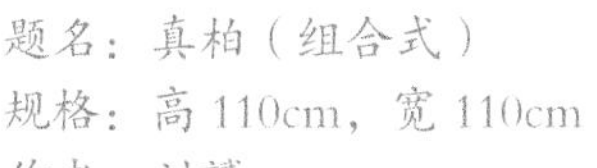

题名：真柏（组合式）
规格：高 110cm，宽 110cm
作者：刘赟

题名：极致
树种：山橘
作者：李锦伟

需要通过形式来表达。接着又说：“瘠义肥词，繁杂失统，则无骨之征也。”意思是说，如果内容已很贫乏，形式又浮夸凌乱，便是无“骨”，也就是抓不住本质，只好讲求外饰。可见贝尔“有意味的形式”理论和中国古代美学思想有相似之处。这应是东方艺术富有生命力的根本所在。

纵观中国盆景的历史发展过程也伴随着形式创造衍进过程。中国盆景起源于汉代，是经考证最早出现观赏植物形象美的植物、盆盎、几架三位一体的盆栽，体现的只是一种形式美。如望都汉墓壁画中出现的植物、盆盎、几架三位一体盆栽形象。到了唐代，盆景由观赏性等功能性园艺盆栽升华为具有意境美的盆景，盆景艺术形式开始出现“意味”的东西，如唐朝章怀太子墓壁画中描绘的侍女手捧盆景形象。宋、元是我国古代盆景发展具有相当水平的时期，树木、山石等盆景形式多样化，以“小中见大”为特色，尤以文人画中具有古木形态为摹本制作的借物抒情寄托情感的文人盆景对后世影响最大，如《十八学士图》中山水、树木，元朝李士行《偃松图》中树木盆景形象。明清两代是我国盆景发展兴盛时期，以有意味的形式为特征的具有地方特色的盆景流派，如扬派盆景、川派盆景、岭南盆景、通派盆景等，逐渐形成了作为立体造型艺术的盆景风格以及流派。

新中国成立后，尤其改革开放后，我国盆景艺术得到了快速发展，尤其近年在各级协会及有识之士的大力推动下，盆景艺术创作鉴赏渐入佳境，艺术性不断增强。如具有诗情画意表现自然美的水旱式，以心灵主体的自由性体验宇宙生命为表现内容的文人树盆景，体现着形式美变化法则的岭南盆景等都是有意味形式创造的典范。而且中国的盆景艺术一直在包容道家、儒家、禅宗等美学思想的正确道路上向前发展。据此，个人认为“有意味的形式创造”是盆景作品奇趣化的有效途径。

“有意味的形式创造”的核心不是立足于再现现实事物的形体，而是表现人的“审美感情”，一种与自由与社会相关的精神境界。那么如何才能创造盆景有意味的形式呢？按照贝尔的理论，当然是通过简化与构图。通过简化，可以把有意味的东西从大量无意味的东西中抽取出来，对于盆景来说就是我们通常所说的“取舍”。这个过程实际上包含两种相逆的过程，即“舍”与“得”。从外部形象看，“舍”就是根据审美情趣去除与表现主体不相干的部分，“舍”的过程由繁到简，由粗到精，由再现形体到表现主体；而从表现内容和象征意义上讲，它却是由简到繁，从简单到信息传达到复杂

题名：吉星高照
树种：山橘
作者：黄惠娟

题名：雨林之魂
树种：博兰
作者：刘传刚

的思想表露（得）。按照内容决定形式的原则，这种“取舍”事实上是创造者根据自己所要表达的思想感情内容所决定的，是创作者由感受走向思维的过程。经过简化的形体，貌似简约，实质上却是用简约的形体传达出及其深沉、含蓄的意味，即创造艺术符号的过程。这种符号不是无生命的呆板的形体，而是充满张力具有形式节奏韵律的线条与色彩组成的活动的形式。总之，简化（取舍）不是根据自己感性简单地为减少而减少，不是简单地去除“不顺眼”的干枝，而是抽取有符号功能的特征而加以重组构图，进而创造艺术符号，创造有意味的形式。

当代的文人树盆景就是典型的有意味的形式创造。文人树这一起源于中国文人画的盆景艺术形式，从一开始就秉承了中国文人画以写意抒情为主旨的创作理念，以文人画中有表现意味的古木形态为创作蓝本，来表现文人情怀。经过长期历史衍化，时至今日，以赵庆泉、韩学年等为代表的盆景艺术家对文人树盆景理论实践都进行了进一步丰富和发展，文人树线条及色彩已得到极大简化，构图更加简洁，符号性更丰富，表现力更强，所表现哲理更加深刻。简洁的线条及色彩，从某种意义上说只为传情达意以及对宇宙自然生命认识和体验的符号象征，而不是将人的意识引到树形体本身。换句话说，从某种意义上讲，文人树已不是一般意义上树本身，而是具有艺术性质的，能够唤起人们审美感情的视觉艺术。

在物质高度发达，社会快速发展的时代背景下，人们的审美观念也随时代在变，盆景正由以形态美为鉴赏主题向意境美鉴赏等精神层面审美感受方面转化；由共性的审美向个性的欣赏方面转化；由简单的蟠扎赏玩到寄托表现人们的思想感情方面转化。可以说有意味的形式创造理论思想为盆景奇趣化创作提供了广阔的创作空间，对现代盆景的奇趣化创作具有一定的理论指导借鉴意义。

“盆景形的偏离”和“有意味的形式创造”是实现盆景作品创作奇趣化的两个途径，前者以对客观物象审美特征的偏离、夸张来表现自然的神韵及人的思想感情，而后者以创造“有意味的形式”来表现对宇宙自由生命的体验。虽然它们的艺术表现的侧重点不尽相同，但它们的目标却是一致的，即有个性的盆景艺术作品。个人认为，在盆景奇趣化创作实践中，将两种理论有机融合并应用到创作实践中，将使奇趣化盆景更有艺术表现力。

“盆景形的偏离”和“有意味的形式创造”也仅仅是“反常合道，无理而妙”古典美学命题下盆景艺术审美创造的两种途径，然而“反常合道，无理而妙”的美学思想远不止于此，需要在创作实践中不断阐发。

16 树木盆景的线条与空间

图 1　具有强烈节奏韵律及动感的黑松主干线条

线条与空间是中国传统艺术最基本的艺术元素，也是艺术表现载体。盆景是立体造型艺术，线条在三维空间上的分布变化直接决定盆景的艺术价值，每一个盆景艺术作品无不是线条与空间的完美结合。深入探讨盆景线条与空间关系对盆景艺术创新、鉴赏、评判都具有重要意义。本章试图从美学角度对盆景线条、空间以及线条与空间关系等做初步探讨。

盆景线条是指盆景主干以及枝托等走向、运动变化轨迹。自然界中树木的生长由于受到自然环境因素及外力的影响，其生长方向处于无规律变化之中，由此造就了线条的千变万化，这些变化有的符合盆景美学规律，有的不符合人的审美要求。事实上，盆景线条和中国书法、绘画、舞蹈等其他艺术门类一样，遵循中和、气韵、意境、黄金分割、均衡与对称、动感等形式美规律（图1）。中和是指线条变化的多样性和统一性，即线条走向变化要有多样性或对立性，而多样性、对立性的因素必须构成协调均衡的统一体。具体说线条粗细、曲直、刚柔等要有变化，而这些变化要在对比对立中求得协调，通过某一共有倾向性或势形成整体的和谐；气韵所要表现的是线条的灵动传神，所谓气韵生动实质上就是传神。它是盆景作品的统帅和灵魂，是结构、形象、构图、表现等造型手段共同营造的目标和最高准则；意境是线条艺术形象中包含并传达的使人得以联想的景外之景，它是客观的景和主观的情的统一；黄金分割是永恒的构图原理，它支配着艺术结构，艺术遵循变化法则，黄金分割就是这种变化法则的具体表现。在创作上可按2∶3、3∶5、5∶8、8∶13比例应用；均衡与对称是力学概念，使形体布局在空间架构中达到一定程度的重力均衡，避免重心不稳。艺术作品为了强化动感，往往需要打破均衡营造适当的倾倒感；对称指整体各部之间的相衬与对应，而在盆景艺术中更多的应用的是局部非对称，在平稳中求得变化，营造树势；盆景线条动感包括节奏、韵律以及力量与速度。节奏是指线条运动既有重复又有变化的组合，亚里士多德认为节奏的本质是运动，周期性是节奏的绝对条件，有节奏的盆景线条能形成视觉快感。韵律是节奏化的顺畅的节律。力量与速度通过线条的曲直对比强调直线的快捷、力度、阳刚以及曲线的阴柔。线条的动感是整个盆景作品动感的源泉，也是作品的视觉中心。以上形式美规律是盆景线条美的依据，在盆景创作中要灵活运用这些形式美规律，对盆景线条进行提炼概括，对不符合创作要求的线条进行调整或舍弃，使整体符合审美要求（图2~图3）。

空间是物体存在、运动的（有限的或无限的）场所，即三维区域，称为三维空间。空间由不同的线组成不同形状，由长度、宽度、大小表现出来。盆景空间包括两部分，即本体空间及艺术空间。本体空间是指盆景的高度、宽度、粗细等实体所占的空间，盆景的本体空间是有限的。所谓的艺术空间是指利用技法并融入作者的思想情趣对自然空间进行创作调整而提炼概括，形成的有序的空间。对于创作者来说，艺术空间存在无限变量，充满艺术想象，不同作者所创造的艺术空间不尽相同。按照中国传统美学，盆景艺术空间创作核心就是“留白”，其创作源泉来源于中国人的空间意识，即《易经》上所说的“一阴一阳之谓道”的宇宙观。道为宇宙本体及动力，非有也非无，道是万物之源。庄子说：“虚室生白，唯道集虚”，留白就是留下了无限想象空间。中国书画艺术包括盆景艺术都注重留白，清朝画家萱重光说：“虚室生白，无画处皆成妙境”；庄子的超旷空灵，《易经》上所说的“无往不复，天地际也”，这些正是国人的空间意识。美学大师宗白华先生说：“中国人的空间意识不是西方几何学、三角形所构成的透视学的空间，而是阴阳、明暗、高下起伏所构成的节奏化了的空间。”采取数层视点以构成节奏化的空间，这就是中国画家的“三远”（高远、深远、平远）之说，所以说中国盆景的空间应该是流动的、节奏化的、空灵的、充满想象的艺术空间（图4）。

盆景线条和空间是盆景形式美不可偏废的两个重要组成部分，两者是相互依存又对立统一的关系。如果说线条是筋骨，那么空间就是血和肉，线条是空间的架构，空间是线条的载体。它们共同构成了盆景艺术的生命体。首先线条决定着空间布局。直干型（包括斜干）主干线条是直线，张力向一个方向延伸，比较单调，空间布局一般围绕张力左右前后布局，下疏上密，空间布局比较工整，线条张力平衡。在实际创作中要通过实体空间收放、留白灵动穿插来打破这种平衡，增加深度，增强动感，

图2　具有中和美（多样统一）的主干线条（陈关茂大阪松作品局部）

图3　具有气韵、力量及速度感的飘枝线条（韩学年山松作品《松之魂》局部）

图4 采取数层视点构成的节奏化空灵空间（张延信的《云林逸景》）

图5 大写意文人树作品的空间布局（赵庆泉的《清影》）

图6 密实型树冠的空间布局（刘传刚的《宝岛雄风》局部）

以表现高大、挺拔、伟岸的气概。曲干型（包括临水、悬崖等类型）主干线条为自由曲线，张力为竖向作用力与反作用力的不等量无规律交替，空间布局围绕线条力的走向凸面为实，凹面为虚，并配合线条的重心转移。突出线条的节奏韵律，创造围绕线条流动的、节奏化的空间（图5）。

其次，不同风格的线条搭配不同风格的空间，粗旷的线条搭配厚重的实体，留有适量的空白，表现肃穆庄重古木的自然风貌，写形的比重较大，写意的比例较轻，如各种大树型盆景；风骨飘逸的线条搭配少量枝片，大量留白，为寄托表现思想感情所用，借助空间所表现的意境表现清高、淡雅、脱俗的文人风骨，写形的成分较小，写意的成分较大。再次，树种不同，线条和空间的搭配也有区别，杂木的枝片宜厚重密实，表现古木的生机盎然、人与自然的和谐、人们向往的自然美；而松柏更宜突出其线条美，刚柔相济、鬼斧神工般的线条，苍古而富有质感的机理，构成生与死的强烈对比，表现了不畏艰险曲折与自然抗争的生命之美（图6）。

线条和空间涵盖了盆景形神兼备、虚实相生、情景交融、意境等盆景美学的方方面面，实际上作为造型艺术的盆景从本质上讲就是线的艺术和空间艺术的有机融合。盆景的意境是盆景创作鉴赏追求的最高境界，意境的审美体系构成要素（形神兼备、情景交融、虚实相生）以及结构特征（道、舞、空白）无不与线条和空间有关。以形写神，形神兼备是盆景创作、欣赏首要坚持原则，“形者神之质，神者形之用”，盆景必须依靠形象来反映自然美以及作者的主观情思。这种反映的好坏，表现的深浅，与作者对形象的刻画有着直接的关系，要传神就必须融入个人的主观情思，寓情于景，对形提炼概括，这里都离不开线条的表现；虚实相生和道、舞、空白也都表现在线条和空间上。实为实象，为象内之象，虚为虚象，为象外之象，实象是有限的，虚象是无限的，所谓大象无形。实象要靠线条等自然空间来实现，而虚象（意境）则要靠道、舞、空白来表现。

综上所述，盆景线条和空间是盆景艺术构成的本质特征，其艺术性应作为盆景创作、欣赏、批判的主要标准，同时要作为盆景创新发展的切入点、突破口而加以研究应用，在中国传统文化底蕴的滋养下走民族化、个性化之路，发展具有我国民族特色的盆景艺术。民族的才是世界的！

17 盆景的线条美（以黑松为例）

树种：黑松
作者：王永康

松有“百木之王”之称，尤其黑松，其干苍劲有力，树形优美，是制作盆景的上佳材料，深受盆景爱好者的喜爱，有很高的盆景艺术创作价值。近年，在盆景工作者的共同努力下，随着先进技法的应用，黑松盆景的制作方法日益成熟。然而，由于多种原因，黑松盆景的创作仅停留在技法上，理论研究少之又少，尤其在黑松盆景美的实质——线条美的探索上鲜有涉及。笔者在黑松素材长期培养和创作中，搜集和积累了大量资料信息，不断地探寻黑松盆景线条美的表现形式和表现力，认为黑松的美不仅仅表现在挺拔、高洁、苍翠欲滴上，更重要的是表现在其线条的丰富多彩和独有的节奏韵律上，这才是黑松盆景独特的艺术属性，也正是黑松盆景的魅力所在。对此，本章试图从线条的角度对黑松盆景美的内涵做初步的探索，为开辟民族特色的盆景创新之路作出贡献。

众所周知，线是中国传统文化最基本、最重要、最有表现力的艺术元素。古代彩陶文化时期就用线条在彩陶上勾勒出唯美的花纹和图案，吴道子、顾恺之、齐白石等历代书画名家均以线为载体

龟甲型是黑松古木肌理之一，花纹像乌龟的壳，皮陷得比较深，呈不规则多边形，富含张力

曲折多变呈放射状的根盘扎根泥土，表现水平方向的张力美

创作出流芳千古的作品，在书法上线条的应用也被推到很高的艺术高度，如颜筋柳骨。可以说绘画、书法乃至建筑、舞蹈等无不以线条为基本元素，作为立体的画、无声的诗的盆景艺术更不例外，尤其黑松盆景，从根盘到基干，从枝条到叶面，线条美无处不在。

一、黑松盆景的根盘美

黑松为深根性树种，根的穿透力极强，在岩石缝中也可以生长，而且根系发达，四面出根，呈放射状。在丘陵石山等自然条件下，由于外力作用，根弯曲多变，粗壮有力，有的缠绕在石头上，形成自然附石；有的长在悬崖上，以粗壮的根扎入岩石，支撑庞大的树体，有“咬定青山不放松”的

树种：黑松
作者：王永康

气概，在视角上给人巨大的冲击从而产生一种力量美，并由此产生对力量、生命的敬畏。

二、黑松的基干美

根盘以上的基部和主干为基干，基干是盆景作品最重要的组成部分，起着架构整个作品的作用，也是线条变化最为复杂丰富的部分。基干的主线条统领全局，是作品的视角中心，其包括两个重要方面。

一是基干的主线条美。基干的主线条指的是主干的走向变化，即主线的运动规律，它是盆景构图的主要架构。按盆景的分类，黑松盆景可以分为直干、曲干、斜干或临水、卧干、悬崖等形态，下面就这几种基本形态作简要分析。

直干型为竖线或垂直线，其顶天立地，直指苍穹，给人以伟岸挺拔感，“它以最简洁的形式表现出运动无限的、温暖的可能性”，具有向上向下延伸的张力，是生的象征、刚的象征，代表积极向上。

曲干型干形呈不规则弯曲的自由曲线，是（自然、人为等因素）不等量无规律的力交替作用的结果。曲干在视角上给人以晃动感。在干的运动变化过程中，角为刚、硬，弧为柔和，刚柔的交替变化给人以韵律感。自然界中黑松的线条多以刚、硬为主，有力量感，而赤松则表现为阴柔，所以黑松经常被称为男人松，赤松则被称为女人松。

斜干或临水型的树形主干线条总体走向为斜向上，主干与地面或盆面呈锐角，张力和方向明确，具有动感或不稳定感，有冲破陈规奋发向上的意味。

卧干型干线条先水平走向，然后向上延伸，按照线的艺术理论，水平线为冷为静，垂直线为暖为动，那么卧干型有起死回生或潜龙欲飞之意。

悬崖型在重力和植物向光性（向上力）的双重作用下，力的两端此消彼长，线条呈现有节律的起伏变化，体现了黑松不畏艰险、百折不挠的精神。

二是黑松肌理美。黑松肌理是指黑松表面组织纹理结构，即各种纵横交错、高低不平、粗糙平滑的纹理变化。肌理在绘画艺术中的审美价值不可低估，同样黑松肌理在盆景中也有重要的艺术价值。黑松肌理的线条美是黑松内在气质决定的，其

节奏感变化的主干表现出的韵律美

树种：黑松
作者：王永康

像人的指纹、笔迹，不可复制模仿。黑松的肌理随着树木的生长和树龄的增长而不断变化，质感也会随之变化，正是由于黑松的肌理特质使黑松肌理线条呈现多变、多样的视觉效果。黑松幼木肌理表现为树皮淡灰色，鳞片很薄易脱落，皮裂很浅，线条变化较少，张力小；青年木表现为树皮灰黑色，有纵裂或横裂皮但较浅，线条有变化但张力小；黑松古木肌理表现为树皮为深灰黑色，粗糙，鳞片厚实，皮裂深，线条变化极为丰富，有很强的韵律感和张力。

黑松的肌理美是线条美的多角度表现，是黑松线条美的重要组成部分。然而，这一美的属性往往没得到应有的关注和应用。比如，忽视对树皮的保护，有的甚至锤击树皮，造成线条的中断残缺。在这方面日本对松树线条的保护意识值得我们学习，比如在换盆作业时用绳索托住泥球底部，尽量不接触树干以保护树皮。如果说基干的线条走向是主线，而肌理的线条走向是副线的话，那么主线和副线之间有种统一的和谐美，即丰富多彩的多条副线总体走向总围绕主线运动，副线从属于主线，如同一个精灵，活泼好动却也从不离开主体。黑松基干线条和肌理的和谐统一造就了黑松线条的韵律美，是黑松最具特色的艺术魅力所在。

三、黑松枝托的线条美

枝托的线条是基干线条的进一步延伸，是张力的分解，和基干线条是统一的整体。在自然界，古松由于风吹雪压等外力影响，枝条往往是弯曲下垂的，其枝片层层叠叠往前延伸，形成所谓的飘枝。同时黑松喜光通风不耐阴，阴面生长缓慢甚至死片，而通风阳光充足的一面生长良好，容易形成枝片高低错落、疏密有致、左顾右盼的艺术效果。

四、黑松叶性的线条美

黑松的叶两针一束，叶色翠绿，粗壮坚硬，一般呈簇状向上生长形成片。无数个向上延伸的短线增强了线的表现力，象征着无限的生机，给人以蓬勃向上的艺术感受。

探寻黑松的线条美离不开中国的传统文化，在传统文化里松有着崇高的地位以及文化价值。在古代，由于松常青、长寿，有千年柏万年松之说，被视为仙物；松时常与鹤为伍，寓意松鹤延年，高洁长寿；《荀子·大略》则有“岁不寒，无以知松柏。事不难，无以知君子”，将松柏与君子并列。秦始皇更是把松人性化，封泰山一棵松为五大夫松，为大夫之尊。古代的文人墨客更是对松偏爱有加，他们歌以赞松、诗以咏松、文以记松、画以绘松。唐朝诗人白居易《和松树》云：“亭亭山上松，一生朝阳，森耸上参天，柯条百尺长”。古代画家多以松为题材作画，如南宋画家刘松年、马远的作品。伟大的革命家陈毅诗云：“大雪压青松，青松挺且直。要知松高洁，待到雪化时。”可以说，松在中国传统文化里有着很深的审美内涵，具有高大挺拔的崇高美、凌霜傲雪的坚贞美、顽强不衰的生命美和千姿百态的形态美。这些和黑松的线条美相吻合，或者说融为一体。

综上所述，黑松的线条美是形式和内涵的高度统一，体现了天人合一、树人合一的思想，这一独特的审美形式对黑松盆景的创作有着积极的指导意义。只有坚持这样的审美思想，才能创作出气韵生动、意境深远、具有我国民族特色的黑松盆景佳作。

18 盆景的肌理美探究及应用（以黑松为例）

树木盆景的肌理是指树木盆景主干表面的纹理结构，是树木盆景的审美特征之一。树木盆景肌理具有多样性，不同树种甚至同一树种的不同生长阶段、不同生长环境下，其肌理都有所不同。即使如此，树木盆景肌理美仍然有共性的审美元素，如形式美、张力等。下面以黑松为例，对树木盆景的肌理美及应用作初步探讨。

一、黑松盆景肌理的几种形态特征

黑松盆景肌理随着树木的生长和树龄的增加以及外界环境等因素的改变而发生着缓慢的变化。根据黑松的生长阶段以及树皮的特点，我们将黑松肌理概括为5种类型。

（一）黑松幼木肌理

树皮淡红灰色，鳞片很薄，易脱落，皮裂很浅，线条变化较少，张力小（图1）。

（二）青年木肌理

树皮灰黑色，有纵裂或横裂皮，但较浅，线条有变化但张力小（图2）。

图1　黑松幼木肌理

图2　青年木肌理

图3　岩石型肌理

图5　纵裂型肌理

图4　龟甲型肌理

（三）岩石型（古木）肌理

树皮深灰黑色，纵裂很深，鳞片层层叠起来，像岩石般坚硬，极不容易脱落。一层层树皮所形成的纹路极富质感（图3）。

（四）龟甲型（古木）肌理

树皮深灰黑色，皮裂很深，像乌龟壳的花纹呈不规则多边形，非常苍老（图4）。

（五（纵裂型（古木）肌理

树皮深灰黑色，纵裂，较深，一般为3裂或4裂，较为苍老（图5）。纵裂型在黑松盆景中最常见。

在盆景创作中一般都选用具有古木形态（老态）肌理的黑松。黑松肌理美是线条美的多角度表现，是黑松线条美的重要组成部分。

二、黑松肌理的形式美规律

美存在于生命形式和运动形式之中，所谓“日月迭壁，山川焕绮”。黑松肌理美有如下几种形式

图6　主副线和谐统一美

图7　富含节奏韵律感的肌理线条

和内涵。

（一）和谐美

和谐是指审美对象在诸种构成元素或构成部分中形成的总体协调关系。根据美学原理，和谐美有两层含义，即构成统一体的因素必须具有多样性或对立性；多样性、对立性的因素必须构成协调均衡的统一体。黑松盆景的和谐美主要表现在两方面，一是多条肌理线条有分有合，既有统一走向，又有微妙的变化，有争又有让，违而不犯，和而不同；二是如果把主干的变化称作主线而把肌理的线条变化称作副线的话，那么丰富多彩的多条副线总在围绕主线运动，肌理和主干变化也具有统一和谐美（图6）。

（二）节奏韵律美

节奏原为音乐术语，指音响运动中轻重缓急的律动、节拍的强弱或长短交替出现而符合一定的规律。亚里士多德认为，节奏的本质是运动，周期性是节奏的绝对条件。视觉艺术中，节奏是指形或色在平面与立体构成中的形状、大小、间隔以及色彩三要素组合的既有重复（周期性）又有变化的构成。韵律是指通过视觉元素的方向、流速的合理组织，给观者以柔和、顺畅和一定节律（某种不严格的周期性）的感受，从而产生美感。从黑松盆景肌理形态特征看，有明显的节奏韵律感。皮裂所形成的沟状线条运动方向及排列呈现既有重复又有微小变化的构成，像活泼好动的精灵围绕主线运动，引起视觉快感。而且，不管是岩石型还是龟裂型抑或纵裂型古木，树皮均苍老古朴、颜色庄重，纹理极富质感，块状树皮的有规律排列所形成的线条、花纹有强烈的节奏韵律感（图7），这也正是黑松独特的魅力。

（三）力量美

不管直干、曲干还是斜干等，皮裂所形成的块状树皮、深深的沟线无不充满无限张力，似冲破束缚，似能量爆发，产生力量美，突出体现了男人松的特质。

三、肌理美在黑松盆景素材培养及创作中的应用

黑松的肌理美实质是线条美，是黑松的内在艺术属性，是形式和内涵的统一，充满艺术魅力。然而，在黑松盆景的创作实践中，这一美的属性并未得到应有的重视。只有在肌理美上不断挖掘，才能创作出气韵生动、意境深远、具有民族特色的黑松盆景佳作。

（一）在素材培养和创作中重视肌理的运用

选择的观赏面主干肌理要优美，线条流畅，不能有死角，避开影响肌理美的大断面。断面的雕刻因树施技，没有水线经过的断面以修饰为主，有水线经过的断面以愈合后线条流畅为上，不宜为追求当时的效果而大面积破干。

（二）转变观念，改变重做轻养的不科学做法

由于山采黑松素材断面多，过渡不到位，加之黑松生长十分缓慢，培养困难，因此很多人都把精力用在做上，沉下心来养桩的人并不多，重做轻养的现象十分普遍。一些过渡较差的断头桩为了追求“效果”，被雕刻得面目全非，肌理美破坏殆尽，极大地浪费了资源。尊重自然和美学规律，潜心养桩，才是完善肌理美的正确做法，为此呼吁从业者改变观念，以养为主，边养边做，以养做结合的办法培养和创作黑松盆景。

（三）采用科学方法快速养桩，完善黑松的肌理美

快速养桩的目的，就在于尽快培养出枝干过渡自然的感觉，强化树皮的肌理美。为此，我在肥料上下了不少功夫。通常以80%猪粪、15%豆饼及5%的硫酸亚铁和骨粉混合发酵，制成有机肥施用。这种肥可以快速复壮植株，增粗枝干。同时，采用黄泥保湿的方法养护伤口，促进伤口愈合，完善肌理线条的完整性。加强对树皮的保护，素材培养期间不要栽植太深，基干要裸露在土面以上，以免树皮腐烂。浇水、换盆时，避免触碰树皮，更不要采用锤击、扒皮等方法增加老态。只有用科学的养护管理以及时间（盆龄）来完善黑松的肌理美，方能创作出线条优美的黑松盆景佳作。

题名：松韵
树种：黑松
规格：90cm × 118cm
作者：薛以平

19 “线”在盆景定向培养和创作中的实践应用（以黑松盆景为例）

就外在的概念而言，每一根独立的线或绘画的形就是一种元素。就内在的概念而言，元素不是形本身，而是活跃在其中的内在张力——康定斯基。众所周知，线是最基本最有表现力的重要艺术元素，中国古代传统艺术无一例外都是用线来造型，现代艺术（不论具象还是抽象）则把线视为一种极为重要的艺术表现手段。古今中外形成艺术特色并产生深远影响的线有很多，如吴道子的线、《芥子园画谱》的线、书法的线、敦煌的线、莫迪里安尼的线等，虽然其各具艺术风格，但它们都表现一定的美学规律。而这些美学规律在盆景素材培养和创作中具有重要的借鉴意义和指导意义。为此，作者把线的艺术理论应用到黑松素材定向培养和创作中，对黑松桩进行了大幅度的改造，培养了大量线条优美的黑松盆景素材及作品。现将线的几种形式美规律以及在黑松盆景上的实践应用概括总结如下，以期交流，共同提高，为盆景艺术创新发展做出贡献。

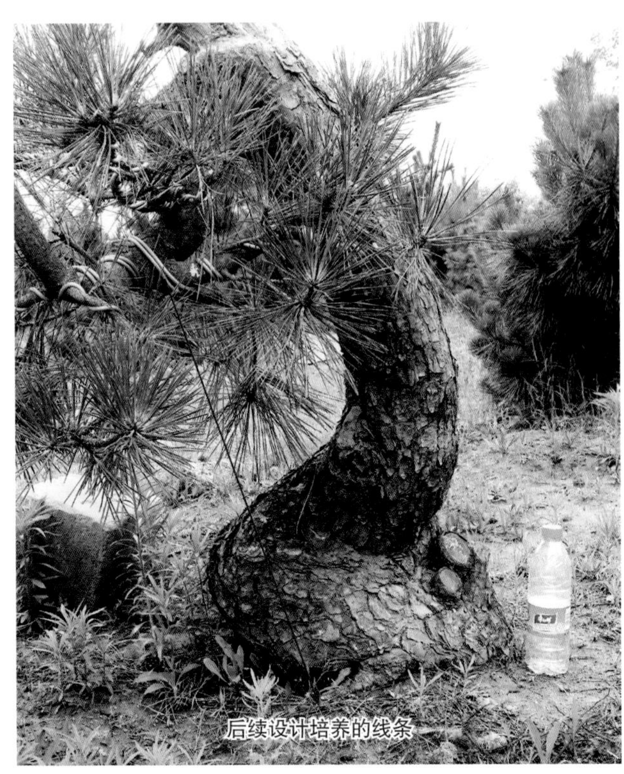

图 1a　高位出枝，将定向培养枝往左下方扭转，顺原主干布线，培养的线条和主干的线条形成对立对比关系，以表现线条回旋美、空间美

一、线的几种形式美规律

（一）中和（和谐）

中和是我国古代长期发展形成的独特的审美观和哲学思想的结晶。西周周太史史伯提出“和”与“同”的概念，“和”指不同物的统一，“同”指相同物的相加，主张取“和”而去“同”，如“和六律以聪听”。春秋战国以后，晏婴以“和”为美，认为“清—浊、喜—哀、刚—柔”相济相成。梁代沈约提出的“五音相宜，八音协畅”的论点更兼有多样统一的色彩。唐代孙过庭的书法理论提出相对相背的手法：“迟疾、燥润、浓枯、方圆、曲直、显晦”“违而不犯，和而不同”等。和谐是西方美学家提出的与中和相类同的概念，和谐是指审美对

图 1b　设计成型图（构图设计：薛以平，绘图：张新安，下同）

图2a　原桩右面的原主干线条L1僵硬呆板，左下方的配干线条L2与拟定向培养的线条L走向相悖不和谐且没有存在的空间，故切除创作舍利

图2c　设计成型图

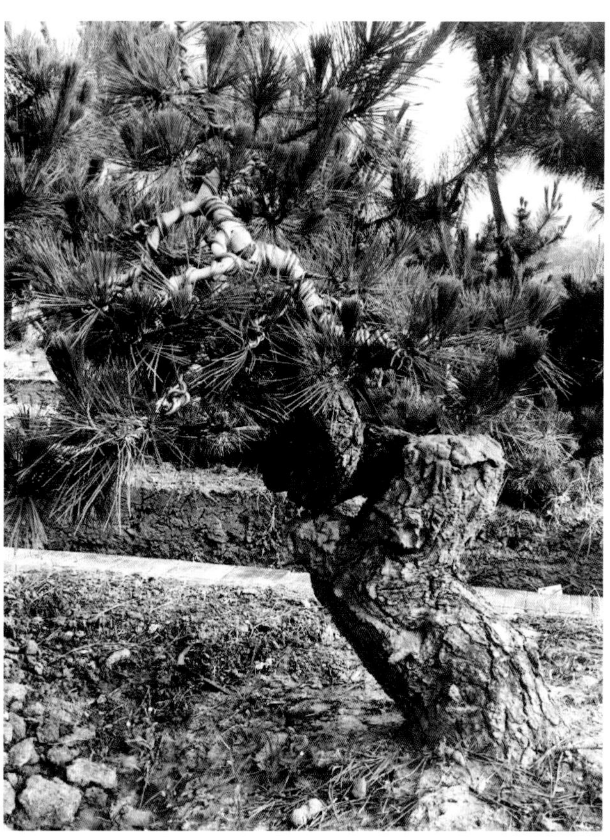

图2b　去除L1、L2，经重新布线调整后树形变得紧凑，主干线条如游龙般动感十足

象在诸种构成元素或构成部分中形成的总体协调关系，也包括审美主体和客体之间的协调一致。和谐不是整齐划一和平衡对称的同义语，而是在差异（矛盾）中现出协调，在整体上现出适宜感，实际上和谐是调节矛盾因素（对比、对立）以达到均衡统一的方法。其总规律为：变化—统一，对比—和谐。中和倾向于"和"的一面，包容性强，强调统一；而和谐强调对立，在对比中寻求舒适感。上述美学思想的核心是多变与统一，即"构成统一体的因素，必须具有多样性或对立性；多样性、对立性的因素必须构成协调均衡的统一体"。

（二）黄金分割

把长为1的直线分为两部分，使其中一部分对于全部的比等于其余一部分对于这部分的比。即x：1=（1-x）：x，在应用上可按斐波纳奇数列：2，3，5，8，13，21，34……得出2：3，3：5，5：8，8：13……用数字表示为1：1.168，0.618/0.382。黄金分割是一个永恒的构图原理，它不仅支配大自然、生灵万物的结构还支配艺术结构，艺术遵循变化法则，黄金分割就是这种法则的具体体现。

（三）动感

包括3个层面内涵。一是节奏。亚里士多德认为，节奏的本质是运动。周期性是节奏的绝对条件。在视觉艺术中，节奏是指形或色在平面与立体构成中的形状、大小、间隔以及色彩的三要素（明度、纯度、色相）组合的既有重复（周期性）又有变化的构成，这样的构成可以引起视觉快感。二是韵律。通过视觉元素的方向、流速的合理组织，使观者得到柔和、顺畅和一定节律的感受，产生美感。三是力量和速度，强调快捷、力度。

（四）气韵及意境

气韵是中国传统造型艺术的首要美感规律。六朝著名画家谢赫在他所著的中国第一部画论中提出的方法是："气韵生动、骨法用笔、应物象形、随类赋彩、经营位置、传移模写"。把气韵作为统帅和灵魂，是结构、形象、色彩、构图、表现等造型手段共同营造的目标和最高准则，古人云"六法之

图 3a　原桩相及选定的定向培养枝 L

图 3c　设计成型图

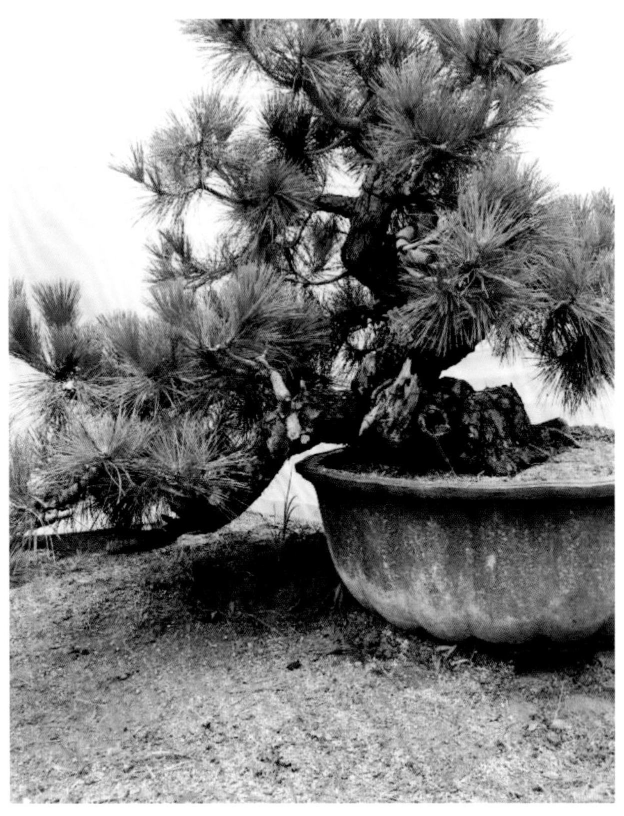

图 3b　经过 8 年的定向培养，后续培养的线条的走向变化和主干线条以及副干线条的走向变化相匹配，有强烈的节奏韵律感、和谐感，强化了动感

难，气韵为最，意居笔先，妙在画外”。实际上气韵是指作者通过所使用的造型手段与所塑造的生动可视的艺术形象，表达自己的思想感情，是作者情感的载体。意境是艺术创作中主观意趣与客观境象交融而产生的具有丰富内涵的境地和形象，借以营造某种情绪和感情，是艺术形象中包含的、传达的、暗示的使人得以联想的画外之意、弦外之音，它是艺术创作原则也是鉴定原则。

二、线在黑松素材定向培养和创作中的综合应用

以上线的形式美规律和盆景艺术所追求的美的形式是一致的，换言之，这些形式美规律对黑松素材培养和创作以及黑松盆景艺术的创新发展起到理论指导作用。在具体应用中要把握这些形式美的实质并综合运用。

（一）中和（和谐）的应用

正确处理好多样性、统一性，对比对立和协调的关系。缺乏多样性则显得单调、呆板、平淡，缺乏统一性则显得杂乱无章；缺乏对比对立则缺乏视觉冲击力和刺激性，对比对立严重失衡则失去和谐。因此在具体应用上要处理好粗细、强弱、实虚、密疏、详略、露藏、简繁、刚柔、疾徐、曲直、显晦、方圆、大小、长短、高低、厚薄、重轻等对比对立关系。主干每个顿节线条、配干线条等在对比中要有变化；多干树包括双干树要主次搭配、密疏有致，争让有序，顾盼有情，同时在个性中寻求共有的倾向性，借助贯穿因素，在同中求变，在变中求同，求得中和（和谐）美；需要后天培养的后续线条要和基础部分线条形成对比衔接，在对比中求得变化，在对比、对立中求得协调，不可相悖。枝要从接干处开始调整，枝要随干变化，粗度、线条变化都要和主干形成对比，曲线要上下、前后、左右变化，避免平面化、单调化。小枝也要随母枝依次调整。

（二）黄金分割定律的应用

该定律是构图的经典定律。线条的顿节比例、粗细变化、第一出枝点的位置、节长比例、高宽比例、干枝比例等都要符合黄金分割定律。为了体现黑

松的线条美，一般宜采用高位出枝，第一出枝点距离收顶位置大约1/3处；基部开始的顿节比符合或接近黄金分割定律；干和枝的粗度比例、树高和树宽的比例、枝片长短、大小比例等都要符合黄金分割定律。

（三）动感的应用

这一美感规律在应用上主要有三点，一是调整主干走向变化（包括需要培养的后续部分），使其变化具有节奏韵律感、速度感、力量感；二是调相取势，充分发挥桩材的个性特点，根据结顶、留白、枝片预布局，调整最佳角度。三是进一步造势，强化动感。

（四）气韵、意境的应用

唐代诗人王昌龄说：诗有三境，一曰物境，二曰情境，三曰意境。意境是物境和情境的融合，境真与情真的统一，它揭示了我国美学中意与境、情与景、我与物融合为一的精髓。清代画家恽寿平说："意贵乎远，不静不远也；境贵乎深，不曲不深也"。揭示了"远、静、深、曲"是意境的表现手法。自然界中黑松线条具有独特的艺术魅力，在我国传统文化里具有很高的文化价值和艺术价值，具有高大挺拔的崇高美、凌霜傲雪的坚贞美、顽强不衰的生命美、千姿百态的形态美。古代及现代文人墨客借以抒情，表达情感，他们歌以赞松、诗以咏松、文以记松、画以绘松。在应用上，因该充分挖掘这些文化内涵，并结合这些美的规律，将气韵、意境紧密结合起来，表现其刚劲、挺拔、高洁、飘洒、壮美的艺术形象以及作者的人格魅力。

以上美感规律的应用不是孤立的，而是互相穿插，互为联系，互为作用，贯穿整个素材培养和创作过程中。

三、线在黑松盆景定向培养和创作中的实践

坚持尊重原桩，按照线的美感规律取舍布线，借鉴蓄枝截干、微创开槽做弯法、快速培养增粗法等技法培养线条骨架，提高黑松线条的艺术价值。

（一）观赏面及定向培养枝的选定

这是一项重要的基础性的构思设计，对提高素材的潜在艺术价值具有决定性作用。观赏面选定要综合考虑线的因素，其中基、干的线条变化是首要

图 4a　曲干树后续线条宜向内（内收）布线，起点向右前上方运动（破采），线条力避平面化，增加线条的游动感、韵律感

图 4b　设计成型图

图 5a　后续培养的线条先向左上方运动，然后回旋收顶于左前方，既强化了主线条起伏变化的节奏韵律感，又均衡了树势

图 5b　设计成型图（设计、绘图：吴德军）

图 6a　原桩相

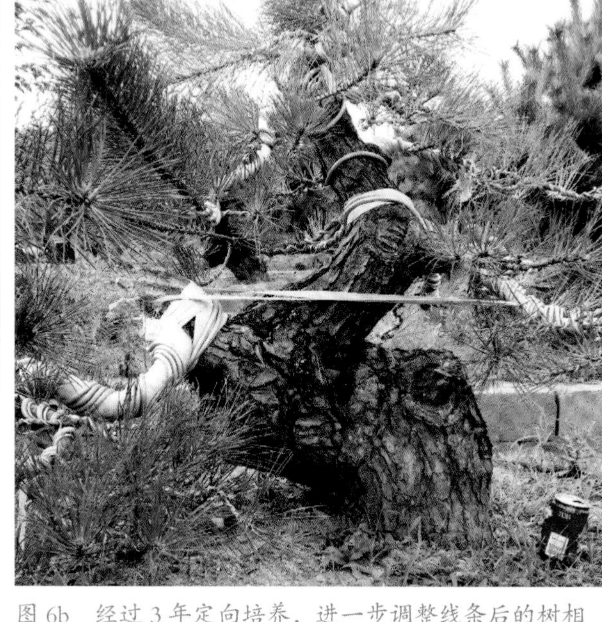

图 6b　经过 3 年定向培养，进一步调整线条后的树相

图 6c　经过 7 年的定向培养，左面大飘枝粗度基本协调，线条流畅且富有力感，增强了整体树势的动感，整体树势磅礴大气

图 6d　设计成型图

图 7　具有特殊性和个性的诸干粗细不一，线条的变化各异，具有多样性，但通过共有的贯穿因素（向左上方运动的总体倾向性）统一，尽显中和之美，即变中求同

图 8a　原桩相

图 8b　打破常规的线条变化，强化了节奏、韵律、速度、力量，尽显和谐之美、空间之美、动感之美

图 8c　设计成型图

决定因素，根、枝可以通过嫁接方法完善。首先从根部开始，根盘要粗壮有力，根和干的线条走向要协调一致，基部硕大有力，起势凹面或向左或向右弯曲，主干线条变化丰富，没有死角，没有影响线条美的大的疤口，同时还得兼顾定向培养的枝位。观赏面确定后，选定定向培养的枝条并进行线条设计也是最重要的基础性工作，一般正面的枝条是最佳枝位，其次是动感一侧枝位，再其次是非动感一侧枝位，最差枝位是后位枝，在定向培养枝缺乏时，应采取嫁接的方法补条。定向培养枝的正确选定是培养线条美素材的关键之一。

（二）线条走向构思设计

按照线的艺术理论，根据原桩的线条变化走向，因材布线，达到缩龙成寸的艺术效果。在形式上可借鉴书法的线——阳刚中蕴含阴柔，或雍容平和、雅逸潇洒（王羲之草书），或如狂飙旋风，绵绵不绝、气贯长虹（怀素狂草），或肥厚粗拙或棱角分明，骨力遒健（颜筋柳骨）；吴道子的线——

图 9a　具有狂草般线条的山采素材

图 9b　设计成型图。设计培养的后续线条和原桩线条形成对比对立关系并形成和谐的统一体，表现黑松的线条美、韵律美

吴带当风，如莼菜条，方圆凹凸，粗细急缓，见勾见斫；《芥子园》画谱的线——骨法用笔，起承转合，气脉相贯，飘逸洒脱；敦煌的线——严谨飘洒，富含动感的曲线；莫迪里安妮的线——浪漫而有生命力及游动感，伸与曲之间富含的韵律感等；在内涵上要将以上形式美规律综合应用并贯穿整个素材定向培养和创作过程中。要创作以上线的神韵，必须灵活运用技法，根据本人多年实践，稍粗的枝干采用微创开槽做弯法，愈后线条的美感最为理想。在具体操作时，开槽宽度占干粗的10%~15%，深度占干粗的80%左右，用黄泥加多菌灵菊酯类农药合成泥将槽塞满，用棉布条顺做弯方向缠紧，按同方向缠紧铝丝，借助杠杆原理顺向扭转固定，难度较大的分两步或三步完成。稍细的枝干直接上铝丝做弯。不管是粗干还是细枝在操作时都要扭转（木纤维、维管束跟着扭转），这样做出来的弯度柔顺自然，同时不容易折断或形成臃肿的疙瘩，所形成的线条似莼菜条、颜筋柳骨等神韵（图1~图9）。

（三）势的构思及气韵、意境的表现

势和气韵、意境紧密相连，韵随势出，境随韵来，势为气韵、意境服务，气韵、意境须通过势来表现。黑松具有独特的生物学特性以及独特的文化内涵，其线条也具有独特的艺术魅力，具有和谐美、节奏韵律美、力量美等，因此用线更能表现黑松盆景的整体势，更能表达作者的思想情感，寄托作者的情感表达，更能表现作品的气韵、意境。首先是基于桩材特点取势，通过仔细推敲和临摹，确立最佳势态（融入作者情感或审美情趣等）；其次是在以上基础上因势利导，必要时候采用夸张、变形等艺术表现手法进一步造势，具体讲就是在构图中，采用增减体量、合理布局、增强线的流动感和力感以达到造势的目的。造势离不开技法，由于造势枝粗度体量都有较高的要求，故用好牺牲枝培养造势枝（大飘枝）是造势、表现气韵、意境的基础和关键。当然在实际创作中还要根据实际情况，结合黑松的线条美艺术属性融入个人的创作意图和思想感情，培养和创作气韵生动、意境深远的黑松盆景佳作（图10）。

图10　具有线条美的黑松作品（高洁图，116cm×98cm，作者：薛以平）

20 盆景意境审美体系构成与创构途径

意境是由中国古代诗词、书法以及绘画逐步发展形成的具有中国传统文化特色的审美特征。指状物抒情作品中呈现的形神兼备、虚实相生、情景交融的诗画审美境界，其最简明的特征是“境生于象外”。作为立体的画、无声的诗的中国盆景艺术，和诗歌、书法、绘画、园林等其他姊妹艺术一样具有意境的艺术属性。深入地探讨盆景意境的本质内涵对盆景艺术作品的创作、鉴赏具有一定的理论意义和实践意义。为此，笔者从多年盆景创作心得出发结合古今艺术家对“意境”的论述，谈谈对盆景意境的审美体系构成及创构途径的认识及理解。

神形兼备——盆景意境审美构成的前提条件。神形兼备是指形和神的统一。形是指盆景的粗细、高矮、轮廓姿态、颜色等外部表现特征，可以由人的感官感知；而神是指盆景所表现的诗情画意、自然神韵、文化内涵等内部特征。太史公司马谈曰：“夫神者，生之本；形者，生之具也。”神是生命存在的根本，而形是生命存在的具体形式或生命载体。形、神是盆景统一体的内外不同又互相依存的两个方面。形是具体的，可以得之于人的感官，神是虚灵的，是本质的东西，但不能独立存在。作为立体造型艺术的盆景必须依靠形象来反映和寄托作者的主观情思，形象的刻画直接关系到艺术表现的深浅，所谓形好而神外溢，形具而后神生。但艺术形象总是有限的具体，因此不能仅仅停留在外形的精确描写上，而应提炼概括，达到以形写神的创作目的。郑永泰大师山松盆景《悟》经过剪裁提炼概括，打破常规山松原形，主干线条遒劲、奔放，简洁的枝片构图悬挂于空中，四周留白，《悟》的神态超凡脱俗。体现了以形传神、以神统形的创作原则。盆景艺术是以自然界山川、树木等自然景观为表现对象，坚持形神的对立统一，以形写神是盆景艺术的客观要求。一方面写形不能不似，不似则树不像树、山不像山，表现对象的神则无处藏身；另一方面，写形不能太似，太似则抓不住事物的本质——神。在盆景实际创作中，创作对象的特性甚至某个特征如柏树的舍利以及盘旋飞舞的水线、松树刚柔相济富含节奏韵律的线条等都可能成为传神的手段，必须深深挖掘，细细刻画。以达到写形传神的目的。我国传统艺术无一例外把神形兼备作为审美的基础，只有神形兼备的作品才能引起审美主体的共鸣。

情景交融——盆景意境审美构成的必要条件。如果说神形兼备是盆景外在的和内在的关系的话，那么情景交融则涉及主观和客观的关系。即客观的

题名：悟
作者：郑永泰

题名：八骏图
作者：赵庆泉

景和主观的情交融互渗的有机结合。情景交融是意境生成的必要条件，也是意境内涵的精髓所在。关于这一点中国古代诗论、画论都有精辟的论述。清代王夫之说："情景名为二，而实不可离。……景者情之景，情者景之情也……情景一合，必得妙悟。"清代王国维把情与景相结合的情况分为三种：一种是"意与景浑"，即意与景有机的、自然的融合、渗透、统一；第二种是"以境胜"，即以客观具体景物的真实描写为主，并流露一定思想感情；第三种是"以意胜"，即主观情思的抒发较多，但又未离开对客观景物的描写。他看重"意与景浑"的作品。盆景艺术和诗画艺术一样，在创作中只有把作者的思想感情、意趣融入所创作的景中，这样的作品才有韵味。如冯连生大师的盆景作品《水路弯弯》、赵庆泉大师的盆景作品《八骏图》等都是情景交融的佳作。没有情、意融入的盆栽都是死景，谈不上意境。因此，形与神、意与象、情与景的相互结合、渗透，是意境赖以存在的条件。

虚实相生——盆景意境的结构特征从主客观的关系看，意境由两部分组成：一部分是客观存在的物象，称为实境；一部分是主观"游心"所形成的虚象，也称"象外之象"。虚境由实境触发而生成，是实境的升华，体现着实境创造的意向目的，体现着整个作品的艺术品位和审美效果，处于意境结构中的灵魂、统帅地位。实境是虚境载体，虚境通过实境来表现，实境在虚境的统摄下来加工。唐

素仁盆景（九里香）

题名：山居图
作者：李云龙

题名：弄舞
作者：韩学年

题名：龙腾
作者：黄敖训

代诗论家司空图所论“象外之象，景外之景”是对虚实相生——意境本质结构特征的最精辟概括。艺术家将自然造化升华为心中的意象，并借助表现手法，拨开表象，注入真情，化虚为实，营造灵奇的虚幻的境地，充分揭示了虚实相生，创造意境的美妙关系。这在作为立体造型艺术的盆景上更能得以体现。当代美学大师宗白华先生进一步深化了意境结构特征的论述，他将意境的内部结构特征概括为“道、舞、空白”。盆景意境也存在同样的内部结构。庄子认为“‘道’为宇宙的本体及动力，其存在状态为非有非无。”道体现了宇宙意识。道的非有非无、不皎不昧正是意境存在状态的象征。艺术家创造的虚幻的境象以象征宇宙的真际，浩渺静虚的宇宙创化是艺术最终的源泉，所谓“一花一世界，一沙一天国”。如素仁盆景，极简的构图，大部分留白，四大皆空，好似“太虚片云，寒塘雁迹”，空灵而自然，从这静、虚、空的禅境中可以体会到道的存在。

“舞”是艺术境界与哲理境界最直接最具体的表现方式，“舞”体现了生命的律动、节奏韵律，它不仅是一切艺术表现的究竟状态，且是宇宙创化过程的象征。柏树盆景的扭曲盘旋、龙飞凤舞，松树盆景线条的节奏韵律、刚柔相济都表现了“舞”的神韵。而表现这一神韵的盆景佳作比比皆是。如韩学年大师的山松经典作品《弄舞》，自然流畅的线条，飞扬的枝片布局，灵动的空间结构，共同营造了动与静的和谐统一。

“空白”是中国传统艺术意境的重要构成。庄子说：“虚室生白”“唯道集虚”。空白体现了中国人的宇宙意识，体现了中国人对道的体验。笪重光说：“虚实相生，无画处皆成妙境。”中国传统艺术以白计黑、抟虚成实的表现手法，是中国艺术的一切造境。中国盆景艺术最重要的特色也是留白，留白就是给盆景意境留下生存空间，给欣赏者带来无限的想象空间。中国山水盆景、水旱盆景借鉴中国山水画的布局，山峰之间、树木之间都留有大量空白。如李云龙大师的《山居图》采用双峰式布局，双峰之间、次峰之上大块留白，与白色大理石盆交相辉映，营造了山水相连、幽静恬淡的境界，体现了人与自然的和谐统一，表现了人对美好生活的向往。树木盆景也注重留白，一方面为神的刻画夸张留下空间，另一方面也是为了增强空间意识。如黄敖训大师的黑松盆景作品《龙腾》，仅在左后方点缀两个小枝片增加深度，左面大部分留白，既凸显了腾龙般线条的舞动，又为龙的腾飞创造了空间，一幅巨龙腾飞的画面跃然眼前，象征着龙腾盛世以及中华民族的伟大复兴。盆景意境具有层深的结构。美学大师宗白华先生认为，“艺术意境不是一个单层的平面的自然的再现，而是一个境界层深的创构，可以有三个层次：直观感相的模写、活跃生命的传达、最高灵境的启示。”清人王夫之也对意境层次作出精辟的概括：“有形发未形，无形君有形”。他认为意境有三个层次：一层，有形。二层，未形。三层，无形。所谓有形，即象内之象或象本身。所谓未形即不见其形，是象外之象。而无形即大象无形，境外之境（最高灵境）。宗白华先生所提出的禅境，李可染先生所提出的化境都属于最高境层。盆景意境也存在同样的层深结构特征。如赵庆泉大师的水旱盆景作品《烟波图》（参见第148页作品图），树石结合多变组合表现手法再现了大自然的美（一层，直观感相给人带来的美的享受）；由此产生愉悦的心情，情感的升华，对美好生活的向往（二层，由一层而产生的精神感悟）；平远法表现的境象以及营造的虚空中的极静共同构成烟波浩渺的禅境（三层，进一步升华，使心灵在宇宙中得到净化），体现了盆景造境层深的无穷奥妙。以上盆景意境审美体系构成是盆景意境创构生成的理论依据。那么，如何才能创构盆景的意境呢？唐代画家张璪说："外师造化，中得心源"。大画家石涛也说："山川使予代山川而言也，……山川与予神遇而迹化也。"当代中国画家也常说："丘壑成于胸中，即寤发之于笔墨。"以上对意境创构途径的精辟论述，揭示了意境创构的必要条件和生成途径。艺术来源于自然生活，因此"外师造化"是意境创构的土壤和源泉，但是仅仅有"外师造化"是不够的，还得有"中得心源"，有"神遇"，有"丘壑成于胸中"，这些主观的意象是意境创构的始基，对盆景意境的创造起着决定性的作用。当然有土壤源泉、始基还不够，还要"以手运心"进行"迹化"（将胸中意象物化为作品实象），使"即寤发之于笔墨"，最终完成意境的创构。意境的创构过程环环相连，主客观的交融互渗贯穿意境创构的始终。其创构途径参见下图：

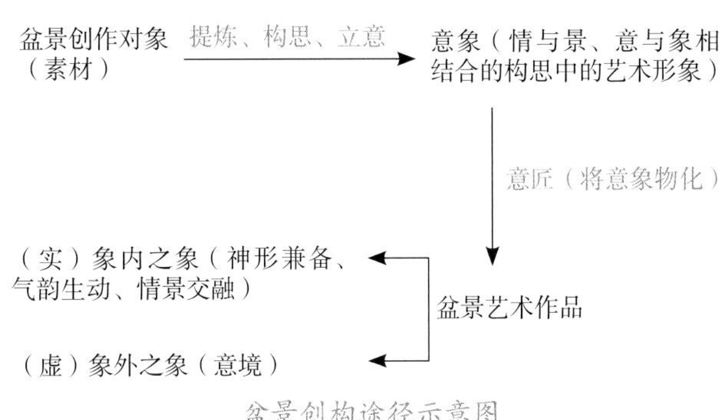

盆景创构途径示意图

盆景艺术作品的意境是由盆景艺术家创造的。中国传统美学把创造意境的手段和过程称作"意匠"。盆景"意匠"其实就是师自然、师造化。这个过程既是对大自然的认识过程、对话过程、观照过程，同时也是个创造过程。大自然秀丽的山川草木既是盆景创作对象又是盆景艺术创作灵感的源泉，所以只有深入自然，细致观察，揭开表象，把握其实质，这样才能透过具体物象，窥见自然万物的规律，把握自然万物的"法理"，以体现人的情感意识，在头脑中形成具有审美意义的意象。体现立象尽意、意在笔先的创作原则。与此同时还要苦练技法等基本功，提高精神涵养，以"澄怀"之心投入创作中。只有这样才能创作出意境佳作。盆景艺术大师赵庆泉先生非常注重意匠，他经常赴名山大川采风，先后两次沿武陵源金鞭溪徒步几个小时，仔细观察研究自然溪水、坡石美感规律，找寻创作灵感。不仅如此，他还认真研究诗画等中国传统文化并将心得融合到盆景创作中，真正做到了"以追光蹑影之笔，写通天尽人之怀"的艺术境界。

盆景意匠手段可以概括为剪裁、夸张变形、组织等加工手法。手法是师造化、法心源完成盆景艺术形象创造的具体手段。从本质上说，盆景是线条和空间艺术，线条不仅具备造型功能而且还有审美功能，具有气韵、和谐、动感、黄金分割、意境等

题名：礼
作者：陈友贵

形式美。剪裁是赋予创作素材艺术生命的基础，因此首先要围绕线条的形式美规律，发挥线条对整个作品的统领作用，进行提炼、改造、定向培养，以概括形体，简化层次，抓住典型化表现特征即传神部分重点刻画表现，即典型化、理想化、夸张，使之符合创作要表现的主题。高级盆景作家陈友贵先生在创作刺柏盆景《礼》过程中大胆将左上方枝干去除制作舍利，删繁就简，突出线条节奏韵律，融入作者的感恩感激之情，创作出了富含意境的盆景佳作《礼》。刘传刚大师的盆景作品《大风歌》以风动式创作手法，将线条拉长，加强线条的力感，表现了大风起兮云飞扬的豪情壮志，是夸张的极好范例。在盆景实际创作中，素材的剪裁要在尊重素材习性的基础上进行。剪裁、美化、夸张、变形不可避免地形成了艺术形象和现实形象的偏离，从消极方面说偏离是不得已而为之，从积极方面说，偏离是提高盆景艺术价值的需要。偏离与作者的审美经验、主观审美理想、审美趣味有关，同样一件素材不同的人创作不尽相同，因为素材本身就具有多面性丰富性。创造性的风格偏离是盆景艺术个性化的标志之一，也是盆景创作者不断追求的目标。组织，指的就是构图，经营位置，是创作的总成。构图是审美意象的物化表现。简洁灵动的构图是意境生成的条件。要做到灵动而有意趣，就必须在空间的处理上多下功夫。要打破常规，巧妙利用空间，一个巧妙的安排往往能起到深化主题的作用。要按照疏密有致、争让有序、顾盼有情、主次分明等一系列盆景造型审美规律处理好一系列对比对立关系。使景穿插自然，透视深远，营造空旷、宁静、深邃、辽远的意境韵味。由于盆景艺术的特殊性（景、盆、几架三位一体），因此在组织上还要兼顾景、盆、几架以及陈设的多样因素的和谐统一。同时，作为立体的画、无声的诗的盆景艺术，题名可以起到画龙点睛的作用。通过以上的合理组织，共同创构盆景的审美意境。

题名：大风歌
树种：博兰
作者：刘传刚

21 般若观照与盆景艺术的审美体验

所谓“般若观照”就是一种智慧观照，般若就是智慧性，智慧性是人人都具有的本觉自性。“菩提般若之智，世人本自有之”，参禅者如要自在解脱，就必须“起般若观照”“以智慧观照，内外明澈，识自本心，若识本心，即是解脱”。在南禅那里，所谓般若观照，即所谓的禅体验，乃是一种超越主客两分的一种直觉体悟，其在本质上是一种生命体验，也是审美体验。而这种体验具有不可言喻性、独特个体性、亲证不可替代性，只许“如人饮水，冷暖自知”。

禅是宗教的极致，自悟自证乃是南禅的特有宗风，靠概念、逻辑推理等知解是无法找到本心的，只能靠“自性自度”。而禅体验也只能靠自悟。而且这种体验无法言说，非当事人不能领会。《五灯会元》卷十九《照觉克勤禅师》记载的克勤呈五祖法演的一首偈可以形象地说明这种感受。

“金鸭香销锦绣帏，笙歌丛里醉扶归。少年一段风流事，只许佳人独自知。”五祖深为赞许。如果说男女相爱相思的心境非当事人不能理解，那么，禅的体验同样非当事人不能领会，这种直觉体验中的种种感受唯赖“亲证”，而且无法用任何思想或概念与之完全适应。

这一切，从思维方式和心理感受看与盆景艺术的审美体验如出一辙，对盆景艺术的审美创造、鉴赏活动具有很大的启示意义。

盆景艺术的审美活动中，审美体验是指审美主体对审美对象进行聚精会神的审美观照时所经历的感受，它和禅体验具有异质同构的关系，同样也是个复杂的过程，它广泛涉及审美注意、审美想象、审美意象、审美直觉等各方面内容。

从主客观讲，盆景的审美体验涉及审美主体和审美客体两个方面。一方面，只有当审美客体具有

题名：岭连浩榆
树种：榆树
作者：曹立波

题名：丰华
树种：真柏
规格：高 50cm
作者：李国宾

美感特征，富有美感力量，能够契合人们的审美需要，激发人们的审美感情时，它才能成为注意的中心，引起强烈的审美体验。另一方面，只有当审美主体具有盆景艺术的审美能力和审美需要时，他才能对审美对象进行聚精会神的观照，从而产生审美体验，一个不懂盆景艺术甚至对盆景根本不感兴趣的人是不可能获得盆景审美体验的。

根据中国古典美学在审美体验方面的认识，盆景艺术审美体验应着重从如下几个美学命题契入。

一、在盆景艺术的审美体验时，要做到“用志不分，乃凝于神”

审美体验是审美主体在对盆景艺术作品或创作对象进行聚精会神的观照时所经历的审美感受。那么，审美注意在审美活动中就处于十分重要的地位。因为审美注意是审美活动的开端，出现在审美心理过程的准备阶段，且贯穿审美活动全过程。由于审美注意具有指向性和集中性等特点，人们可以获得有目的、有组织的审美感知和审美经验，从而进行审美创造或产生审美愉快。中国古典美学对审美注意的特点及其在审美活动中的重要性，作了形象化的描述和精彩的论证。这些形象化的描述和论证对盆景艺术的审美注意应该具有很大的启发意义。

《庄子·达生》中关于“佝偻者承蜩（蝉）”和“梓庆削木为鐻”的寓言故事，说明掌握一门技艺应该“用志不分，乃凝于神”。佝偻者“虽天地之大，万物之多，而唯蜩翼之知”；梓庆“斋以静心”“未尝敢以耗气”，甚至忘记自己的“四肢形体”，不分心于外物，心中只有“鐻”的形象。虽然这两个寓言故事论述的是养神的境界，但是，“用志不分，乃凝于神”的这种高度专一、高度集中的状态，形象而又准确地概括了审美注意的特点——审美就是凝神的境界，就是一种极端的聚精会神的心理状态。

包括盆景艺术在内的文艺创作必须要有“用志不分，乃凝于神”的精神状态。关于这点，中国古代美学也多有阐发。

晋代陆机提出了文学艺术构思时要“其始也，皆收视反听，耽思傍讯”。其意思是说，构思开始时，必须“寂焉凝神”，摒除视听的干扰，这样才能使精神活跃起来；齐梁时代的刘勰也提出了“陶钧文思，贵在虚静，疏瀹五脏，澡雪精神”。其意思是说，在文学构思时，要清除心里的杂念，以虚静纯净的心胸对待艺术构思。以上关于文艺构思的论述都在强调只有将全部注意力集中在所观察的客观事物上，才能使“情曈昽而弥鲜，物照晰而互进”（意思是说，文思到来像初升的太阳，由朦胧而逐渐鲜明，物象清晰而互涌）。从而引起审美体验，获得审美感受，形成鲜明、清晰的审美意象。从而“窥意象而运斤”，把审美意象迹化为艺术形象。

许多诗人承认，静心凝神的默照状态，最能达到“用志不分，乃凝于神”的状态而唤起灵感的爆发。因此，对古代文人士大夫具有很大的吸引力，这也是宋代以及后世文人士大夫喜欢默照禅的原因之一。永嘉四灵之一的徐照就自称有过“掩关人迹外，得句佛香中”的体验。

在绘画、书法创作和欣赏中同样需要重视审美注意。如唐代画论家张彦远提出：“守其神，专其一，合造化之功，假吴生之笔，向所谓意存笔先，画尽意在也。凡事之臻妙者，皆如是乎，岂止画也。”唐代书论家虞世南指出：“欲书之时，

当收视反听，绝虑凝神，心正气和，则契于妙。”上述所谓“守其神，专其一”“收视反听，绝虑凝神”也都是强调“用志不分，乃凝于神”在艺术创作和欣赏中的重要作用。

以上关于“用志不分，乃凝于神”对文学、诗歌、书法、绘画的创作和欣赏重要性的论述，同样适用于盆景艺术。

在文艺创作和欣赏中不仅需要“用志不分，乃凝于神”的精神的高度集中状态，而且还应做到超越主客、物我两忘的境界，只有这样才能获得深层的强烈的审美体验，进入最高的审美境界。张彦远在《历代名画记》中指出：“凝神遐想，妙悟自然，物我两忘，离形去智。身固可使如槁木，心固可使如死灰，不亦臻于妙理哉？所谓画之道也。”张彦远认为能够做到聚精会神的迁想妙悟，达到一种物我两忘、心净如空，像没有自主意识一样的创作境界，才是画之道。宋人罗大经也记述了曾云巢（无疑）画草虫的创作经验：“曾云巢工画草虫，年迈愈精。余尝问其有所传乎，无疑答曰：‘是岂有法可传哉？某自少时，取草虫笼而观之，穷昼夜不厌。又恐其神之不完也，复就草地观之，于是始得其天。方其落笔之际，不知我之为草虫耶，草虫之为我也。此与造化生物之机缄盖无以异，岂有可传之法哉？’”所谓“不知我之为草虫耶，草虫之为我也”乃是指艺术家在审美观照中进入了物我两忘、主客两泯的极境，从而感受到最强烈的审美体验。

盆景艺术虽然以实物作为创作对象或鉴赏对象，但在其审美注意上仍然以其审美特征为焦点，创作的过程也是去伪存真的过程，不仅需要聚精会神地反复审视、推敲、琢磨，而且还需要以物我两忘、主客两泯的极境状态对审美意象进行构思，以表现宇宙自然的生命状态。

二、在盆景艺术的审美体验过程中，要做到“咀嚼既久，乃得其意”

宋代诗人范晞文在其撰写的《对床夜语》卷三中对品诗有“咀嚼既久，乃得其意”的论述，指出诗意要由表及里反复玩味、由浅入深反复捕捉、领悟，从而使审美体验逐步深化。所谓“诗读百遍，其义自现”。盆景艺术的审美活动同样需要反复观察、品咂。我们在盆景审美活动中，当盆景作品或者素材不能够引起我们的审美注意时，我们往往可能一瞥走之，不再关注它。但当一件优秀的艺术作品或者能够引起我们的审美情趣甚至有创作欲望的优秀素材出现在我们眼前的时候，往往是其外在的形象先吸引我们，假如我们的审美仅仅停留在对外在形象的观看，所谓的外行看热闹，而不能深入作品内部进行反复的品味，那么就不可能体会到作品的“景外之景”“象外之象”“味外之旨”，审美体验只能停留在初级阶段，更谈不上所谓的“般若观照”，因为艺术来自于心源，只有反复咀嚼，用心体悟，以致起般若观照，才能把握真谛，体验到最高的审美意境。

三、在盆景艺术审美体验中要保持“不即不离”的审美距离

“不离不染”或“不即不离”或“不粘不脱”等是禅宗重要的修行方法。慧能为了宣扬“顿悟成佛”，提出了“无念为宗、无相为体、无住为本”的三无主张。他在论述三无思想时说到：“何名无念？无念法者，见一切法，不著一切法，遍一切处，不著一切处，常净自性，使六识从六门走出。

题名：松风雅韵
树种：罗汉松
规格：113cm × 125cm
作者：魏积泉

题名：柳韵丝梦醉春江
树种：小石积
作者：夏慧琼

于六尘中不离不染，来去自由，即是般若三昧，自在解脱，名无念行。”慧能认为要“顿悟成佛”，在修行方法上就要强调心不受外物所迷惑，“于一切境上不染”“于念而不念”。所谓“于一切境上不染”“于念而不念”就是不能起任何追求之心。后来黄檗希运禅师在慧能“不离不染”基础上提出了“不即不离”的修行思想。他说：“但于见闻觉知处认本心，然本心不属见闻觉知，亦不离见闻觉知；但莫于见闻觉知上起见解，亦莫于见闻觉知上动念，亦莫离见闻觉知觅心，亦莫舍见闻觉知取法。不即不离，不住不著，纵横自在，无非道场。”

黄檗希运明确提出了“不即不离”之说。“本心”就是佛性，强调“本心”对于“见闻觉知”要采取“不即不离”的态度，这是慧能思想的核心。

禅宗主张的这种修禅的方法，就是要使本心在接触外境时，不执着于外境，因为执着于外境就是妄念，有妄念就不可能成佛；但又不能离开外境，离开外境就没了亲证的依据，也就无法悟到真如本性。因此，强调对“万境”（万象森罗的现象界）保持一个心理距离，既接触宇宙人生，又不执着于宇宙人生，使“佛性常清净”。为此，慧能倡导直觉内省的方法——“般若观照”：汝若不得自悟，当起般若观照，刹那间，妄念俱灭，即是真正善知识，一悟即知佛也。自性心地，以智慧观照，内外明彻，识自本心，若识本心，即是解脱，既得解脱，即是般若三昧。悟般若三昧，即是无念。

如前所述，“般若观照”是一种智慧观照，它一改靠概念、推理、逻辑等的常规思维方式，而以直觉顿悟的方式，直达自性心地，使内外明澈，识自本心，获得般若三昧的审美体验。这种直观顿悟的思维方式和包括盆景艺术在内的审美体验有某种相似性，要获得审美的最高境界，就必须起般若观照。

盆景艺术审美活动是一种复杂的心理活动，一方面主体对审美客体必须“即”，就是需要全身心投入，这样才会捕捉到丰富的审美信息，才会有强烈的审美体验，并由此产生丰富的联想，从而获得无限的审美体验；另一方面，主体又必须要“离”客体，不能被客体的相所束缚，因为即是手段而非目的，所谓得意须忘象，得鱼要忘筌。俗话说得好，“距离产生美”，如果不离就不能反观内心，使审美观照成为意志活动，不免让现实功利的计较压倒美感，从而减弱、排斥情感体验。使人产生“不识庐山真面目，只缘身在此山中”的感慨。但审美毕竟不能离开客体，“离”又不能距离太远，否则又会因为缺乏了解或体验肤浅与观照对象形成隔膜，形不成审美关系。因此，“不即不离”“不离不染”“若即若离”是解决审美矛盾最好的办法。

近代美学家王国维的《人间词话》云：“诗人对宇宙人生，须入乎其内，又须出乎其外。入乎其内，故能写之，出乎其外，故能观之。入乎其内，故有生气；出乎其外，故有高致。”这就是著名的“出入”说。王国维错比言之，显示出二者相互依存、互为表里的辩证关系，其实质在说明诗歌的审美须坚持“不即不离”的审美态度。王氏“出入”说虽然以诗而论，但对包括盆景艺术在内的一切艺术都具有普遍意义。对盆景艺术而言，所谓“入呼其内”就是要对作品内在的审美特征、表现手法、所要表现的主题内容等审美元素进行详细的解读，充分把握作品的本质特征；所谓“出乎其外”，就是要从作品的境相中跳出来，站在一定高度，以独特的视野，对作品反复回味、品咂，以捕捉象外之象的韵味。

题名：瓶兰探月
树种：金弹子
作者：王开安

“不即不离”说被古代美学家用来作为艺术形象审美特征的总结和概括，当然“不即不离”的审美要求也是其对盆景艺术美学特征的价值尺度。盆景的这一美学特征也是具有我国民族特色盆景艺术的要求。

其一，盆景艺术不能太“即”同时又不能太“离”。盆景是源于自然又表现自然景色的一门艺术，是对自然景物的高度浓缩，但绝不是对自然景色的照搬照抄，因此形的塑造不能面面俱到，而是对其审美特征重点刻画。如果太“即”，形同实物标本，必然令人索然乏味；但如果“不即”，一点都不像，远离表现对象，又会使人不可捉摸，难以领悟。只有做到“不即不离”，才能使艺术形象具有强烈的审美意味。

盆景艺术形象上的不即不离，在于以形传神的表现手法的灵活运用。因为神似往往需要借助那种“不即不离，是相非相”的艺术形象来表现艺术家的独特的审美感受，把欣赏者引进一个能够进行充分想象的幽深宽广的艺术空间。许多优秀盆景艺术家的传神之作，其艺术形象常常是“若隐若现”“似相非相”，“如灯镜传影，了然目中，却捉摸不透”，因而“渺茫多趣”，给欣赏者提供了审美再创造的极其广阔的空间，留下了进行补充、想象和再创造的无限可能性。

如朱有才先生的真柏盆景作品《碧云出岫》（参见第142页作品图），采用悬崖型造型，空间布局节奏化、流动化，其动感十足，好像几朵碧云从山涧飘出，不是仙境却又胜似仙境。而当你试图走近这个仙境的时候，却“握手而违”了。这种美感你不去真正领悟是感受不到的。

其二，“不即不离”也是盆景艺术鉴赏的一个重要原则。当我们在盆景艺术审美活动时，一方面要深入对象之中，不但要“了然于目”，而且又要了然于胸，使自己在凝神观照中达到物我同一、主客两泯的境界。另一方面，又要求人们在心理上与鉴赏对象分离，以虚空清净之心观照鉴赏对象。正如朱光潜先生所说：“创造和欣赏的成功与否，就看能否把‘距离的矛盾’安排妥当，‘距离’太远了，结果是不可了解；‘距离’太近了，结果又不

题名：逸韵洞庭
树种：雀梅
作者：苏小宝

免让实用的动机压倒美感，‘不即不离’是艺术的一个最好的理想。”这里需要进一步指出的是，盆景艺术的鉴赏活动的这个审美原则，是由盆景艺术形象的审美特征与艺术创作的审美规律所制约的。盆景艺术家经过剪裁、浓缩等典型概括，使自己所创造的艺术形象具有“不即不离”“若有若无”等特征，只有和审美对象保持一个恰到好处的距离，才能在赏心悦目的反复玩味中，体悟到审美对象所蕴含的那种难以言传的审美意味，从而获得完美的审美体验和审美享受。

四、要追求盆景艺术的最高审美体验就必须“彻悟到家，一了百了”

前文所论及，盆景艺术不能简单地模仿自然，而要追求一种“景外之景”“象外之象”“韵味之致”“味外之旨”，能让人从有限的形式中领略无穷的意味，并随着审美体验的不断深入，最终达到一种豁然开朗、心领神会、赏心悦目的超妙境界。那么，这种审美的极境单从艺术形象上是不能直接被看到的，需要从艺术形象的暗示上不断悟入，正如清代画家王时敏所说：“犹如禅者彻悟到家，一了百了，所谓一超直入如来地，非一知半解者所能望其尘影也。”王氏所言，一方面说明最美的体验需要“悟”，另一方面“悟”也需要一定的基础，“一知半解者”是难以达到最高审美境界的。

首先，审美体验的深入，需要丰富的审美经验和较强的审美能力。没有一双发现美的眼睛是不可能发现盆景的美的。这就要求审美者不断提高自己的审美能力，练就一双“具眼”，有“独见之明”。关于这方面的道理，古人从不同的角度进行了论。如汉代王褒针对洞箫演奏的欣赏说到：“知音，乐而悲之；不知音者，怪而伟之。”《淮南子》出：“六律具存，而莫能听者，无师旷之耳也。”代画家韩纯全指出：“琼瑰琬琰，天下皆知其为也，非卞氏三献，孰别其京山之姿而为美？”以论述都说明一个道理，即要能欣赏音乐与绘画之，获得审美体验和感受，就必须要有能感受音乐耳朵和感受形式美的眼睛。因此在盆景审美活动练就一双“具眼”、有“独见之明”，能够及时发审美对象的审美特征和独到之处是很有必要的。

其次，审美体验的深入，需要有丰富的对自然洞察欣赏的阅历，“胸中有丘壑，腹里有乾坤”。许多艺术家和美学家都十分强调对自然树木、山川河流、地形地貌等细部特征的深入观察，以积累丰富的对自然的认知经验对包括盆景在内的艺术创作的极端重要性。元代画家李澄叟指出：“画山水者，须要遍历广观，然后知著笔去处。”清代画家沈大士说：“诗画均有江山之助，若促局门里，踪迹不出百里之外，天下名山大川之奇胜，未经寓目，胸襟何由而开拓？”都是在说，诗画须从大自然中汲取营养，开拓胸襟，如果只靠闭门造车，是不会创作出好作品的。虽然论的是诗画，但盆景何尝又不需要这样呢？

一些理论家还指出，审美者与艺术作品所表现的内容有相似或相同的经历或心境时，就能够比较深入地领悟和把握艺术的审美特征，获得深切的审美体验与感受。这是因为我们的审美体验必然是以“兴象”的产生为前提的，“兴象”一方面来自审美客体的激发相感，另一方面来自审美主体的情志兴寄。“兴”的产生以具有审美特性的外物的触发为前提，《乐记》云：“人心之动，物使之然也。感于物而动，故形于声。”意思是说，人的心动来自于外物的感化，心受到感化所以就发出了声音。宋人李仲蒙在其“情物交感说”中云：“叙物以言情，谓之赋，情物尽者也；索物以托情，谓之比，情附物者也；触物以起情，谓之兴，物动情者也。”此论将《诗经》赋、比、兴与“情”“物”二字统贯，通过“情”与“物”双方的不同结合关系构成艺术形象，抒发诗人情志，从美学和文学意义上揭示了《诗经》情物交感、托物言情、触物动情的形象思维的本质。宋理学大师朱熹也云："比则取物为比，兴则托物兴词。"以上论述都说明也就是物色激发在先，情致感应在后。

明代画论家董其昌介绍他的审美经验时说："古人诗语之妙，有不可与册子参者，唯当境方知之。长沙两岸皆山，予以牙樯游行其中，望之地皆作金色，因忆水碧沙明之语。又自岳州顺流而下，绝无高山，至九江则匡庐突兀，出樯帆外，因忆孟襄阳所谓'挂席几千里，名山都未逢；泊舟浔阳郭，始见香炉峰'，真人语千载不可复值也。"董氏关于"当境方知"之说有两种含义。其一，当身临其境的情况下会获得深刻的审美感受；其二，当欣赏者的生活经验与艺术作品的思想内容相似相通时，就会产生亲切的审美体验。比如某件盆景作品表现的是长白山天池风光，对于实地游览过此地的人来说，审美体验可能会更深刻、更亲切。再如，某件竹子盆景作品以潇洒、高洁、谦逊的艺术形象表现一种虚怀若谷、高洁的情怀，对于追求这种人格魅力的人来说，可能更有感染力。所以，深刻的审美体验是以丰富的阅历和深刻的生活经验为基础的。

再次，审美体验的深入，需要有丰富的想象力。对盆景艺术的鉴赏与体验必须借助联想和想象，把艺术形象转化成审美者头脑中的生动的审美意象，并用自己的生活阅历、思想情感、审美理想和情趣去补充和再造这种审美意象，使之更臻于成熟和完美。

盆景艺术的意境是盆景艺术作品的灵魂和核心，指的是"象外之象""景外之景"。司空图在《与极浦书》中云："戴容州云：'诗家之景，如蓝田日暖，良玉生烟，可望而不可置于眉睫之前也。'象外之象，景外之景，岂容易可谈哉！"司空图借用中唐诗人戴叔伦的话来说明"象外之象，景外之景"即意境的审美特征。蓝田美玉温润如脂，在和煦的阳光下，玉光溢泄，似雾霭缭绕，而这一美景却只能远望而不可近睹。这种若有若无、若即若离、似虚似实、可望而不可及、可意会而不能言传的景象，就是"象外之象，景外之景"。这是诗家的最高艺术境界，也是盆景艺术的最高境界。那么这种"象外之象，景外之景"全赖鉴赏者凭借其丰富的想象力，去再创造。缺乏丰富的想象力是难以达到最高审美境界的。

盆景艺术审美活动是一种极为复杂的高级心理活动，它不仅要求以主客观统一为前提，以丰富的审美经验为基础，而且要求主体具有"澄怀味象"的审美心胸。盆景艺术审美不是基于主客两分的一种认识，而是"天人合一"的一种体验。要获得最高的审美体验，必须起"般若观照"，以参禅悟道的精神彻悟到家，以体验最高的禅境。

题名：天池风光·长白山
石种、树种：龟纹石、真柏、芝麻草、太闲
规格：盆长 120cm
作者：韩琦

22 文人树审美的超越性

题名：米芾书意
树种：崖柏
规格：高 110cm
作者：薛以平

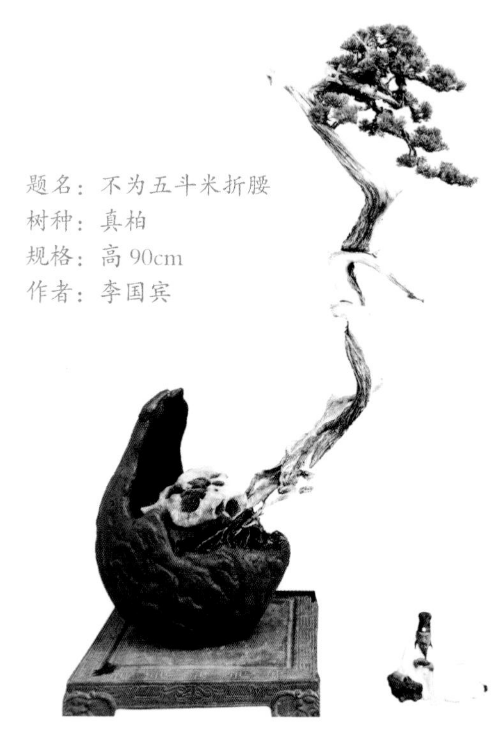

题名：不为五斗米折腰
树种：真柏
规格：高 90cm
作者：李国宾

文人树这种带有文人情趣的盆景，以及其简约的形式、丰富的审美内涵、深刻的情感表现、高雅飘逸的艺术形象，深受广大盆景爱好者的喜爱。近年，以赵庆泉、韩学年等为代表的盆景艺术家对文人树渊源、特征、形式以及所表现的意境进行了深入的研究及阐发，为我国文人树盆景的研究推广做出了突出的贡献。本章试图从美学的角度对中国当代文人树盆景的性质、审美意蕴、意境表现，作初步的探索。并认为文人树盆景具有心灵自由的主体性、构图的极简性与象征意义的丰富性、传统美学思想包容性、立品高雅的文化性、“形式”与“意味”的统一性等美学特征。这些特质不仅触及文人树盆景艺术本质深处，同时也蕴含了审美的某种超越性，所流露的文人思想，在带给欣赏者审美愉悦的同时更能发人深思。下面从美学角度谈谈对文人树盆景审美超越性的理解和认识。

一、心灵自由的主体性

文人树盆景注重的是审美个性，将主观情趣摆在第一位，要求从个人情感满足的角度进行创作及欣赏。换句话说，文人树盆景在形、神、意的表现上以神、意为主，注重的是主观精神创造，在审美

题名：青山云中客
树种：真柏
作者：李财源

情感上追求的是自由的精神境界。这种自由不是普通意义上的自由，而是一种超越的自由。

关于这一点，康德早在18世纪就提出“美同自由相关的思想”，席勒则直接提出“美是现象中的自由”的论述。当然，这里所指的自由不是随心所欲的行为，而是人与自然和谐统一的绝对自由精神境界。这种精神境界摆脱了把外部事物仅看作是达到生存目的的工具，而进入一种观照状态，向人展示出宇宙和人所特有的力的作用的活动模式。这是一种与直接的生存活动脱离开的自由的形式。当人与这种自由的形式融为一体时，它就有一种摆脱了实用需要之后的解放感，有一种跳出了狭窄圈子之后的广阔无限感，从而获得全新的审美感受。这种自由的形式成了个体与社会、有限与无限、暂时与永恒的中介，通过这样一个中介，人们便走出了“小我”而进入了“大我”；脱离了日常感情，进入了与大自然、与他人、与整个人类社会融为一体的崇高的审美感情。而这些崇高的审美感情正是文人树盆景创作表现及欣赏的主体。

文人树这种在技法上讲求由技入道追求创作自由的意识，集中反映在对自然的认识及艺术表现上。文人树观照自然美并不止于形色之丽，而是以自我对生命活动的体验来体现宇宙观，实现人的精神与宇宙精神合二为一时的自由无碍。这就是宗炳所说的“澄怀观道”与“畅神”。因此，看似简单的文人树不是一般人都能做出味道的，只有情高格逸、遗世独立、天纵之能的隐逸者才能真正得到艺术的真谛。我们所熟知的素仁盆景、当代盆景艺术大师赵庆泉的文人树盆景，无不蕴含摆脱功利而达到的自由的精神境界。如果说艺术是人的精神的表现形式，那么每一件文人树作品的意蕴就是作者创作心理的写照。

二、构图的极简性与象征意义的丰富性

文人树盆景多以孤高、简洁、飘逸为其主要特色，这种独特的形式与所表现的审美情感密切相关。实际上，这种极简性与丰富性的辩证统一包含两种相逆的过程。从外部形象看，它是从繁到简，甚至是简到“多一枝嫌多，少一枝嫌少”，从某种意义上来说，这个过程是由模仿到再现再到抽象的过程；而从所表现的内容和象征意义上讲，它却是从简到繁，或者说由简单走向复杂，由感性走向体悟，由自然的再现走向自然的妙造，由无意味的形态走向有意味的形式创造。这种貌似简单的极简，实质上是用简约的形式传达出极其深沉、含蓄的意味。它不仅需要娴熟的表现手法，还要具备由长期社会生活实践积淀而形成的审美情感与这种极简形式的碰撞与融合。正如郑板桥所说“四十年来画竹枝，日间挥洒夜间思。冗繁削尽留清瘦，画到生时是熟时。”可见文人树的极简并不是随意的减少，而是在众多无意味形式中抽取有意味的线条与空间的组合，这个过程也是一种制造艺术符号的过程，且这种艺术符号不是无生命的枯燥无味的数字，而是有生命的形式，是艺术家先将自己丰富的见识和审美情感化为审美意象，然后以手运心，从而凝成的艺术形象。这种极简的形式从某种意义上说，也体现了中国盆景由具象艺术到意象艺术的飞跃。

题名：出谷
树种：五针松
作者：赵庆泉

正如中国原始洞穴中那些动物的形象，起初仅仅具有一种极单纯的巫术含义，而到后期，随着形象的简化，其象征意义越发丰富，当演化为后期陶器上的几何纹饰时，其象征意义就更复杂曲折。文人树的极简和众多中国传统艺术的简化象征意义有异曲同工之妙。

三、传统文化思想的包容性

中国传统艺术深深植根于中国传统文化，文人树也不例外，来源于中国文人画的文人树包容了虚静与空灵的道家思想、中和及比德的儒家思想、净心观照与自由境界的禅宗思想。

大“道”至简。文人树借鉴了文人画“抟虚成实、计白当黑”的创作手法，将无表现意义的部分全部舍弃，腾出大量的空间留白，为作品留下较为广阔的艺术空间，于虚实相映中透出盎然的气韵与灵动。蕴含了道家的哲学思想与美学思想。庄子曰：“虚室生白，唯道集虚”，空白是虚，悟之则实，既是无形，也是有形。清初画家笪重光也说：“虚实相生，无画处皆成妙境”，因此这些“空白”就不能理解为“虚无”，它是一种“藏境”的手法。文人树空间的“虚静”和“空无”经由道家思想的阐释，被赋予了形而上的意义，在这些虚白上幻现着盆景艺术家无限深意，无限深情。艺术境界里的虚空要素正是国人宇宙意识的体现。只有深得庄子的超旷空灵，才能如镜中花，水中月，羚羊挂角，无迹可寻，所谓“超以象外”，实际上，中国哲学是就“生命本身”体悟“道”的节奏。

“道”具象于生活、礼乐制度。庄子这位具有艺术天才的哲学家，对于艺术境界的阐发最为精妙，他认为“道”这一形而上原理和艺能够体合无间。“道”的生命近乎技，“技”的表现近乎“道”，“道”尤表象于“艺”，灿烂的“艺”赋予“道”以形象和生命，“道”给予“艺”以深度和灵魂。文人树盆景的节奏花的流动的空间构图，体现了国人对“道”的体验，正像美学大师宗白华先生所说“于空寂处见流行，于流行处见空寂”，看似简单却有着深层画理意蕴的寥寥数枝，最大限度地赋予了形而上的意义。

儒家宇宙自然观的核心是人道与天道的统一。“大乐与天地同和，大礼与天地同节”。儒家从人道与天道的统一中寻找美的规律，人与自然可以比德。这种美学特质在文人树盆景作品中多有表现。

“中和之美”是儒家美学的精髓，其基本涵义是谐调适中，不偏不倚。因蕴含诸多文化意蕴的“中和之美”体现了中国古代艺术根本精神，是古

题名：舞
树种：真柏
作者：李文明

代人生实践和艺术创造的最高理想。《中庸》有云："中也者，天下之大本也；和也者，天下之达道也。致中和，天地位焉。""中和"主张的是整体的和谐。它作为儒家文化的理想是美的极致。儒家推崇的以现实政治和人伦社会为中心的整体和谐，也把人的审美心理引向"情理统一，情感表现遵循理性规范"的理想情境，同时在艺术创作过程中，要保持心境的平和，不急不躁，以含蓄的方式表现思想情感。文人树体量较小，避开功利性的价值取向，人们将文人树审美焦点放在了"真善美"表现上，在创作上更注重"天人合一"人与自然的和谐统一，在情感表现上更注重对自然的体悟和对自然生命的体验，文人树所表现的"真善美"也是儒家美学思想所追求的大美目标。文人树线条刚柔相济，弯而不屈，树形清瘦中透出精神，静寂中透出淡定，孤高中透出潇洒，简洁中透出淡泊，……其内在的刚柔相济，外在形象的文质彬彬，正是儒家风范的追求。

禅宗的哲学思想和美学思想就是在净心的观照中感悟超越自由的精神世界。禅宗的本旨是"解脱"，即解脱人世间的种种束缚，获得生命的"大解放""大自由"。文人树盆景吸收了这种佛教禅宗的美学思想，突破了传统的创作思想和艺术表现手法，开拓了一种空寂、淡泊的禅境风格。深受人们推崇的素仁高僧，由于其长期生活在寺庙中，深受佛教禅宗思想的影响，性格孤傲，其作品极为简洁，超旷空灵，表现了了无牵挂、无欲无求、看空一切、忘却自我、超越自由与宇宙合而为一的佛陀境界。禅宗为文人树盆景提供的美学价值，恰恰是选取日常微不足道之景传达并表现具有空幻深意的存在感觉，所谓"色即是空，空即是色，色不异空，空不异色。"而素仁盆景正是这种美学价值的典范。

总之，文人树盆景在其漫长的发展过程中，吸纳了虚静空灵的道家思想、中和为美的儒家思想、超越自我寻求自由精神境界的禅宗思想。文人树的这种超越儒、道、禅某个单一思想而呈现的兼收并蓄的包容性，体现了中国传统艺术中儒、道、禅交融互渗的美学特征。使文人树盆景在思维方式上避免走向歧途，使一切优秀的传统沿着正确的轨道一直向前。

题名：望断南飞雁
树种：老鸦柿
作者：徐昊

题名：天趣
作者：韩学年

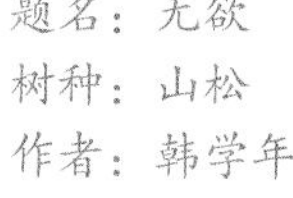

题名：无欲
树种：山松
作者：韩学年

题名：西风瘦马
树种：红枫
作者：徐昊

四、立品高雅的文化性

文人树盆景和文人画一样，是在诗书画等文化氛围中产生和发展起来的。文人盆景的鼻祖苏轼就提出“诗画本一律，天工与清新”的美学思想。“天工与清新”是诗、画、盆景共同的美学追求。诗、画、盆景作为不同的艺术形态，它们的一律必定是一种无形的相通，即体现在艺术物质形态之外的审美、艺术风格、构思手法以及艺术家对人生、对历史对宇宙的感悟等深层关系上。实际上，文人树所求之工，并非“刻画”之迹中显现出的精工细琢的实景，而是极尽大自然本性的诗情画意的表现。不仅如此，诗歌“六义”中“赋、比、兴”尤其是“比、兴”的艺术手段，在文人树盆景中也得到了一定体现，如素仁的九里香盆景《姻缘》，将客体拟人化，双干造型似一对有缘人，象征命中注定的缘合。这种将客体形象赋予人的思想感情，将客体赋予了人情味，也正是文人树盆景借物抒情的使命。此外，元代文人画家赵孟頫提出了“书画本来同”的观点，也体现了书法艺术和文人树盆景的渊源。中国书法作为点线传达对宇宙人生认识作者感情心境的艺术，不描写具体物象，却体现出了宇宙根本法则——“道”。所谓“书为心声”，即指并非依靠具象，而是依据由书意运动所形成的笔法形态的轨迹传情达意。同时，从本质上说，书法和盆景同属线条艺术，线条的运动变化代表着宇宙万物的律动和生命活力，《易经》上说：“天行健君子以自强不息”，万物皆为生生不息的生灵，宇宙的运行与生命的流动融为一体，只有流动的生命，才会有生命的感受，只有以生命的感受去体验宇宙的运行，才能创造和认识灵动活脱的艺术。

深受中国传统文化影响的文人树盆景，深得诗、书、画艺术表现的精髓，不满足于纯粹的树木形象，而是出之于诗书画的相生相映，对这些传统手段恰到好处的运用，不仅扩大了文人树盆景的表现力，而且拓展了文人树盆景所表现的容量，尽显其中的诗情画意。

文人树盆景的文化性在当今社会更为普遍，挚爱盆景者，喜欢琴棋书画的人，案头摆放文人树，远离尘嚣、避开功利，三五知己品茶赏景，该是一种惬意的享受。

五、“形式”与“意味”的统一性

西方现代艺术理论认为，艺术的本质是有意味形式的创造。中国的文人树盆景蕴含了“有意味的形式”创造的美学思想。英国现代形式主义美学家克莱夫·贝尔在《艺术》一书中详细列举了自古希腊到文艺复兴再到19世纪2000多年漫长的艺术进程一直存在的弊端，即一直以来西方艺术着力强调的模仿和再现，并给予了彻底否定。他认为自古希腊到印象主义的视角艺术都是再现自然，即对自然的精确描写，不能被称为艺术，即使改革的印象主义，一改对自然的全面的细节的描写，而改为典型特征的描写，也只能算再现艺术的变形而已。在彻底否定再现艺术的同时，他对原始艺术、宗教艺术以及以塞尚为里程碑的后印象主义艺术却给予了充分肯定，因为原始艺术、宗教艺术、后印象主义艺术蕴含“有意味的形式”，这才是真正的艺术。他在分析原始艺术、宗教艺术基础上，得出视觉艺术的性质就是“有意味的形式创造”。个人认为，贝尔的这一论断，揭示了视觉艺术包括文人树盆景的艺术本质，对文人树盆景的创新创作、鉴赏具有一定的理论借鉴意义。

按照贝尔的理论，所谓“有意味的形式”，乃是通过线条与色彩组成的与人类深层的文化心理结构相和的形式；它的美好感人的形态同时反映出外部世界（自然世界）和内部世界（内在思想感情、审美感知等）中的节奏、韵律、对称、均衡、变化、统一、疏密、疾驰等形式规律，它是人类社会实践的结晶，对它的观照使人看到了人类自身创造能力和改造世界的巨大力量。

文人树盆景的这种形式之所以给人以审美享受，使人深思，让人感动，是因为这种形式具有超越的审美意义或者说具有某种意味，能唤起人们审美感情，而不是仅仅“美在形式”。因为作为有高级精神活动的人类，本质上是社会的。长期的社会生活实践积淀的文化心理结构具有一定的反射功能，只有当形式与文化心理结构相契合才能产生审美快感，换句话说，文人树盆景的形式之所以能够将人直接导入审美反应，乃是因为它本质上积淀了社会内容（对自由的向往、对自然的体验、对当代审美思想的理解等）的形式。相反，作为一种形式，无论它的变化和节奏如何生动，无论它的多样性和有机统一性如何让人目不暇接，如果形式不同人和社会发生联系，是谈不上产生审美感情的。

艺术审美在于超越，中国的文人树盆景以超越的姿态包容着中国的传统文化思想，体现的是一种自得自适的主体精神境界，它审美的主旨并非在于盆景色相的精确描绘，而是以最简约的形式表现主体的意趣，以有限去表现无限，是超越形似的审美意蕴、意境的追求。

题名：节劲何妨瘦
树种：簕竹
作者：韩学年

23 共性之韵　个性之美
——树木盆景审美特征与艺术鉴赏（以黑松盆景为例）

黑松有松中之王之称，其树性蕴含丰富的审美元素及广阔的艺术创作空间，深受国内外盆景艺术家及爱好者的喜爱。尤其近年，随着日本黑松盆景引进、交流，国内山采素材、地培素材大量进入市场，黑松盆景创作热情日益高涨，黑松盆景创作技法应用日益成熟，优秀作品不断涌现。然而由于黑松盆景在我国发展时间较短，而创作周期却又较长，创作者对其审美特征认识良莠不齐，部分商品从业者，在创作加工过程中不仅不能典型化代表黑松审美特征的审美要素，相反却急于求成，造成审美特征遭到随意破坏。更有甚者作品形式和内容不统一，缺乏松的个性。因此，加强黑松审美元素、创作形式、作品鉴赏等方面研究，对黑松盆景艺术创作及推广均具有一定的实际意义。

一、黑松审美特征

就不同品种而言，松有共性之韵，也有个性之美。“烟叶葱苍麈尾，霜皮剥落紫龙鳞”是对赤松个性的典型性描写，而“大雪压青松，青松挺且直”却是黑松个性的写照。作为盆景制作的优秀树种，黑松蕴含与众不同的审美个性，这些审美特征由黑松树性及成理造就的。从美学角度看，具有审美意义的个性特征主要包括黑松的线条美（包括黑松的肌理美）、黑松枝片的空间美、黑松的苍桑美、黑松的叶性美等几个方面。

（一）黑松盆景的线条美

线条是绘画、舞蹈、盆景等一切艺术最基本、最有表现力的艺术元素。黑松盆景的线条在其根、干、枝、叶上都有典型的具有审美意义的特征。

黑松为深根性树种，其根穿透力极强，或虬曲如鸡爪扎根泥土、石缝，稳如泰山，或悬根露爪紧抓山石咬定青山，给人以强烈的力感（图1）。

图1　黑松的根盘之美

黑松主干线条极富艺术表现力，是黑松盆景重要的审美元素，丰富的线条变化表现多样的艺术魅力。直干线条力向一个方向，代表力量、速度，表现刚直、挺拔、崇高、积极向上；曲干线条力交替作用，角、直为刚，弧、圆为柔，黑松以角、直等刚劲特征为其代表（图2）。角与弧的交替，刚与柔的和谐统一是黑松线条美的主旋律。

黑松盆景在线条表现上的另一个重要审美特征就是肌理。黑松盆景肌理是指黑松表皮组织纹理结构，即各种纵横交错、高低不平的纹理变化。黑松的肌理是由黑松内在特质决定的，它像人类指纹一样不可复制，复杂多变且富有张力，散发着诱人的艺术魅力。具有审美意义的黑松肌理可以概括为三种类型。即岩石型、龟甲型、纵裂型。岩石型：树皮深灰黑色，树皮很厚，纵裂很深，鳞片层层叠起来像岩石般坚硬，不容易脱落。层层树皮所形成的纹路极富质感（图3）；龟甲型：树皮深灰黑色，皮裂很深，像乌龟壳的花纹呈不规则多边形，非常

图 2　黑松以刚为主，刚柔并济的线条之美

图 3　岩石型

图 4　龟甲型肌理

图 5　纵裂型肌理

图 6　主、副线和谐之美

图 7　自然界中松树自然形成的“马眼”

苍老（图4）。纵裂型：树皮深灰黑色，纵裂，较深，一般为三裂或四裂，较为苍老，纵裂型在黑松盆景中最为常见（图5）。这三种类型都是黑松古木所呈现的常见形态，但并不都是孤立存在的，同一盆景中有可能三种形态并存，有可能两种形态并存，也可能只一种形态。一般树越老越容易形成岩石型和龟甲型。

黑松盆景肌理同属黑松盆景线条美范畴，蕴含如下审美信息：①多条肌理线条有分有合，既有统一走向，又有微妙的变化，有争有让，违而不犯，和而不同，具有中和美；②如果把盆景骨架作为主线，肌理作为副线条的话，那么丰富多彩的多条副线总是围绕主线运动，主动副随。主副线之间具有和谐美（图6）。③从黑松盆景肌理形态特征看，皮裂所形成的深沟状线条运动方向以及鳞片排列呈现既有重复又有变化的构成，而且，不管是岩石型还是龟甲型亦或是纵裂型，树皮均苍老古朴、颜色庄重，纹理极富质感，块状鳞片有规律排列所形成的线条、花纹具有强烈的节奏韵律感。④皮裂所形成的块状树皮，深深的沟线，无不充满无限张力，似冲破束缚，似能量爆发……产生力量美。

（二）黑松盆景的叶性美

黑松叶两针一束，叶色翠绿，针叶粗壮有力，呈簇状生长，随着短芽、短针技法的成熟运用，松针更加短小，浓密的簇状分布的针叶，似无数条向上的射线，集聚无限的张力，给人以视觉冲击力，使人产生蓬勃向上、生机无限的美感。

（三）黑松盆景的枝片空间构成美

黑松为全日照树种，光照充足、透风是枝片赖以生存的必要条件，光照不足、通风条件差则枝片弱化甚至死片。因此，阴面生长较差或基本退化，阳面生长旺盛，这就是松类枝片构成的成理，自然界的古松枝片分布方向感、空间感很强，是节奏化的流动的空间。黑松盆景的枝片空间构成必须以自然为师。

（四）黑松盆景的沧桑美

沧桑感是黑松成熟作品的标志之一。能够带来沧桑美的审美元素符号除了代表黑松古木的线条（包括肌理）以外，还有黑松的舍利、疤痕以及岁月所造就的“老态”。黑松的舍利、疤痕经长时间自愈作用所形成的“马眼”以及下垂的枝条所表现的节奏韵律以及力感、速度感均是古画中常见的松树典型审美特征。也是黑松盆景艺术重点刻画的神韵（图7）。

黑松盆景以上主要审美特征是塑造黑松盆景艺术形象不可或缺的艺术元素。也是黑松盆景艺术鉴赏的重要内容。

二、黑松盆景艺术鉴赏

盆景艺术鉴赏是指人们在接触盆景艺术作品中产生的审美评价和审美感受，也是人们通过盆景艺术形象（意境）去认识客观世界的一种思维活动。鉴于黑松盆景艺术独特的形象性、审美性以及鉴赏内容的丰富性、启发性、深入性，我们可以从形式和内容上逐步深化，从自然美、形象美、意境美等三个主要方面对其鉴赏。

（一）黑松盆景艺术鉴赏的三个层深

1.直观感受

直观感受是鉴赏活动的起始阶段。指鉴赏活动中鉴赏者以其独特的审美价值观、审美经验等对鉴赏对象的审美属性作出初步的价值判断的过程。我们鉴赏盆景作品往往都是从最简单最原始的“感知”开始的，也就是常说的第一印象。在这一鉴赏初始阶段，我们要对鉴赏对象的审美属性进行初步的价值判断。比如整体是否协调优美、形式是否新颖、个性是否明显等。在细节上，代表黑松独特魅力的线条是否刚劲有力以及符合形式美规律，肌理是否具有古木的形态，空间结构是否符合松的规律等。黑松的审美特征是代表黑松盆景艺术作品的形象符号，是寄托创作者欣赏者情感的载体，审美特征刻画得越深刻则作品越生动鲜明，审美价值越高；相反审美特征刻画得轻描淡写或缺乏这些审美特征，则作品缺乏松味或根本不能称为松树盆景。因此审美特征应作为黑松盆景审美评价的首要指标。也是黑松盆景作品鉴赏的重要内容。优秀的艺术品从一开始就能深深吸引鉴赏者的眼睛，让鉴赏者产生心灵的震撼，给鉴赏者美的启迪，引领鉴赏者深入对作品的体验。

2.深入体验

黑松盆景作品所表现的主题内容以及意境并不会直接从作品中看到，而是通过形式的手段隐约呈现在鉴赏者面前，因此深入体验将使鉴赏者在初步感受的基础上唤醒记忆中已有的与作品内在相关的意识和情感，并通过联想、想象活动，将作品中所表现的内容在脑海中还原为意识境界，在想象中加入了新的内容，把作为外在的客体的作品转化为内在的自身的审美对象，实现了鉴赏者和作品的交融以及主客观的统一。从中获得精神层面的审美体验和情感共鸣。深入体验过程是鉴赏者全面深入到作品中，发挥主观想象进入艺术再创造，并达到强烈情感体验过程，也是由象内到象外的审美体验及情感自由释放过程，同时也是捕捉

作品意境的必要手段。

3.意境捕捉

意境是黑松作品的灵魂也是艺术鉴赏的最高境界。鉴赏者在直接感受与审美体验的基础上达到的一种与作者共鸣自由的精神境界，在美的激荡中使心灵得到洗礼。

（二）黑松盆景鉴赏内容

黑松盆景不仅具有与众不同的审美意义而且具有独特的文化内涵，不仅具有自然美、画意美，而且还是崇高、美好的象征，因此黑松盆景的鉴赏既有丰富的内涵又有广阔的外延。

1.黑松盆景自然美

自然界黑松形态万千，神态各异，有的屹立于高山之巅，从容淡定；有的咬定青山，临崖不惧；有的独立石坡溪边，潇洒自在；有的伴在石旁，孤傲自赏……不管生在何处，位于何方，均有君子之风、大夫之范。这些都是大自然赋予黑松的自然神韵。香山居士有诗云："亭亭山上松，一一生朝阳，森耸上参天，柯条百尺长。"自然界的松树高耸入云，枝条飘逸一泻千里，用夸张的手法表现了松的形象高大，气势恢宏；唐代李贺也有诗云："绿波浸叶满浓光，细束龙髯铰刀剪"，形容松的叶色翠绿像水浸过一样，龙须般针叶像剪出来一样整齐。用比喻的手法赞美了松的叶性之美；唐代李山甫的诗句："地耸苍龙势抱云"、夏言的诗句："半空鳞甲舞蛟龙"则表现了松树刚劲舞动如腾龙般气势，赞美了松树线条之美、机理之美。使线条、肌理、叶性、枝片空间构成等审美元素呈现出无限艺术魅力。大自然赋予黑松的审美元素及自然神韵正是黑松盆景自然美鉴赏的主题。

2.黑松盆景形象美

黑松盆景艺术形象是由盆景艺术家通过与审美客体的相互交融，并由盆景艺术家创造出来的艺术成果，是反映社会生活的特殊方式。是盆景艺术作品的核心。根据艺术形象所包含的基本内容，我们可以从三个方面对其鉴赏。一是在坚持个性与共性统一前提下追求个性美。俗话说："奇松怪柏"，"奇"表示有个性，说明对松的审美以个性为上。实际上，松的可塑性极强，木纤维有很大柔韧性，容易做弯。枝片可以模仿大自然片中分片，甚至单枝也可以成景，为个性化创作留下了空间。能给人留下深刻印象并引起共鸣的黑松盆景艺术作品，无不具有鲜明独特的个性，同时又具有丰富而广泛的审美概括性。如中国盆景艺术大师张志刚的黑松盆景作品《崖韵》，该作一改悬崖盆景常规造型而采用双干双悬造型形式。主副干主次分明和谐统一，形成动感合流；结构随树势自上而下节奏化流动布局，树势动感强烈，将大自然悬崖峭壁上松树的自然神韵刻画得淋漓尽致，表现了黑松临危不惧、无信不立的艺术形象（图8）。二是，内容和形式要相统一。艺术总是以具体生动感人的形象来反映社会生活和表现艺术家的思想感情，而形象的塑造都离不开形式，也离不开与之相适应的内容，二者是有机统一的。艺术鉴赏中直接作用于鉴赏者感官的是艺术形式，但艺术形式之所以能感动人影响人，是由于这种形式生动鲜明地表现出深刻的思想内容。潘仲连大师早期黑松作品《浪人》就是内容和形式完美结合的佳作。作品线条似狂草，放浪不羁，手法似"无法"，随意挥洒之余，所塑造的浪人莽夫形象栩栩如生，野趣横生。再如赵庆泉大师的黑松盆景作品《出尘》也是形式与内容完美结合的典范

图8　《崖韵》，树种：黑松　作者：张志刚

图9 《出尘》，作者：赵庆泉

（图9）。作品采用孤高、简洁、淡雅的文人格形式，以极简的枝叶（大量留白）布局，表现了一尘不染、淡泊名利、空灵而自然的艺术境界（图9）。三是主客观要相统一。鉴赏黑松盆景形象美，鉴赏者的阅历、鉴赏水平也很重要，只有深入体验，理解作品的主题内涵，做到主观和客观的统一，才能准确给出审美评价，获得审美享受。主客观不统一就不能准确把握作品的主题内涵，更不能进行更深层次的意境鉴赏。

3.黑松盆景的意境美

盆景是立体的画，无声的诗，黑松盆景意境鉴赏应从诗词、绘画中汲取营养，从诗情画意中寻找灵感。诗情画意是盆景的本质特征，主要靠形、神、意来表现。众所周知，艺术的表现总是有限中的具体，再大的舞台也容纳不下所有生活，再大的盆盎也装不下自然界所有树木，盆景艺术的创作必须坚持缩龙成寸、寓情于景、神形兼备的创作原则，而不是照搬大自然。实际上，作品形、神、意兼备则主题鲜明，形象栩栩如生，意境外溢；反之，作品只注重形的精确描写，则作品呆板无生气，意境无迹可寻。形、神、意的有机融合是盆景创作原则，也是意境鉴赏标准。

黑松盆景意境鉴赏具有层深结构审美特征。美学大师宗白华先生认为艺术意境不是一个单层的平面的自然的再现，而是一个境界层深的创构。他将意境分为三个层深，即直观感相的模写、活跃生命的传达、最高灵境的启示。清人王夫之也将意境层深概括为有形、未形、无形三个层深。所谓“有形”为作品实象；所谓“未形”即不见其形，为象外之象；所谓“无形”即大象无形，为意境最高境界。如徐昊大师的黑松作品《曾受秦封称大夫》（参见第125页作品图），作品取直干大树型，取势左收右放，枝条下垂飘逸，动感强烈，整体形象挺拔、伟岸，给人以视角冲击力及美的享受（直观感相描写——有形）；在题名及作品艺术形象等生发因素提示下，鉴赏者展开想象，联想到秦始皇封大夫松的故事，以及大夫正直、果敢、忠诚、彬彬有礼的高大艺术形象（活跃生命的传达——未形）；在第二层境的启发下进一步展开艺术想象，感悟宇宙世界、感悟人生真谛，正像唐·成彦雄《松》所描写的那样：“大夫名价古今闻，盘曲孤贞更出群。将谓岭头闲得了，夕阳犹挂数枝云。”在鉴赏意境美的同时使心灵得到净化洗礼（最高灵境的启示——无形）。由于黑松盆景艺术形象的丰富性、民族性，我们在鉴赏黑松盆景意境美上就不能仅仅停留在一般层面，而应挖掘深层次的妙境，将自己置身于这一妙境之中，翱翔于自由的主观世界，感悟宇宙的奥妙，接受审美洗礼。

盆景艺术为“状物抒情”的立体造型艺术，古往今来黑松往往被作为“寄托情思”“借物言志”的载体。中国古今绘画艺术多以松为题材，寄托情怀，抒发感情；古今赞美松的诗词歌赋更是数不胜数，如伟大革命家陈毅诗作《青松》，以革命家的豪情壮志歌颂了不畏严酷、不屈不挠、冷峻高洁的艺术品格；古今文学作品也对松寄予了美好寓意，唐代李白有诗云：“为草当作兰，为木当作松”，将松拟人化；古代有对联：“福如东海长流水，寿比

南山不老松”，将松寄予了美好寓意……鉴赏黑松盆景艺术意境还应结合中国传统文化。

黑松盆景审美特征是塑造黑松盆景艺术形象的语言，黑松盆景艺术形象中所蕴含的意境是作品的灵魂，黑松盆景艺术创作、鉴赏应站在民族审美的高度。充分发掘黑松审美特征，以新颖的形式，独特的视角，鲜明的个性，表达深刻的思想内容，为我国盆景屹立世界艺术之林作出应有贡献。

题名：啸傲乾坤
树种：黑松
作者：蔡子健

24 盆景美的阐释

题名：高山流水
石种、树种：石灰石、五针松
规格：130cm×115cm
作者：张志刚

自先秦以来，中国古代美学从没停止过对美的探索的脚步。儒家美学坚持以善为主导的“尽善尽美”，在形式上追求“中和为美”，主张美在于创造“无伪则性不美”；道家美学畅扬“涤除玄鉴”，绝对自由的“逍遥游”，主张“自然为美”，反对“人工造作”；魏晋玄学美学以其追求人格美为主要特色，并将“逸”的人格融入“逸”的艺术风格中，形成了“逸”的审美思潮；魏晋南北朝以后，随着般若佛教对本土文化的渗透融合，禅宗哲学迅速崛起，人们的主体意识也迅速向心灵的深处掘进，促成了人的审美意识的又一次重大变迁，人的审美趋向于空灵化，对古代后期的审美及审美创造产生了极为深远的影响。

在古代，中国美学各个发展时期，古代诗论家、文论家、画论家也是从自然与人、心与物关系出发，阐发了众多的美学命题，对文艺的发展以及当代审美思潮的形成起到了很大的推动作用。比如，南朝宗炳提出的“含道应物”与“澄怀味

色彩艳丽的杜鹃花令人陶醉

红梅花娇艳欲滴且有暗香

象”美学命题，唐代张璪提出的“外师造化，中得心源”的美学命题，唐代柳宗元提出的著名的“美不自美，因人而彰”的美学命题等，都强调了自然与人的关系。

中国古代美学是以人生论为要旨而确立的思想体系，以“人生论为主线”，“天人合一”是中国古典美学最显著的特点，自然与人格始终贯穿整个中国美学史。所探讨的美学命题归纳起来也不外乎就是自然与艺术或者说心与物的关系问题，也就是说自然与人是美产生的根源。基于此，本章就围绕自然与艺术或者心物关系这一中心问题，对盆景艺术美的本质、美的创造及鉴赏等一系列问题进行系统的阐释。

盆景是将自然美景概括浓缩于盆盎之中，以表现自然意蕴及人生哲理的一门视觉艺术。盆景艺术之美既有自然美又有艺术美，是自然美和艺术美的有机融合。

一、盆景的自然美

通俗地讲，盆景的自然美是指盆树、盆山等所表现出来的具有美感的自然属性，这些天然属性构成了盆景自然美的基础。包括颜色、线条及肌理、形状、形式与节奏等。比如杜鹃、茶梅、木瓜等鲜艳欲滴的花朵，老鸦柿、紫珠、冬红果等玲珑可爱的果实，桂花、兰花、栀子花等沁人心脾的香气，当人们看到、闻到它们时就会产生愉悦之情，从而产生美感。盆树、盆山的线条与肌理也会让人产生审美享受。比如树木刚柔并济富有变化的线条，盆石的沟壑纹理以及“漏透瘦皱”的审美特征，不仅让人在赞美大自然的鬼斧神工的同时，也感悟到宇宙自然的生命运动的节律。盆景自然美概括有如下几个方面：

（一）树木盆景的自然美

树木盆景的自然美是通过对树木盆景所呈现的形态、颜色、生机等物理性状的审美活动而产生的。它包括树木盆景的线条美、叶性美、花果美、颜色美等方面。

1.树木盆景的线条美

线条是盆景最重要的审美元素，《易传》上说“生生不息之谓易”，美产生于变化之中，而线条就体现着自然的运动变化。自然的节奏韵律、生机、动感、气势无不靠线条来表现。树木的线条美体现在树木的根盘、基干、枝托、叶片等盆景构成的各个部分。

（1）树木盆景的放射状根盘给人以强烈的节奏感（放射状渐变节奏），树木盆景的悬根露爪给人以植根沃土或咬定青山不放松的力量感，使人产生力量美，体现对生命的向往。树木盆景的根盘以体现节奏韵律、力量为美。

（2）树木盆景的基干是树木盆景最重要的组成部分，起着架构整个作品的作用，统领着整个作品的线条走向变化，体现着变化美。

直干型为直立线，具有向上向下延伸的张力，是生的象征、刚的象征，代表积极向上，蕴涵挺拔、伟岸、高大之美。

曲干型，呈不规则自由曲线，力的交替变化体现着刚柔的互相转化，硬角体现着刚劲的审美元素，弧线体现着阴柔的审美元素；刚劲的线条代表力的强大，阴柔的线条代表力的柔和；刚劲的线条表现出阳刚之美，阴柔的线条表现着阴柔之美。例如黑松的主干线条一般以刚劲为其主要特征，一般表现出高洁、挺拔、铮铮铁骨等不畏强暴的力量之美；赤松线条一般以柔和的弯曲为其主要特征，一般用以表现柔美的形象。当然树木盆景没有绝对的刚也没有绝对的柔，而且刚柔也是互相转化的，至刚至柔，至柔至刚，线条刚柔的特征决定盆景美的形态。

斜干或临水型，线条总体走向为斜向上，主干与盆面呈锐角，重心力的方向垂直向下，有强烈的动感，这类盆景需要在根部或重心的下部进行配重以消解强烈的不稳定感，以取得动感和均衡的统一，产生动态的和谐美。

卧干型，线条走向先平后仰，平代表着静，仰代表着动，动和静分别代表着艺术的两极，具有动中静，静中动，动静不二的审美韵味。

悬崖型线条由植物的重力（向下）、植物的向光性（向上力）以及自然的外力（比如风雪等）共同作用下形成的，富有节奏的线条的上下起伏左右扭动最能体现自然的幻化之美。

（3）树木盆景另一个体现线条美的自然审美特征就是树木的肌理美。部分盆景树木的肌理本身就含有重要的审美特征，也是盆景自然美的审美元素。比如古松树皮纹理所呈现的“岩石型”“龟甲型”以及“纵裂型”鳞片，不仅体现树木的老态，

羽毛枫的叶片形似羽毛，颜色随季节变化

连云港磷矿石的沟壑纹理富含自然神韵

题名：崖壁
树种：冬红果
规格：飘长 110cm
作者：李光能

而且深裂的鳞片蕴涵无限张力，古松树皮的肌理往往和主干线条走向一致，尽显和谐之美、苍劲之美。柏树自然形成的舍利也具有典型的美的形态。生长在自然条件特别恶劣的环境中的柏树，在极端条件下往往仅存吸水线维持植株的生命，其他部分枯死，枯死的部分经长时间的风吹雨打虫蛀就形成了舍利，由于柏树的木纤维和柏树干的线条走向一致，而且往往呈螺旋式生长，在岁月的洗礼下，无数木纤维形成的沟捻肌理给人以柔和的质感，给观者带来柔美的视角冲击力，使人产生无限的遐想。对生命的敬畏以及禅意的体验。其他树种也都有自己特色的审美形态，有的具有沧桑感，有的具有细腻感，实际上树木的肌理和主干的线条往往是和谐的统一体，共同形成了主干的和谐美。

（4）树木盆景的枝托是主干线条的延伸，同时也是主张力的分解和进一步延续。主干线条和枝托线条构成了盆景的骨架，对盆景形式的构成，盆景的取势，盆景的节奏变化都起着重要的作用。枝托的既有规律又有变化的线条运动体现了自然生命的节奏韵律美，曲线和直线的搭配不仅体现了刚柔之美而且也体现了运动速度之美。总之，自然树木的生命节律必须通过线条的运动来表现。

2.树木盆景的叶性美、花果美

树木盆景的叶、花、果也是自然美的特征之一，包括颜色、形状、大小、味道、排列方式以及散发出来的自然气息。

在叶性美方面，一般而言，盆景植物叶片的颜色以绿色为主，因此绿色是大众化的颜色，如黑松、赤松、罗汉松、海棠、木瓜、侧柏、圆柏、刺柏等，目前盆景常用树种中由于容器效应，以及短针、摘叶等技法的应用，叶片的大小基本上都可以控制在适宜观赏的审美标准上，因此大多数盆景树木的叶性之美都能得到很好的展示。如黑松的叶性经科学短针后，针叶短粗，油光发亮，放射状的针叶形成的叶簇尽显旺盛的生命力，给人以蓬勃向上的审美感受。绿色叶片的盆景树木以健康、整齐、充满盎然生机为美。当然北方绿色盆景树木一般都是落叶树种，叶片经霜冻之后，有的变黄，有的变红，呈现出一种别样的美，如鸡爪槭、黄栌在生长季节叶片呈绿色，但经霜后即变成红色，可谓随季换景，一夜之间万山红遍，形成一种壮美的景象。也有一些盆景植物在种植

题名：风雨归然
树种：罗汉松
作者：罗汉生

过程中形成变异，如斑叶紫藤、黄金柏等以不一样的颜色给人以美感体验。

在花、果美方面，花果的美主要体现在颜色、形状以及散发出来的香气上。娇艳欲滴的花朵往往给人以优美感，灿烂如霞、满树盛开或漫山遍野怒放的花海往往给人以壮美感，一朵或几朵淡雅的小花往往带给人禅意美。此外花产生的沁人心脾的香气还能让人心旷神怡、神清目爽，让人产生愉悦的审美享受；果的颜色、形状、香气都可以让人产生美感。如秋冬落叶后无数鲜红的冬红果像红灯笼挂在树枝上，形成万家灯火的美景。富含喜庆色彩；老鸦柿作为近年流行起来的观果新品种，果形繁多，颜色多样，玲珑可爱，真可谓秀色可餐；木瓜的果实特别硕大，果形一般纺锤形，成熟后分泌一种芳香油，香气扑鼻，可以安神醒脑，具有保健功能。观果树木品种还很多，在这里就不一一列举了，观果盆景的美感不在于其功利（实用）价值，而在于其审美价值，它带给人的不是美味的享受，而是在精神上给人带来愉悦，因此是审美的。

（二）山石盆景的自然美

山水盆景的自然美，表现在山石的色泽、质地、纹理、形态。各种石料都有其独特的属性，也就是有一种与众不同的美。山石盆景制作上常用的有以下几种。

雪浪石：产于河北曲阳西部山区河谷中。其质地坚润，黑底白脉，纹理清晰，白色的纹络如雪花撒于石上，清晰而不张扬，有些石上分布着明快的白色花纹，形似溪水瀑布、浪涌雪沫，亦如若隐若现的山水画卷。定州“雪浪亭”中，有一方著名的雪浪石，全石晶莹黑亮，黑中显缕缕白浪，仿佛浪涌雪沫，颇具动感。“雪浪”之名源于宋代大文豪苏东坡。

斧劈石：以江苏武进、丹阳的斧劈石最为有名。斧劈石属硬石，其表面皴纹与中国画中“斧劈皴”相似，斧劈石质坚硬、挺拔，有阳刚之美，如果材料选择得好，技术操作熟练，制成的盆景挺拔险峻、雄秀兼备。

龟纹石：全国产地较多，山东费县龟纹石在盆景制作上应用较多。该石属石灰岩，石质坚硬，表面苍古细润，灰色或灰白色，石体上分布着曲折凹陷的沟纹，纵横交错，酷似龟背纹理，故名。龟纹石在审美上，古朴苍秀，典雅雄奇，其形态有竖层结构和横层结构两种。竖层结构的龟纹石陡峭峻拔，多呈群山险崖、奇峰伟岩、擎天石柱等造型；横层结构的龟纹石则沟壑纵横、逶迤连绵、意蕴悠长。龟纹石可以配上底座直接欣赏其自然形态，也可制

题名：奇峰异彩
树种：磷矿石
作者：高贺荣

题名：古榴新姿
树种：石榴
规格：树高 120cm
作者：张新安

题名：烟雨迷蒙
树种：紫藤
树高：110cm
作者：张新安

成不同风格的山水、树石盆景。近年龟纹石在水旱盆景上也得到了广泛应用，充分体现了其自然美的魅力。

芦管石：产地为江苏、浙江、广西、安徽、新疆等地，是富钙环境中芦苇被钙化后形成的纵横交错的管状岩石，呈白色或淡黄色，分粗芦管和细芦管两种，粗的如毛竹，细的如麦秆，管体交错，造型奇特，吸水性强，表面可以附生绿色植被，是制作盆景、假山的优秀材料。

钟乳石：主要产地为广西、云南等地，其光泽剔透、形状奇特，有的像雨云倒悬，有的像白浪滔滔，波涌连天，气象万千，蔚为壮观。具有很高的观赏价值。

此外，千层石、砂积石、海母石、鸡骨石、风凌石、灵璧石、磷矿石等都有各自的自然美特征。

（三）水旱盆景的自然美

水旱盆景以植物、山石、土等为材料，以表现自然美、意境美。水旱盆景多以田园风光、自然风光等为表现对象。水旱盆景的自然美是树木自然美、山石自然美、山水自然美的有机融合，是大自然美景的高度浓缩，具有和谐、节奏韵律、动静不二等美感特征。其意境幽深，富有禅意，有的还表现一种空寂之美。

以上我们从自然物本身即客观上探索了盆景自然美的属性。我们通常都认为盆景自然美是不以人的意志为转移的客观实在，也就是说，不管你认不认可自然美都客观地存在于自然中。在这里必须指出，实际上这只是认识上的一个偏见，美不仅在自然，而且还在人，也就是说自然美并不是由客观自然一方独立决定的，“自然美的本体是审美意象”。美来自于自然和人即主观和客观的统一。

（四）盆景自然美的本质探索

审美活动不同于见闻觉知，概念、推理、逻辑等理性思维似乎毫无用处。美是一种直觉，所谓的直觉就是“这种脱净了意志和抽象思考的心理活动”。美学大师朱光潜先生在《谈美》中明确指出：“美一半在物，一半在人”，他用不同的人对同一棵古松的不同看法来阐释他的观点。同样一棵古松，在木材商的眼里它就是木材，只是能值几多钱的木料，目的在于功用；在植物学家的眼里他关注的是它的形态特征，目的在于研究它的生物学习性；但对于画家就不一样了，他所知觉到的只是一棵苍翠劲拔的古松，他只管审美，“无所为而为”。由此可见，这棵古松并不是一件固定的东西，它的形象随观者的性格和情趣而变化，个人所见到的古松的形象都是各人性格和情趣的返照。古松的形象一半是天生的，一半也是人为的。极平常的知觉都带有几分创造性，极客观的东西之中都有几分主观的成分。美也如此。有审美的眼睛才能见到美。

我们在从事盆景艺术活动中也会有同样的感受。

题名：松音
树种：黑松
作者：吴德军

在山野中采挖的树桩，在樵夫的眼里，它只是一个能烧火做饭的木柴，别无他用；在植物研究者的眼里，他关注的是什么植物品种，有什么生态功能；樵夫和植物学家根本不会去研究它美不美，能否成为艺术品。但是在盆景人的眼里就不一样了，他会很认真地去找出它的美点，甚至会立马在心里形成一个成型意象，而且不同的盆景人想法会有很大的出入，有的喜欢，而有的可能不屑一顾。同样是盆景人面对的同一棵桩材态度却不一样，喜欢这个桩材的盆景人一定有喜欢它的想法，而不喜欢这棵桩材的盆景人也一定有不喜欢的道理。喜欢，说明该树桩的自然特征契合了他的审美意识。不喜欢，说明该树桩自然美的属性未能契合该盆景人的审美要求。

以上两个例子都说明，自然美是主客观的统一。“自然美在于人和自然相契合而产生的审美意象。”，也就是我们常说的“胸中之竹”。美并不孤立存在于自然中，它还有人的主观创造成分，正像美学大师朱光潜先生所认为的那样，如果把自然美理解为客观自然本身存在的美，那么自然美是不存在的。他在《文艺心理学》中说：“自然中无所谓美，在觉自然为美时，自然就已告成表现情趣的意象，就已经是艺术品。”

树种：冬红果
作者：李运平

题名：长城雄姿
石种、树种：龟纹石、迎春、薄雪万年青、珍珠草、苔藓
规格：盆长 150cm×68cm
作者：韩琦

实际上，朱光潜先生对自然美的这一看法，和唐代诗人柳宗元提出的“美不自美，因人而彰”的著名美学命题是一致的。在中国古代美学史上，类似的论断还有很多。庄子说：“山林与！皋壤与！使我欣欣然而乐与！”就是说人与自然互相契合从而产生一种自由感和美感。清初诗论家叶燮说：“凡物之美者，盈天地间皆是也，然必诗人之神明才慧而见。”又说：“天地之生是山水也，其幽远奇险，天地亦不能一一自剖其妙，自有此人之耳目手足一历之，而山水之妙始泄。”其意思是说，天地间并不缺美，但诗人必须有“神明才慧”才能见出。又说，天地间的山水幽远奇险，天地自己却不能说出妙在哪里，需要人的发现。以上论断都说明，自然美有待于人的意识去发现、去照亮，有待于人和自然的沟通、契合。正所谓“世界中从来不缺少美，而是缺少发现美的眼睛。”

综上所述自然美的本体是审美意象，叶朗先生认为“自然美不是自然物本身客观存在的美，而是人心目中显现的自然物、自然风景的意象世界，自然美是在审美活动中生成的，是人与自然风景的契合。”自然美这一本质特征也揭示了自然美的意蕴。自然美的这一本体属性，为盆景审美经验的积累乃至盆景意象的创构提供了理论支撑，对盆景艺术审美创造具有十分重要的美学意义。

既然自然美的意蕴是在审美活动中产生的，是人与自然物（自然风景）互相沟通、互相契合的产物。那么对自然美的感受，必然受审美主体的审美意识的影响，也必然受社会文化的影响。归根结蒂，也就是受文化心理结构的影响。

国人文化心理结构中的主流意识决定着审美的主流趋向。比如，我们通常所看到的毒蛇，虽然线条优美，颜色鲜艳，但在大多数国人的文化心理结构中它却是恶毒邪恶的象征，给人带来的往往不是美感，而是恐惧感、厌恶感；相反我们通常所看到的天鹅，无论是黑天鹅还是白天鹅，它那长长的项颈、优雅的动作往往给人以美的感受，在国人的文化心理结构中它是美的化身、善的代表、高贵的象征。自然美不仅美在它的形式，更重要的是美在它的意蕴。

关于自然美的意蕴，张潮在《幽梦影》一书中说：“梅令人高，兰令人幽，菊令人野，莲令人淡，春海棠令人艳，牡丹令人豪，蕉与竹令人韵，秋海棠令人媚，松令人逸，桐令人清，柳令人感。”

梅、兰、竹、菊、蕉、松、柳等自然花木的审美意象，具有不同的意蕴，显示出不同的气质和情调。比如松在中国传统文化中就享有崇高的地位，古代诗词、绘画中歌颂松的作品比比皆是，松是长寿的象征、不屈的象征、高洁的象征，自然不仅被人化，而且其意蕴含有深远的文化价值。我们在盆景艺术创作鉴赏中，常常用“比德”的手法，“拟人”的手法，以自然蕴涵的气质情调歌颂人格美，这也是中国古代传统文化的一个显著特色。

中国人对石头的美感更是融合了极其丰富、极其微妙的中国文化的意蕴。北宋书法家米芾用“瘦”“漏”“透”“皱”四个字来品评太湖石，朱良志先生对太湖石之美的意蕴进行了解读：

瘦，如留园冠云峰，孤迥特立，独立高标，有野鹤闲云之情，无萎弱柔腻之态。如一清癯的老者，捻须而立，超然物表，不落凡尘。瘦与肥相对，肥

题名：麒瑞
树种：真柏
作者：李财源

即落色相，落甜腻，所以肥腴在中国艺术中意味着俗气，什么病都可以医，一落俗病，就无可救药了。中国艺术强调，外枯而中膏，似淡而实浓，林茂沉雄的生命，并不是从艳丽中求得，而是从瘦淡中攫取。

漏，太湖石多空穴，此通于彼，彼通于此，通透而活络。漏和窒塞是相对的，艺道贵通，通则有灵气，通则有往来回旋。计成说："瘦漏生奇，玲珑生巧。"漏能生奇，奇之何在？在灵气往来也。中国人视天地大自然为一大生命，一流荡欢快之大全体，生命之间彼摄相因，相互激荡，油然而成活泼之生命空间。生生精神周流贯彻，浑然一体，所以，石之漏，是睁开观世界的眼，打开灵气的门。

透，与漏不同，漏与塞相对，透则与暗相对。透是通透的、玲珑剔透的、细腻的、温润的。好的太湖石，如玉一样温润。透就光而言，光影穿过，影影绰绰，微妙而玲珑。

皱，前人认为，此字最得石之风骨。皱在于体现出内在节奏感。风乍起，吹皱一池春水。天机动，抚皱千年顽石。石之皱和水是分不开的。园林是水和石的艺术，叠石理水造园林，水与石各得其妙，然而水与石最宜相通，瀑布由假山泻下，清泉于孔穴渗出，这都是石与水的交响，但最奇妙的，还要看假山中所含有的水的魂魄。山石是硬的，有皱即有水的柔骨。如冠云峰峰顶之处的纹理就是皱，一峰突起，立于泽畔，其皱纹似乎是波光水影长期折射而成，淡影映照水中，和水中波纹糅成一体，更添风韵。皱能体现出奇崛之态，如为园林家称为皱石极品的杭州皱云峰，就纹理交错，耿耿叠出，极尽嶙峋之妙。苏轼曾经说："石文而丑。"丑在奇崛，

题名：层林之歌
树种：榔榆
作者：闫文杰

题名：大地微微暖气吹
树种：对节白蜡
作者：张志刚

文在细腻温软。一皱字，可得文而丑之妙。

瘦在淡，漏在通，透在微妙玲珑，皱在生生节奏。四字口诀，俨然一篇艺术的大文章。

我们都知道，米芾爱石如痴，史上被称为石癫。在米芾看来太湖石（如冠云峰）是有生命的，是与自己心灵相通的亲人朋友，他们之间可以交流沟通，所以它是美的。米芾用瘦、漏、透、皱四个字来概括太湖石美的意蕴，从客观上来讲，瘦、漏、透、皱和太湖石的物理特性有关，从主观上说，这些物理特性（审美元素）和米芾的审美意识是相契合的，米芾用他一双善于发现美的眼睛发现了它并照亮了它。

朱良志教授这一极为精妙的阐释，从宇宙本体的哲学高度对瘦、漏、透、皱四字口诀的审美意蕴进行了系统的阐释，文中论及的“艺道为一”“彼摄相因”“虚中生奇”“生生节奏”无不体现中国传统美学的自然神韵，体现了赏石艺术乃至园林艺术都深深植根于中国传统文化。这些审美的意蕴是在审美活动中产生的，因而它必然受审美主体的审美意识的影响，也必然受社会文化环境的影响。同样的太湖石，假如放在西方理性的社会文化环境中，

题名：不尘
树种：朴
作者：韩学年

题名：溪谷林荫
树种：金弹子
作者：腾万里

就不可能阐发出如此精妙、如此丰富的美学意蕴。脱离社会文化环境的所谓体现纯然必然性的意蕴也是根本不存在的。

二、盆景的艺术美

盆景的艺术美通俗地讲就是人工制作的部分以及表现出来的意蕴、意境等。

（一）盆景艺术美的本质（本体）

盆景艺术源于自然而高于自然，所谓的源于自然就是以自然为根本，以自然为师。所谓的高于自然，指的是盆景艺术家基于自己技艺和才能的艺术创造。论及艺术创造，必然涉及艺术的本体，在西方美学史上，对于艺术的本体有多种定义，影响比较大的有：模仿说，认为艺术是现实世界的模仿，即所谓的再现。柏拉图、亚里士多德等都坚持这个观点；表现说，认为艺术是情感的表现，或认为艺术是主观心灵的表现。意大利美学家克罗齐和英国美学家科林伍德都持这种主张；形式说，认为艺术的本体在于形式或纯形式，如英国的克莱夫·贝尔提出的“有意味的形式”的理论；惯例说，认为艺术是由一定时代人们的习俗规定的，美国的乔治·迪基提出了这个观点。以上的四个观点虽然在某个时代某个方面或从某种角度揭示了艺术的本质，但对艺术的本体或本质问题都没有提供比较完美的回答。

树种：五针松（悬崖式）
规格：高 85cm，宽 120cm
作者：刘赟

在中国美学家看来，包括盆景艺术在内的艺术本体是中国古典美学阐发的审美意象。如前所述，美不是自然物的客观物理属性，美是人与自然沟通和契合而形成的意象世界。而且意象的创造伴随着艺术创造的全过程。因此，盆景艺术美的本体也就是盆景艺术家所创造的审美意象，盆景艺术给观者所呈现的是一个意象世界。即情与景相互融合的完整的有意蕴的感性世界。

盆景艺术的创造也就是美的创造，自始至终都是意象的生成问题。在这里引用郑板桥的一段话来说明盆景艺术的创造问题。郑板桥在《题画》中论述了其创作体会，他说：“江馆清秋，晨起看竹，烟光、日影、露气，皆浮动于疏枝密叶之间。胸中勃勃，遂有画意。其实胸中之竹，并不是眼中之竹也。因而磨墨展纸，落笔倏作变相，手中之竹又不是胸中之竹也。总之，意在笔先者，定则也；趣在法外者，化机也。独画云乎哉！”郑板桥这段话概括了由眼看到的竹子“眼中之竹”（自然美）引起的创作冲动，到构思成“胸中之竹”，再到物化成“手中之竹”的艺术创作全过程。这个过程自始至终都是审美的，包括了两次飞跃。一次是从“眼中之竹”到“胸中之竹”的飞跃；一次是从“胸中之竹”再到“手中之竹”的飞跃。两次飞跃都贯穿着审美意象的生成，因此整个艺术创作的过程始终是创造的过程。而且“眼中之竹”“胸中之竹”以及“手中之竹”是有区别的，正像郑板桥所说的那样“落笔倏作变相，手中之竹又不是胸中之竹也。”因为在画的过程中有笔墨的问题，技法的问题，甚至可能意象的再调整问题等，所以，“胸中之竹”在物化为“手中之竹”时往往意象更为丰富。在这里郑板桥强调了“意在笔先”这一“定则”，同时也强调了“趣在法外”这一自然“化机”。

虽然郑板桥论的是画竹，但并不仅仅画竹是这样，其他艺术创造也如此。在盆景艺术创作过程中，我们也可以把整个艺术创造过程分成两个阶段，第一阶段，从素材到构思阶段。我们起初看到的创作对象只是表象，当表象里某些物理的特征（自然美）使我们产生美感及创作冲动时，我们就会对创作对象进行凝神观照并进行构思，这个构思包括形式组合、意蕴表现、完整的艺术形象等，形成所谓的“胸中之竹”。第二阶段，即对第一阶段形成的审美意象，通过盆景艺术家娴熟的技法进行物化，盆景艺术创作即进入实际的操作阶段，以形成鲜明的艺术形象。即完成所谓“手中之竹”的蜕变。

在盆景艺术创造过程中，尽管会涉及操作、技巧、工具等一系列问题，但它的核心始终是一个意象生成的问题。意象的生成始终统摄着一切：统摄着取舍、统摄着构图、统摄着整体形象的塑造、统摄着美感体验。盆景艺术家所做的一切都是围绕如何把“胸中之竹”（审美意象）实现为“手中之竹”（盆景艺术作品）这个中心问题，进行不断地丰富完善，使审美意象越来越鲜明、越来越清晰、越来越生动，最终完成盆景艺术作品的创作。

从盆景艺术美这一本体出发，去探讨盆景美、创造盆景美、体验盆景美，对盆景艺术创作鉴赏具

题名：峥嵘岁月
树种：金弹子
作者：干凤明

题名：千秋傲骨
树种：榆树
作者：履和园

题名：春满人间
树种：铁包金
作者：李锦伟

有极为重要的理论和实践意义。盆景艺术美的创造实际上就是审美意象的创造，一件盆景作品是不是艺术作品关键要看这件作品能否给人传达出审美意象，能否给人带来审美意蕴，也就是说能否给人带来美感体验。这是具有我国民族特色的审美标准。

（二）盆景艺术的层次结构

探讨盆景艺术美离不开盆景的架构形式。参照叶朗先生的主张，我们把盆景艺术作品分为材料层、形式层、意蕴层三个层次来探讨。由于盆景艺术制作材料来源于自然，而且是鲜活的，材料本身的美已经在盆景的自然美中多有探讨，在这里就不做赘述。下面重点探讨一下盆景艺术的形式美和意蕴美。

所谓盆景艺术的形式，是指在盆景艺术作品中，由线条、色彩、形状等组合而形成的组合方式。这些组合方式体现着节奏韵律、色调、线条、均衡与动感、和谐等美感规律。简单地说，形式就是材料的形式化。盆景艺术美是显现给人看的，艺术家创造的意象世界（艺术美）必须通过完整的“象”（形式世界）显现出来。不同的艺术家显现给我们的是不同的形式世界。赵庆泉大师给我们显现的大多是水旱盆景的形式世界；贺淦荪先生给我们显现的是风动式的盆景形式世界；韩学年大师给我们显现的往往是素人格的盆景形式世界。

盆景艺术作品的形式有两方面的意义：一方面，这些形式因素本身有某种意味，就是我们常说的形式美，或者叫形式感。比如体现渐变节奏的由大到小的排列方式，可以体现近大远小的艺术效果；山水盆景主峰与次峰节奏化的起伏，体现的是大自然的无限生机；树木的粗细、高矮、主次搭配体现了和谐感等，所有这些将构成整个意象世界的美感的一部分；另一方面，通过这些形式部分传达出盆景作品（整个意象世界）的意蕴、意境。

盆景的形式是表现盆景整体形态不可或缺的结构组合，其形式美也是盆景艺术极为重要的组成部分。是意蕴、意境表现必不可少的艺术元素。一种好的形式往往可以很明显地传达出盆景艺术作品的意蕴、意境。

盆景艺术作品的意蕴，也就是我们常说的内容，也就是作品所表现的情感韵味等。盆景艺术作品的意蕴只能在直接观赏作品的时候感受和领悟，而很难用逻辑判断和命题的形式把它说出来（艺术思维和禅宗悟的思维具有同构关系）。因为意蕴蕴涵在意象世界之中，而且这个意象世界是在作品欣赏过程中再生出来的，因而盆景艺术作品的“意蕴”必然带有多义性，带有某种程度的宽泛性、不确定性和无限性。同一件盆景艺术作品不同的人会阐释出不同的“意蕴”，这就是王夫之所说的“读者各以其情而自得”，而且即使是同一个人面对同一件作品在不同的时间点也会有新的感悟，所以，一件优秀的盆景艺术作品总是让人回味无穷。

意蕴，作为盆景艺术的美感对象，它只能在直接观赏作品时品悟到，而很难用逻辑判断和命题形式把它“说”（阐释）出来。如果你一定要“说”（阐释），那么你实际上就把“意蕴”转变为逻辑判断和命题，作品的“意蕴”总会有部分的改变或丧失。但是，这并不是说，对盆景艺术作品就不能用语言文字阐释了，相反，对盆景艺术作品的解读和阐释，对照亮其审美意蕴很有必要，意蕴经过反复地阐释挖掘，将变得更为丰富，意蕴经过反复地咀嚼将变得更有韵味。叶朗先生在论及这一问题时指出：“一种阐释只能照亮它的某一个侧面，而不可能穷尽它的全部意蕴，因此对这类作品的阐释，就可以无限地继续下去。西方人喜欢说：‘说不完的莎士比亚，’我们中国人也可以说：‘说不完的《红楼梦》’。这就是说，这些伟大的艺术作品有一种阐释的无限的可能性。”一件优秀的盆景艺术作品经过人的不断的体验和阐释，它的意蕴、它的美，也就不断有新的方面或更深的层面被揭示、被照亮。如赵庆泉大师的《八骏图》（参见第189页作品图），经过宋德钧先生《盆景〈八骏图〉的美学思想》、赵庆泉先生

题名：时代新貌
石种、树种：龟纹石、薄雪万年青、珍珠草、苔藓、配件金属、石材雕刻
规格：盆长 150cm×68cm
作者：韩琦

《再谈〈八骏图〉》等多次阐释，随着审美体验的深入，其审美意蕴不断被挖掘、深化，成为盆景艺术的经典之作。所以盆景艺术品评鉴赏是盆景艺术审美不可或缺的。

盆景的艺术美还包括盆景的意境美，意境美具有形而上特点，也就是司空图所说的“象外之象，景外之景，韵外之致，味外之旨”，意境是一种对有限的超越，而这种超越是离不开现实的“象”和“景”的，意境需要从现实的“象”和“景”中悟得。也就是说需要从具体的、有限的盆景形象中进入无限的时间和空间，以获得一种对宇宙人生哲理性的感受和领悟。所以说意境的形成或捕捉离不开盆景的形神。有的美学家指出，“意境”是“意象”中最富有形而上意味的一种类型。意境的这种特殊的规定性决定了盆景艺术的意境表现往往通过虚与实、近与远等艺术表现手法来实现。

虚、空体现的是道家和禅宗的哲学思想，虚空是宇宙自然的本体状态，虚空不是空无，而是代表着无限。体现在盆景艺术上，虚、空是纳境的地方，美学大师宗白华先生有云：“静故了群动，空故纳万镜”，虚空是藏境的地方。比如，和盆景同宗同源的园林艺术都少不了亭子的布局，元人有两句诗最能体现亭子的作用：“江山无限景，都聚一亭中”（张宣在倪云林《溪亭山色图》上的题诗）。中国园林的造园艺术都喜欢把窗户留大，其目的也是为了体验空间无限的美感。“轩楹高爽，窗户虚邻，纳千顷之汪洋，收四时之烂缦。”

然而，我们谈虚空并不是虚无主义，什么都没有，而是强调虚实结合，强调主观和客观相结合，只有这样，才能创造盆景美的形象，这就是化景物为情思的思想。

宋人范晰文《对床夜语》中说：“不以虚为虚，而以实为虚，化景物为情思，从首至尾，自然如行云流水，此其难也。”对此，宗白华先生指出：“化景物为情思，这是对艺术中虚实结合的正确定义。以虚为虚，就是完全的虚无，以实为实，景物就是死的，不能动人；唯有以实为虚，化实为虚，就有无穷的意味，幽远的境界。”清人笪重光在《画荃》中也强调了同样问题，他说：“实景清而空景现”“真境逼而神境生”“虚实相生，无画处皆成妙境”，以上的论述都说明，盆景艺术只有通过逼真的形象才能表现出内在精神。化实景为虚景，化虚景为实景，以实代虚，以虚代实，正是意境美的本质所在。

深远。深，体现着距离大，也有深度、深奥、深入之意；远，体现着宇宙的无边无际，体现着现实世界与理想世界的距离，人生的向往。深远所呈现的意境包含了一种人生感、历史感、宇宙感。以这种心境构成的境界自然能空灵动荡而又深沉幽渺。南唐董源说：“写江南山，用笔甚草草，近视之几不类物象，远视之则景物灿然，幽情远思，如睹异境。”这几句话不仅说明审美要保持一定的审美距离，而且体现了“远”使人产生“幽情远思”，给人一种身处异境的审美感受。

盆景不是纯客观的照搬照抄自然，意境也不是单层的平面的再现，而是一个境界层深的创构。其意境美有3个层深，即直观感相的模写，活跃生命的传达，最高灵境的启示。第一层体现的是自然美

(意象),第二层体现的是意蕴美包括自然神韵,第三层是形而上的对宇宙人生的感悟。所创造的盆景艺术形象以写实为主,表现自然景物的相当于第一境层;所创造的盆景艺术形象以写意为主,以表现自然意蕴的相当于第二境层;所创造的盆景艺术形象是心灵所直接领悟的物态天趣,造化和心灵的凝合,即所谓的化境、禅境,这相当于第三境层,盆景的空寂之美就属于这类。

盆景艺术的意境本质上还是意象的创造问题。

三、关于盆景的自然美与艺术美孰高孰低的问题

在美学史上关于自然美和艺术美孰高孰低的问题,也是争论的焦点。一方认为自然美高于艺术美,如车尔尼雪夫斯基(唯物派)在他的《生活与美学》中用了大量篇幅来论证自然美高于艺术美。他说:"一个雕像的美决不可能超过一个活人的美,因为一张照片决不可能比本人更美。"而另一方则认为艺术美高于自然美,最有名的是黑格尔(唯心派)。他在《美学》序论的开头就说:"我们可以肯定地说,艺术美高于自然美。因为艺术美是由心灵产生和再生的美,心灵和它的产品比自然和它的现象高多少,艺术美也就比自然美高多少。"在黑格尔看来,美完全来自于心灵"只有心灵才是真实的,只有心灵才涵盖一切,所以一切美只有在涉及这较高境界而且由这较高境界产生出来时,才真正是美的。就这个意义来说,自然美只是属于心灵的那种美的反映,它所反映的只是一种不完全不完善的形态,而按照它的实体,这种形态原已包涵在心灵里。"很显然,黑格尔认为艺术美高于自然美,而且是质的高。

现代美学家朱光潜、叶朗等认为,美是人与自然沟通契合,是情与景相融、物我同一而产生的意象世界,而这个意象世界又是人的生活世界的真实的显现。就这一点来说,自然美与艺术美是同等的。正因为它们相同,所以它们都称作"美",用郑板桥的说法,自然美是由艺术家"眼中之竹"创作而成的"胸中之竹",而艺术美是由艺术家创作而成的"手中之竹",它们在本质上都是艺术家创造的意象世界,都显现真实的存在,它们并没有谁高谁低之分。

对于盆景艺术而言,盆景艺术创作既不是对自然界照搬照套,也不是作者随心所欲的臆造,而是根据人的审美经验,把客观物象即自然美景化为人的审美意象,再由人的审美意象以手运心物化成为艺术形象。在盆景艺术整个创作或鉴赏过程中,审美一直贯穿其中。无论自然美还是艺术美都有赖于人的意识的发现、照亮和创造。按照朱光潜、叶朗等美学家对自然美和艺术美的认识,美形成于审美过程中,并不是基于主客两分的一种认识,而是超越主客两分的天人合一的一种体验。世界上不存在一种实体化的、外在于人的"美",也不存在一种实体化的、纯粹主观的"美",自然美和艺术美都是人创造的意象世界,也正如宗白华先生所说:"一切美的光是来自心灵的源泉:没有心灵的映照,是无所谓美的。""一片自然风景是一个心灵的境界"。盆景艺术的自然美和盆景艺术的艺术美在本体上也是没有分别的,从这点上说盆景的自然美和盆景的艺术美地位是相同的,不可割裂的。

盆景的自然美和艺术美地位相同但并不是说两者之间没有丝毫区别,它们之间还是各有侧重的。自然美在根源性、无限性、丰富性、多样性及个性表现诸方面无可比拟地胜过艺术美;而艺术美却在典型性、集中性、理想性以及共性概括诸方面胜过自然美。法国画家德拉克洛瓦说得好:"自然只是一部字典而不是一部书。"一篇好的诗文依赖字典里的字组织而成,但是字典本身不能称作好的诗文,也不能说好的诗文是模仿字典的结果,美全赖艺术家的发现及创造。在这里我们也可以把自然比喻成"一部字典",在这部"自然字典"里,有各种丰富的审美元素,作为盆景艺术家并不是模仿这些审美元素,或直接把这些审美元素当作艺术品,而是通过能表现一定意蕴的形式组合创造出一种全新的艺术形象。当然所创造的盆景艺术形象也不是凭空想象的,必须符合自然规律。

道法自然是盆景艺术创作根本法则,这个法则也体现了盆景艺术美和自然美的统一。首先,盆景创作应以自然为师,如前所述,自然美在根源性、无限性、丰富性、多样性及个性表现诸方面无可比拟地胜过艺术美,那么就必须从自然之中吸收营养,只有"搜尽奇峰打草稿",才能概括揭示自然的本质,创作出神形兼备的盆景艺术作品;其次盆景创造是对自然美进行高度的熔炼再创造,因为艺术美必须在典型性、集中性、理想性以及共性概括

诸方面要胜过自然美。从这方面说，盆景源于自然而又高于自然。一件真正的盆景艺术作品，必然体现道的自然法则。清人刘熙载云：“艺者，道之形也。”艺术是道的外化，如果不能体现道的这一自然法则，就不能反映真实，也就不能称为艺术，更谈不上美。因此盆景艺术必然也必须是自然美与艺术美的完美融合。“虽由人作，宛若天开”。

盆景艺术是包括景、盆、几架三位一体的艺术，三者之间的完美结合是盆景艺术的总体要求，因此盆景的艺术美还应该包含盆景的盆器艺术美和几架的艺术美。

以上我们系统探讨了盆景美的来源（自然和人的契合）、盆景美的本体（审美意象）、盆景美的创造（以娴熟的技法将审美意象进行物化为盆景艺术形象）以及盆景艺术的自然美、意蕴美、意境美等一系列关于盆景艺术美的问题，然而这只是盆景艺术的自身属性。除此以外，盆景艺术之美还和社会、地域、历史甚至政治等有一定的关系，换句话说，盆景艺术还有其社会性、地域性、历史性等，它们也都会影响到盆景的审美风尚。

在中国盆景发展史上，不同的历史时期，有不同的审美风尚。唐代盛行“壶中天地”与小松、小石鉴赏；宋代痴迷于赏石，米芾、欧阳修、苏轼等文人雅士爱石、赏石并形成了著名的赏石文化；元代流行一种“些子景”；明代盆景以适宜陈设摆放者为美“以几案可置者为佳”等。在形式美上也有一定的地域性。扬州、泰州等地流传的扬派盆景以云片造型为美；四川成都等地流传的川派盆景以滚龙抱柱、三弯九倒拐等造型为美；南通如皋等地流传的通派盆景以两弯半为美；广州等地流传的岭南盆景以蓄枝截干技法创作的矮仔大树形为美等。说明盆景的审美风尚是随时代地域而变的。

盆景艺术是人对自然美的特征的高度浓缩和概括，它一方面依赖人对自然美的发现，另一方面还依赖人的艺术创造。盆景美的创造（包括鉴赏）自始至终都是以审美意象为中心的，没有审美意象的形成也就无所谓盆景艺术创造，因此盆景的审美意象是盆景美的来源及核心。盆景审美意象的创造和作者或观者的审美经验、阅历、审美观、境界格局、文化思想以及时代的发展等都有关系。如果没有“搜尽奇峰打草稿”的艺术精神，就不可能从自然中发现并概括出美的特征；如果没有“澄怀观道”的审美心胸，也就不可能进入最高的审美境界。当然盆景美的创造也离不开作者的艺术才能、娴熟的手法及时代要求。如果没有一定的艺术才能（包括后天形成的创作经验）、娴熟的技法也不可能创作出优秀的盆景艺术作品。

世界是无穷尽的，艺术的境界是无穷尽的，人们对美的探索也是无穷尽的，时代在发展，社会在进步，“群籁虽参差，适我无非新”，流行无极限，盆景美的探索也无止境。谨以此文献给喜欢盆景的朋友们！

题名：蜀道难
石种、树种：龟纹石、米叶冬青、六月雪、金弹子
规格：长 120cm，宽 50cm，高 50cm
作者：田一卫

下篇

现代盆景创作技法实践应用

01 树木盆景嫁接法

一、松树嫁接

这里的松树专指松属植物，我国有20多种。在盆景应用上常见栽培的有黑松、赤松、黄山松、锦松、马尾松、油松、白皮松、云南松等，从日本引进的还有五针松、大阪松、千寿丸、寸稍、三河黑松等。松树的嫁接目的主要为缺枝补位或改良品种。松树形成层被切开后会分泌油脂，油脂覆盖形成层容易形成隔膜，影响愈合，从而影响嫁接成活率，因此嫁接操作动作越快越好。在松树老干上嫁接难度最大，一般成活率不足60%，嫩枝上嫁接成活率一般80%以上，为了确保补位成功，可以在相邻位置多补几个位，成活后以利选用。松树可以分为两个时段进行嫁接。即3月的松笔嫁接及老枝嫁接，5月的嫩枝嫁接。下面以老干嫁接补位为例图解其全过程。

（一）松笔嫁接

每年3月（各地根据具体情况）松树液开始流动，松芽开始生长膨大后即可以嫁接（图1~图11）。

图1　嫁接所用接穗为具有顶端优势的松笔

图2　将需要嫁接补位部位的鳞片老皮刮去

图3　在嫁接点以30°角斜切入木质部

图4　再切一刀，使切口呈“T”字形

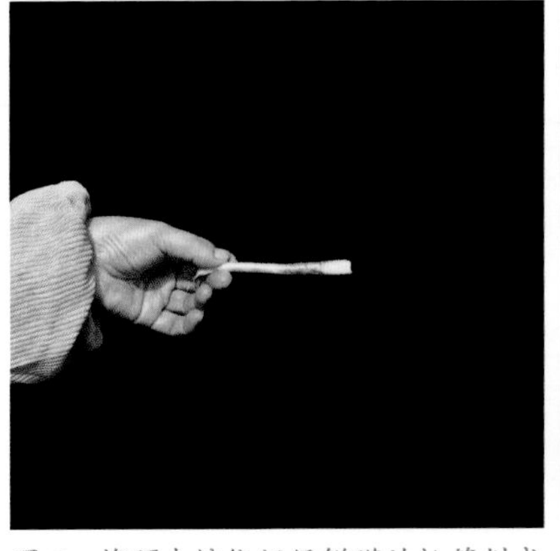

图5　将预先缠绕好保鲜膜的松笔削成锲形，尽量一刀成形，保证削面平滑

图6　用刀尖挑开“T”字口一个角，使皮层和木质部分离

图7 顺势将图5削好的接穗插入形成层

图8 用愈合剂封闭

图9 缠紧胶带固定接穗

图10 嫁接5个月后生长情况

图11 由于松笔储存养分较多，成活后生长速度很快

（二）老枝嫁接（和松笔嫁接一个季节）

具体见图12~图22。

图12 嫁接所用接穗为上年生木质化无病虫害健壮枝

图13 用保鲜膜缠裹接穗，后一道模压前一道膜1/3或1/2，最后将末梢封闭

图14 保鲜处理好的接穗

图 15　接穗一次性斜削，尽量让削面大一些且削面要平滑，对面如法炮制，使其成锲形

图 16　对于树皮很老的树干还要预先将鳞片刮去

图 17　由于松树皮层较厚，尤其老干皮层又厚又硬又脆，故采用“T”字形开口，即分三步分离形成层。在需要嫁接的部位用快刀斜切 30°左右角切入，直至木质部

图 18　垂直于第一个切口再划一刀，直至木质部

图 19　用刀尖分离树皮和木质结合部，以挑开形成层

图 20　将处理好的接穗插入形成层，且尽量插得深一些，相对而言，插得越深越容易成活，愈合后越自然，插得越浅成活率越低，且容易形成“图钉枝”

图 21　用电工胶布缠紧固定并封口

图 22　经 1 个月左右生长，如果芽头膨大或翘头，可以初步确定为成活，可以用剪刀将梢头保鲜膜剪开米粒大的孔，并视生长情况分数次逐步解开或用刀片轻轻划开保鲜膜。此图是生长 1 年后的情况

（三）嫩枝嫁接（5月中旬左右嫩枝嫁接）

北方地区松树嫁接的另一个较好时间是5月中旬，当松笔快速生长但还没有分针叶的时候。接穗为松笔生长分化成的嫩枝。此种方法嫁接在1~4年青壮年干枝上成活率较高。愈合后和原生枝类似。

具体见图23~图39。

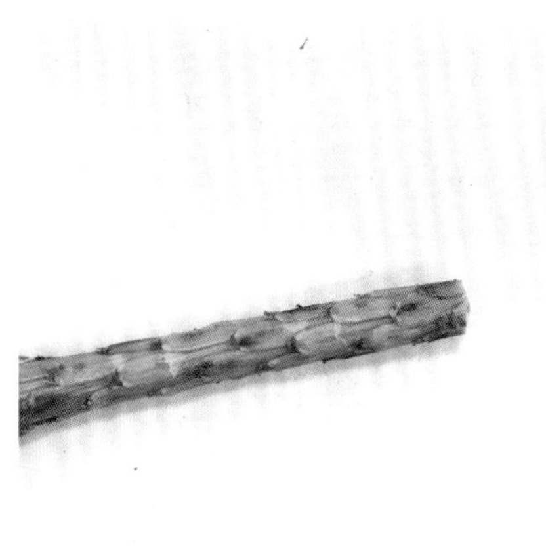
图23　剪下的生长旺盛、无病虫害、刚刚要分针的嫩枝

图24　用保鲜膜缠裹好并密封梢头

图25　如在有鳞片的老干上嫁接须将嫁接部位的鳞片刮去

图26　第一刀以30°斜切，直达木质部

图27　第二刀垂直于第一刀并下拉成丁字口

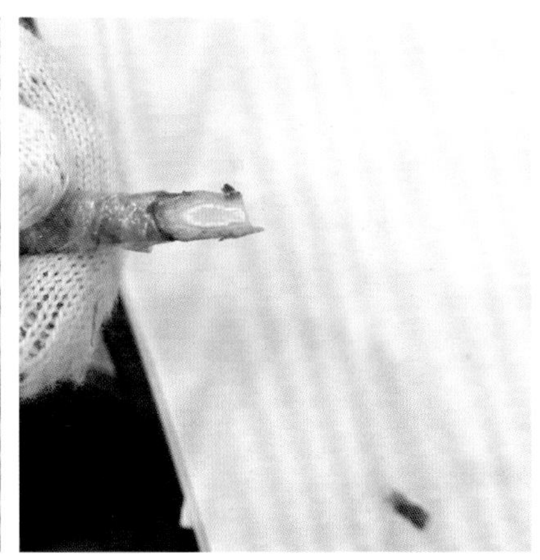
图28　先削好接穗的一面

图29　再削另一面，使呈楔形

图30　挑开形成层并插入接穗

图31　用胶带缠紧固定并封口，有条件的适当遮阴处理

图 32　大约 1 个月后手摸接穗挺硬或者接穗翘头即可初步确定成活，此时已至 6 月高温季节，应剪去保鲜膜梢头留米粒大的出气孔，以防高温烧伤嫩枝

图 33　再经 1 个月后，嫩枝开始分叶（这是嫁接在 3 年生干上的生长情况），砧木越年轻，接穗越容易成活，生长旺盛

图 34　随着松针不断分化生长（有的可以直接穿透保鲜膜），根据生长情况，每隔一段时间解开一段保鲜膜，直至全部解开，但用固定的胶带则等来年或更长时间，根据愈合情况解除

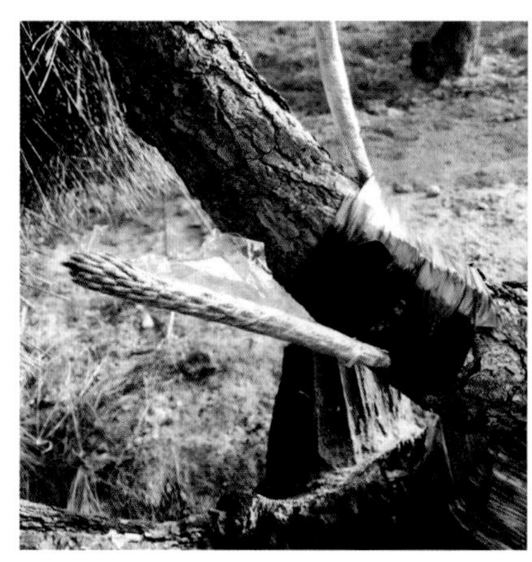
图 35　嫁接 45 天后接穗的生长情况

图 36　大约嫁接 70 天后的生长情况

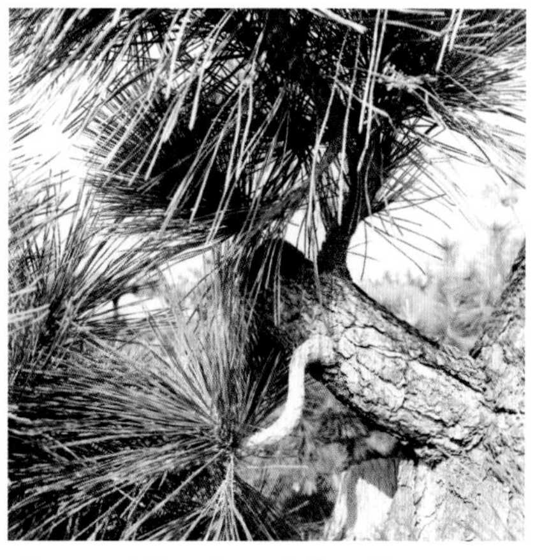
图 37　嫁接 2 年后的生长情况，和原生枝一样

图 38　松树嫁接的枝条少部分会出现图钉枝

图 39　通过将图钉枝周围鳞片刮去，会逐渐变为正常生长

二、柏树嫁接

我国柏树品种有29种之多，园林盆景常用的有侧柏（生长于高山悬崖峭壁上油脂沉积量大的又称为崖柏）、刺柏、圆柏、地柏、龙柏、翠柏、高山柏等。其中有些品种如侧柏、刺柏等叶性不太完美，随着审美情趣的不断提高，目前大多以山采老桩嫁接欣赏价值更高的日本八房、宫岛、济州等真柏品种进行改造（图40~图44）。嫁接时间以3~5月最佳，秋季也可以嫁接，植株健壮，管理得当，成活率90%以上。下面以图解的形式对嫁接及管理过程进行解读（图45~图50）。

图40 宫阪系渔川真柏

图41 八房系渔川真柏

图42 济州真柏

图43 台湾真柏

图44 修机真柏

图 45 将接穗用保鲜膜缠绕密实，防止水分散失，末梢留米粒大小出气孔，以散热

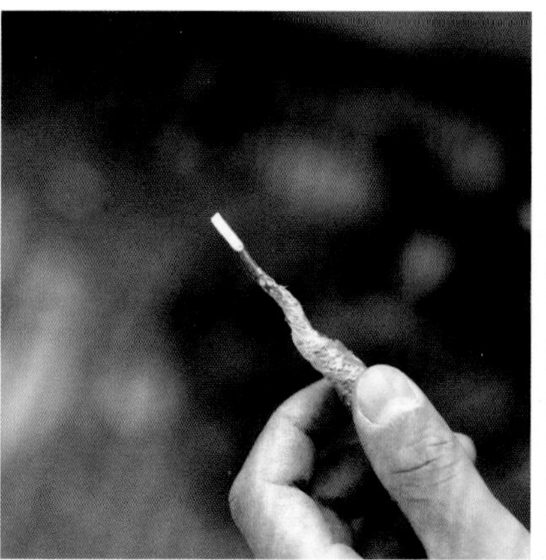
图 46 将接穗两面削成锲形

图 47 以 30° 角斜切入木质部

图 48 回刀，用刀尖挑开木质部与皮层结合部的形成层，顺势插入接穗并用胶带裹紧固定

图 49 2~3 个月后检查末梢开始生长，可以用刀片将末梢保鲜膜划开一点点，以后每隔一段时间根据生长情况逐步划开保鲜膜，直至完全适应外界环境。

图 50 嫁接的济州真柏当年的生长情况

三、罗汉松嫁接

罗汉松苍翠挺拔，是制作盆景的上佳材料，深受我国盆景爱好者尤其南方盆景爱好者的垂爱。由于罗汉松品种众多，山采桩多数都为大叶品种，大叶品种虽然生长较快，但盆景观赏价值较低，必须进行品种改良，嫁接观赏价值高、抗性强的品种。同时有些品种例如台湾罗汉松、红芽珍珠罗汉松抗冻能力较弱，不适合北方地区养植，也需要嫁接改良为抗冻能力强的栽培品种。南方地区不受气温限制，叶性佳、观赏价值高的海岛松、中叶、雀舌等品种都可以选用。而北方地区气温低、空气干燥，应选择适应性强、抗冻能力强的品种，例如南通雀舌、浙江二乔、米叶罗汉松、中叶等优良品种（图51~图54）。

罗汉松嫁接时间应在其生长季节，以形成层可以轻易和木质部分离为宜。北方地区宜选择在5月，南方地区可以提前到4月中下旬。一般选用半木质化或木质化的壮条作为接穗，这样的接穗成活后生长速度快，成型周期短。罗汉松嫁接一般采用皮下接，成活率高，愈合快，长壮后和原生枝条一样。下面以图片展示嫁接及管理全过程（图55~图59）。

图51　南通雀舌

图52　浙江二乔

图53　米叶罗汉

图54　中叶罗汉

图 55　嫁接时间选择在萌芽生长以后，取上一年生木质化、半木质化壮条作为接穗，并用保鲜膜均匀缠裹，后缠的压前缠的 1/3~1/2，保证密封性，确保水分不蒸发，最前端留米粒大的出气孔，以利天气炎热时散热

图 56　接穗一次性削开斜口，削面越平越好，另一面照此法操作，使接穗成锲形，注意让两面切口对称，以保证接穗和形成层密切接触

图 57　在要嫁接的部位斜 30° 角切入直至木质部，然后用刀尖挑开形成层（生长期间的罗汉松树皮与木质部之间的形成层特别容易分离，休眠期则很难分开）

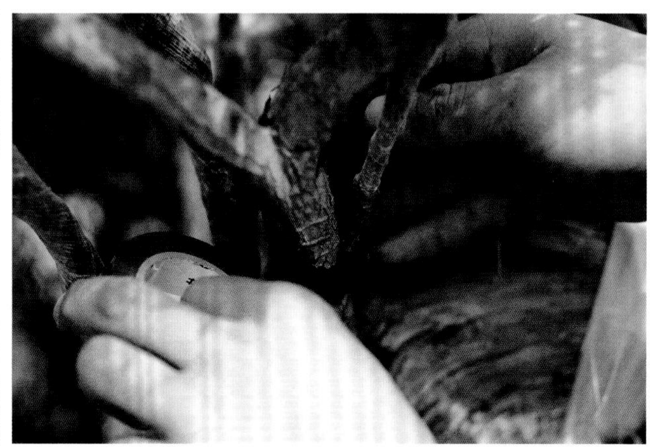

图 58　用电工胶布或塑料绳坯裹紧固定接穗，防止晃动。有条件的可以用遮阳网适当遮阴

图 59　1 个月左右检查，手捏接穗保鲜膜绷的很紧，且接穗梢部有新叶冒出，即可初步确定成活，此时可以适当用刀片在梢部划开少部分保鲜膜，以后每隔十天半月根据其生长情况逐步划开保鲜膜，直至完全解开。固定用的胶带或塑料绳坯最好等秋季以后再解开。罗汉松嫁接管理较好成活率可以达到 90% 以上，当年嫁接当年可以造型（但需要将嫁接点固定好）

02 盆景骨架过渡快速培养技法（以松树为例）

俗话说景成之日，功在十年。一件成熟的作品往往耗费十年、数十年甚至毕生的心血。在盆景创作过程中盆景过渡骨架的培养是耗时最长、难度最大的技法。所以，玩盆景要有足够的耐心和定力，同时还要有成熟的养护经验。方法得当可以缩短创作周期，方法用错了也可能前功尽弃“回头再来”，甚至彻底毁坏桩材。

目前所采用的截干蓄枝的技法是盆景骨架过渡培养的有效手段，作者把截干蓄枝的技法创新地应用于松属、柏属、罗汉松属等树种上取得了明显的效果，大大缩短了成型周期。实践证明，以前对于松柏盆景尤其松类盆景不适于截干蓄枝培养的认识是不科学的，松柏等盆景骨架养成也需要截干蓄枝的技法来实现。有效解决了松柏尤其松树“断头桩”的培养难题。下面就以黑松断头桩为例，以图片的形式解读黑松骨架的快速培养过程。

盆景骨架快速培养应从提高桩坯自身的生长速度、适时开坯、巧用牺牲枝三个方面入手。

一、采用新技术、新工艺加快桩坯的生长速度

（一）养壮桩坯

桩坯要选择在阳光充足、通风良好、排水通畅的地方栽植。给桩坯提供良好的生态环境。众所周知，桩坯要靠植物叶绿体光合作用制造营养，然后输送到桩坯的各个部分，促进根部及植株的生长，同时叶片的蒸腾作用可以散发水分，促进根部对水分的吸收，促进桩坯的新陈代谢，没有枝叶的松柏类桩坯很难成活。因此桩坯栽植1~2年内不要轻易剪掉枝条（包括无用的枝条），尤其松柏类桩坯，尽量多保留绿色部分，以保证桩坯的光合量，促进根系的生长，只有根系长旺，桩坯才能健壮，只有桩坯健壮才能进行下一步的作业。

（二）快速培养桩坯

桩坯经过1~2年精心管理复壮后即可以采取“大肥大水”的刺激桩坯快速生长的措施。盆景桩坯的用肥很有讲究，对于松类、罗汉松类桩坯采用发酵有机肥效果最为理想，因为它们都是菌根型植物，经过完全发酵的复合有机肥可以从促进丛枝状根菌的繁殖和桩坯根的生长发育两个方面促进桩坯的健康生长，不存在烧根的情况。而化学肥料营养有局限性，无法提供桩坯所需的微量元素，更不能为丛枝状根菌提供营养，容易烧根。经过十多年的反复试验研究，作者根据盆景树种的生物学特性及盆景用肥的特点，发明了广效盆景专用肥，并申请了“薛氏艺肥”商标。该肥用于松树、柏树、罗汉松、木瓜等盆景树种，一年施用一次，取得了很好的效果，生长速度较常规条件下快数倍。黑松当年枝条可长1m左右，最长可以长到1.5m，一年增粗2cm以上，最大增粗4cm。罗汉松施用此肥当年枝条也长到1m左右，增粗1.5cm以上，这样的生长速度在北方地区是不可思议的。不仅如此，该肥料对弱化盆景复壮也有很好的效果。高效盆景肥料的应用极大程度刺激了桩材的快速生长，过去像20cm的松树“断头桩”很难想象能够养出来过渡，而现在只需要短短的5、6年时间完全贯通。使不可能成为盆景的桩坯变成了有潜在艺术价值的桩材。

（三）科学管理

坚持以防为主防治结合的病虫害复合防治方针，针对不同植物常见病虫害进行有效的防治。

对于新下山的桩坯每半个月喷施菊酯类+阿维菌素混合液一次，叶面和树干都要喷施，以防治红蜘蛛、天牛、小豆虫等虫害。对于成活后纳入正常管理的桩坯，介壳虫的防治是病虫害防治的重点，应结合各种植物细菌性疾病如松树的腐叶病、罗汉松的白粉病等分别于每年5月初左右以及10月下旬左右（介壳虫幼虫孵化期），用菊酯类、介击、甲基硫菌灵混合液喷施。由于介壳虫往往附着在叶子背面以及树干的树皮里，因此叶片反面、树干的角落、树皮空隙等部位要重点喷施，以确保效果。5月中下旬至6月也是各种细菌性疾病如松树的腐叶病、立枯病，罗汉松、紫薇等树种白粉病高发期，应在介壳虫等病虫害综合防治基础上每间隔一周再用介击+甲基托布津加强防治一次。采取这些防治措施后各种病虫害基本上不会发生从而造成危害，保证了桩坯的健康生长（图1~图9）。

二、适时开坯

盆景素材的第一次创作或剪裁调整俗称开坯。开坯须具备如下条件：

（1）开坯必须建立在桩坯生长旺盛且有足够叶量的基础上。从开坯的过程和意义来看，开坯的过程实际上就是截干蓄枝技法的开始。因此必定有“截”有“蓄”，这就需要“蓄”的枝条有一定的叶量可以带动截口水分，保证截口不失水分，不至于干枯，有利于伤口愈合，保证线条的完整性。如果在桩坯生长较弱或叶量不足的条件下开坯，很可能造成失枝甚至造成死桩。

（2）开坯应建立在对桩坯的审美评价基础上，对桩坯的美点、特色、线条走势、空间布局等有个全面认识，在“胸有成竹”的情况下才能进行。有条件的最好按照绘制的成型效果图施技。

（3）不同树种桩坯开坯的时间不尽一样。根据多年开坯经验，松树、罗汉松等桩坯适宜春季树液开始流动后进行，最佳季节清明以后至5月，截口经雕刻处理后留油问题只要处理得当，对伤口愈合不仅无害相反有益，对桩坯的生长也无大碍。粗干拿弯在这个季节成活率也最高，伤口愈合最快。北方地区松类开坯尤其是雕刻处理断面不宜在严冬期间露天作业，否则伤口愈合较差，严重的造成桩坯死亡。木瓜类桩坯开坯要在2月至3月初春季春芽萌动之前进行，发芽以后尤其叶片散开以后开坯作业容易造成截面失水，严重的造成死桩。柏树的开坯作业宜在休眠期间进行，夏季生长期间大量剪枝容易流胶感染流胶病。

（4）开坯作业后管理很关键。除了伤口养护、病虫害防治、施肥复壮等常规管理以外，应特别注意浇水管理。由于桩坯经开坯后去除了大量叶量，树的长势暂时弱化，需要的水分大量减少，应适当减少桩坯的浇水次数，尤其是松柏类桩坯，应严格控水，见干见湿，以免造成烂根（图10）。

图1　高效有机肥的应用以及科学的管理使松树的生长速度较常规快了数倍以上，大大缩短了成型周期

图2　11月的冬芽长度达20cm以上

图3　当年壮芽枝条可长到近4cm粗，20cm左右断面4~5年就可以完成过渡

图 4　这是 4 年生牺牲枝，粗度 11cm

图 5　新发明的广效盆景专用肥“薛氏艺肥”

图 6　为黑松盆景施肥

图 7　施用“薛氏艺肥”后繁殖的大量丛枝状根菌

图 8　对地培桩施肥

图 9　棉花介是危害松树最严重的病虫害，是造成松树尤其是赤松死亡的主要原因之一

图 10　开坯

三、巧用牺牲枝

所谓牺牲枝是指仅为盆景创作利用但最终需要做出牺牲的枝条。利用牺牲枝对桩坯骨架过渡进行快速培养可以起到事半功倍的效果，也是截干蓄枝技法的拓展应用。

（1）牺牲枝分为一级牺牲枝、二级牺牲枝甚至还有三级牺牲枝，一级牺牲枝培养一级过渡，二级牺牲枝培养二级过渡，三级牺牲枝培养三级过渡。每一级牺牲枝有一个也有多个的，分别被称作主牺牲枝和次牺牲枝，牺牲枝越多过渡培养的越快。一级过渡培养的难度最大耗时最长，可以培养两个或两个以上牺牲枝，共同为一级过渡服务，以有效缩短一级过渡的时间，但次牺牲枝到一定粗度要及时切除以免喧宾夺主，影响线条的走向变化。在培养一级牺牲枝期间，在合适的位置有意识地培养芽点枝条作为二级过渡以及二级牺牲枝预备。经过若干个生长周期的强化培养，当一级过渡完成70%左右时即切除一级牺牲枝。接着培养二级过渡。三级过渡以此类推，直到所有主干线条的全线贯通。

（2）牺牲枝的快速生长是快速完成过渡的先决条件，因此要采取有效措施保证牺牲枝的快速生长。首先要利用植物的顶端优势，使牺牲枝的主芽头位于植株的最高位置，使其蓄积更多的养分，促进快速生长。其次合理利用枝条分布空间，使枝条尽量往空中发展，以增加阳光照射保证通风。再次，在不影响预留创作枝片生长的前提下，尽量不剪枝条，不疏叶，以保证足够的枝量叶量，快速形成局部大树冠，以保证其光合量。

（3）牺牲枝只是创作应用的手段而非目的，因此在培养牺牲枝的同时，还应对过渡部分的线条走向进行调整矫正，对预留的下一级过渡进行及时地拿弯处理，牺牲枝切除后还应及时对断面进行雕刻处理，对作品需要的枝片进行预创作处理，做到牺牲枝都切除之日也是盆景作品的即将成型之时（图11~图17）。

图 11　放养 2 年的长势

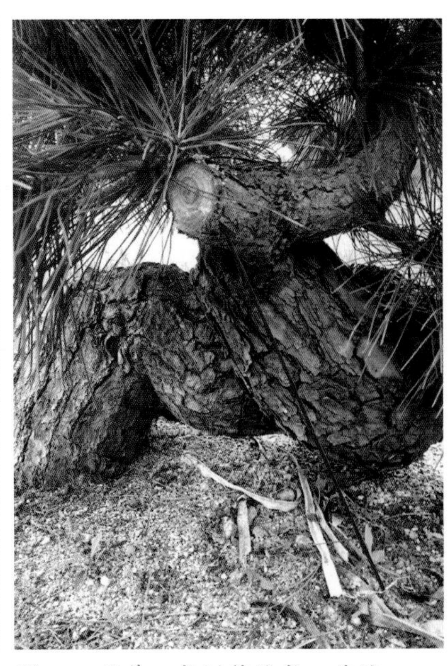
图 12　放养 2 年树势恢复，其使命已经完成，及时切除

图 13　对留下的部分进行雕刻处理并用黄泥养护

图 14　一级过渡完成，春季切除后即进行二级过渡培养直至骨架全部完成，要达到设计效果图目标仍需数年

图 15　牺牲枝所形成的局部树冠越大，增粗效果越明显，骨架过渡周期越短

图 16　从开坯到一级过渡完成历时 4 年，后面的疤口基本愈合，整体过渡自然

图 17　设计的成型效果图

03 粗干拿弯技法

粗干拿弯是盆景创作中常用且难度较大的技法，拿弯的效果对盆景的线条美起着重要作用。目前拿弯的方法有多种，例如电钻掏空木质部拿弯法、锯掉部分木质部拿弯法、直接弯曲拿弯法等。作者经过长期大量的实践操作验证，本人采用的微创开槽拿弯技法效果最佳，成功率最高，愈合后最自然。基本上适用于全部树种。尤其在松柏盆景上具有独到的优势。下面以黑松拿弯为例以图示的方法，解读其技法全过程。

（1）先准备好拿弯所用工具（图1）。

（2）在需要拿弯的部位（箭头所指），用钩刀将树皮刮去，并钩出槽的模样，槽长、槽宽、槽深由需要拿弯部位树干的粗度决定一般槽宽占粗度的10%~15%，树干粗度达15cm以上的可以将槽宽放大到20%左右。槽的开挖深度也由拿弯部位粗度决定，粗度5cm左右，槽的深度开挖到直径的50%左右，粗度5~10cm，槽的开挖深度达直径的75%左右，粗度10cm以上的，槽的深度要深达对面皮层，

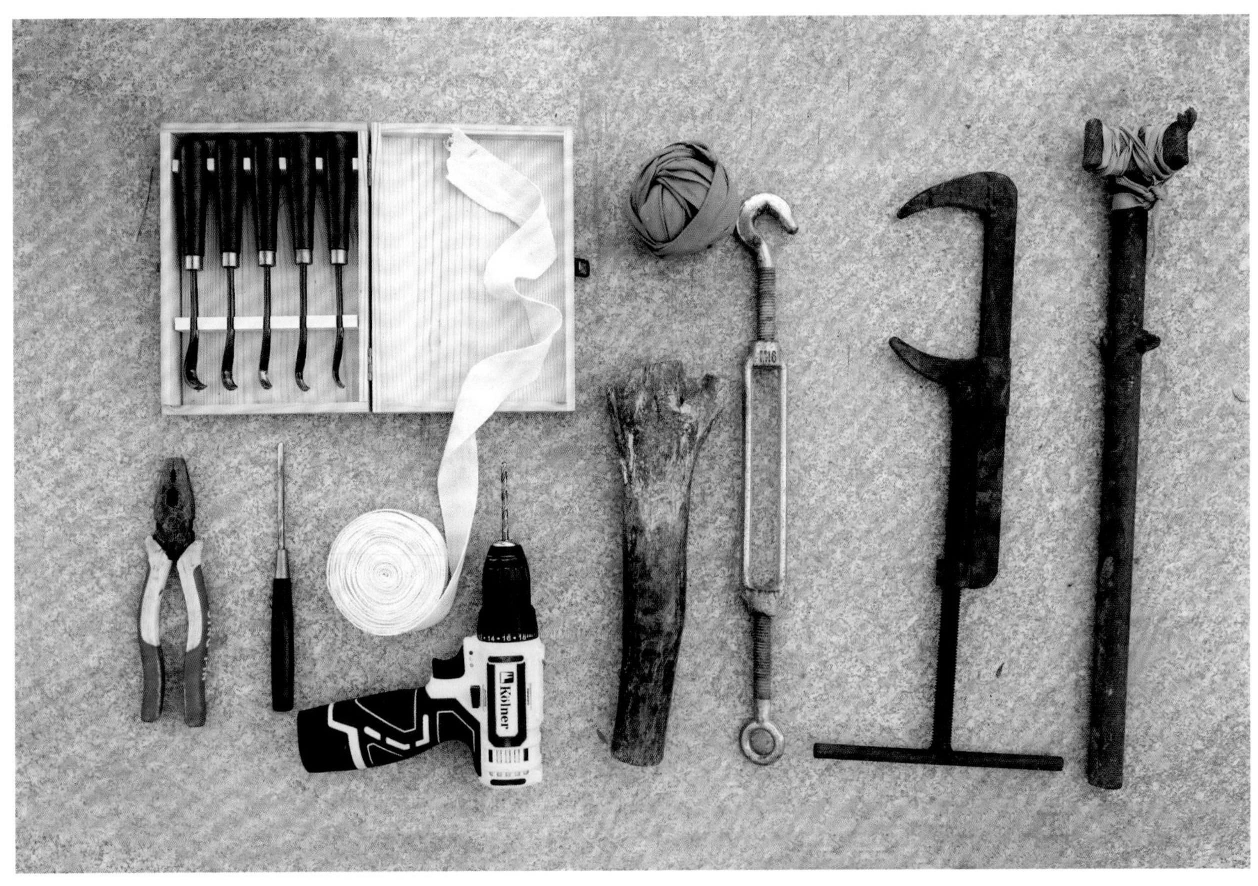

图1　拿弯所用工具

图 2　用钩刀钩出槽模样

图 3　用窄凿加深深度

图 4　如需要拿弯部位较粗，可以用电钻沿槽平面加深，但不要穿透对面皮层

图 5　开好的槽子

图 6　封槽

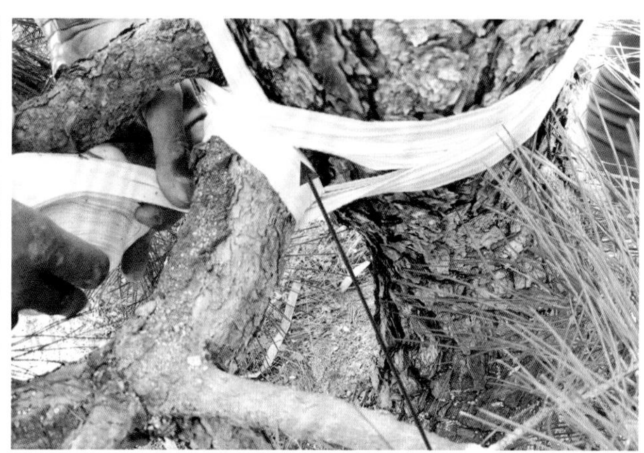

图 7　加固结合部

但不要贯穿，以保证线条的完整性，且有利于成活。槽的长度按实际掌握，力臂长的槽的长度可以短点，力臂短的槽的长度可以长点。开槽时可以用长柄窄凿慢慢往深处开凿，也可以用电钻打磨。不管是用凿子开挖还是电钻打磨，均不可以往左右深掏，以免造成塌瘪、疙瘩等操作失败（图2~图5）。

（3）用黄泥巴将槽内空隙塞实并将槽封口（起支撑及保湿作用）（图6）。

（4）用棉布条将接头部位用交叉的方式反复缠绕打好绷带，以保护好树干（图7）。

（5）用棉布条按拿弯方向缠紧树干，在此基础上按同方向缠绕铝丝，一般使用6~8号丝（图8）

（6）将撬棍捆绑于需要拿弯的干上（一般前后两个点即可），借助杠杆原理，凭借手感经验慢慢加力撬动，在撬动的同时按拿弯方向扭转树干，如听到木纤维断裂声应立即停止作业，并固定。拿弯应一步到位，不可以来回反复。手感经验包括用力的方向是开槽拿弯技法的精髓和关键。扭转树干的目的是使木纤维重新排列，防止树干断裂，在扭转的过程中所开的深槽提供了弯曲的空间，而且经拿弯后深槽闭合，使线条更加完美（图9、图10）。

（7）将预先系好的铁丝或尼龙绳固定在合适的位置。如果拿弯幅度不大，可一步到位；如果拿弯幅度较大可以分两步进行。即在第一次拿弯成功后半个月以上再进行进一步调校，也可以借助花篮螺栓逐步微调以降低风险（图11、图12）。

（8）经一个生长周期拆除铝线等保护后的样子（图13）。

（9）当年愈合情况（图14）。

（10）伤口经两年生长恢复基本愈合，逐步成自然状态（图15）。

（11）对一次未到位的拿弯操作进行修正（图16）。

（12）拿弯操作经一个生长周期和三年生长完全愈合后的对比（图17、图18）。

（13）用微创开槽法创作的完美的黑松线条（图19、图20）。

图8　上棉布条、铝丝保护

图9　将撬棍绑于需要拿弯的干上

图10　按铝丝缠绕方向用力扭动弯曲

图11　作业到位后将预先拴好的绳索固定

图12　作业完成后的样子

图13　经一个夏天生长后拆除保护

图 14　当年愈合情况

图 15　伤口 2 年以后完全愈合

图 16　用花蓝螺栓对未到位的拿弯操作逐渐修正

图 17　拿弯作业 1 年

图 18　拿弯作业 3 年后

图 19　线条完美

图 20　线条完美

04 松树断面雕刻技法

目前，松树盆景素材大多来自山采，其枯枝断干较多，这些枯枝断干有的是大自然形成的，而有的是人畜破坏形成的，这些枯枝断干有的历经多年的风吹雨淋、细菌侵蚀，成为大自然造就的美点。但大多数不符合盆景的审美要求，尤其数量众多的由大树截头而来的“截头”桩更是创作的难题。松树枯枝断干的雕刻事关松树盆景的线条美、肌理美、沧桑美，是松树盆景创作重要内容之一。

松树雕刻和柏树雕刻虽然原理上相似，但方法和内容表现上有一定的区别。不必施以任何创意，更没必要追求复杂的雕刻样式，以简单自然为上。松树断面雕刻应以自然为师，以自然树木断裂、自然风化后所形成的“骨刺”、自然腐烂后所形成的富有变化的孔洞等为摹本，破面宜小不宜大，雕刻无需夸张再创作，以自然并能和主干以及整体和谐统一为宜。值得一提的是，根据20余年创作积累的经验及教训，以及对审美的不断深化认识，作者以为，在过渡衔接不到位尤其是截面和过渡枝条粗度相差太大等情况下，单纯以雕刻的办法形成过渡衔接是完全错误的，因为松树和柏树树性完全不同，

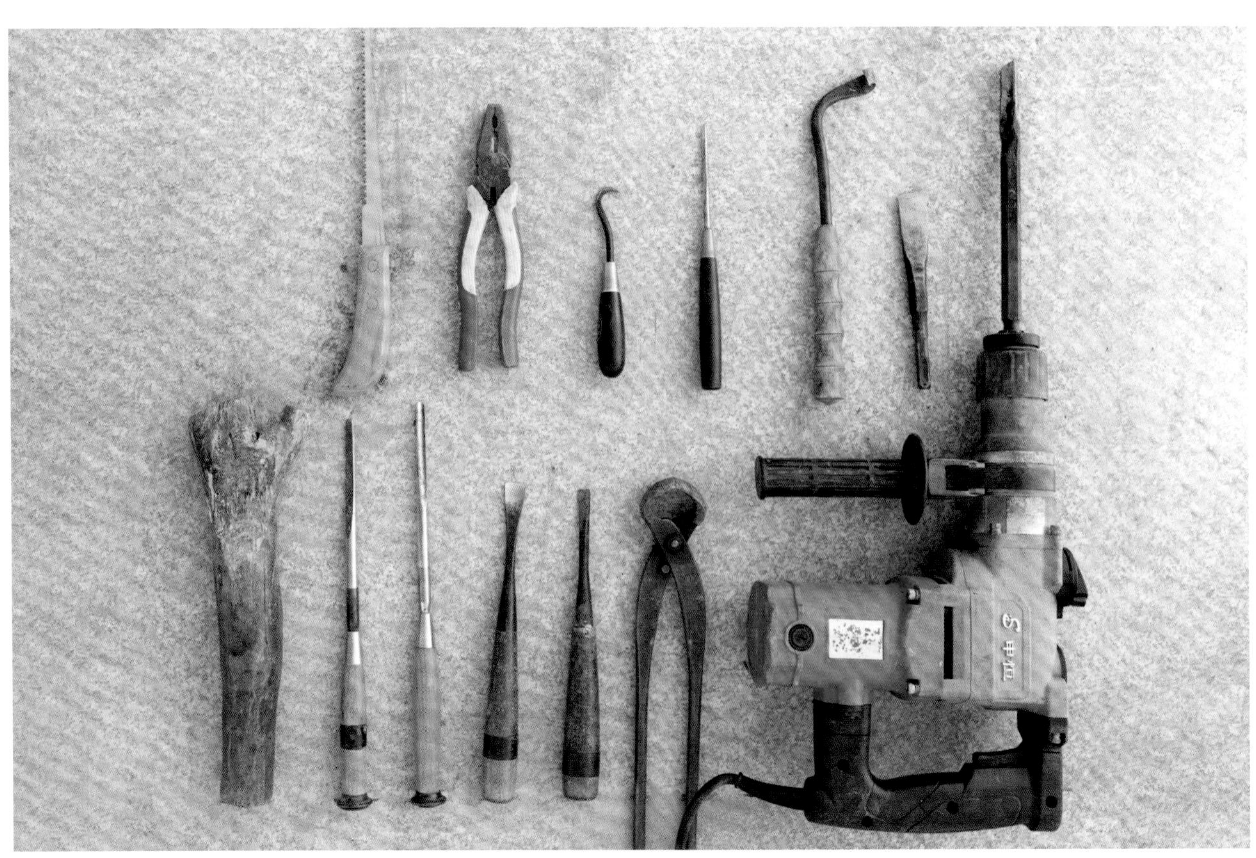

图 1　断面雕刻所用到的所有工具

松树油脂道被切断断供油脂后，其木质特别容易腐烂，伤口很难愈合，很容易造成桩材线条的严重残缺。根据成功经验，合理的做法是疤口边沿以约15° 角倾斜（具体靠经验把握最合理角度）并做出变化，过渡贯通后效果最理想。下面以图示的方式解读几种常见断面的雕刻。

图 2a　原桩相

图 2b　第一次作业骨刺部分适当保留大点，既有利于伤口愈合，又为进一步雕刻留下空间

图 2c　1 年以后边沿开始愈合，有枝条的一侧愈合速度最快，当愈合组织即将包裹骨刺时，应及时雕去一部分骨刺，以利愈合组织进一步延伸，逐渐收缩疤口面积

图 2d　经过 3 年的强化培养，一级过渡基本完成的同时伤口也基本愈合

图 3a　原桩相

图 3b　去除右下干并雕刻后

图 3c　右上枯干雕刻后

图 3d　断面全部雕刻完成后，用黄泥养护

图 3e　1 年后右伤口愈合情况

图 3f　右上枯干 1 年后愈合情况

图 4a　原生桩相

图 4b　对右上断头干雕刻

图 4c　底部直干的处理

图 4d　直干的处理方式

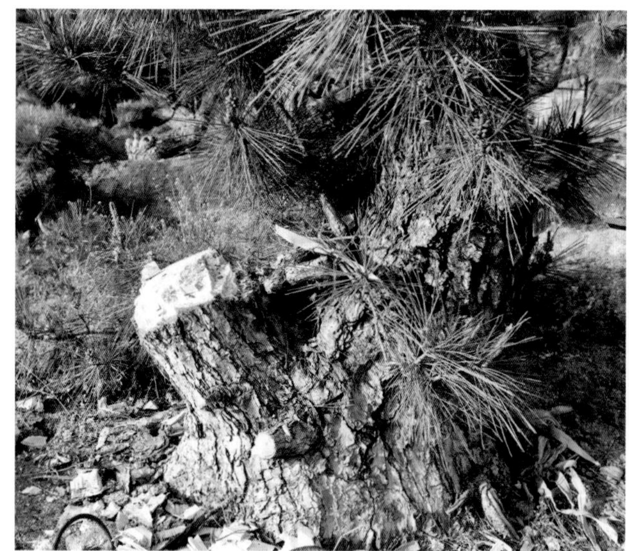
图 5a　需要雕刻部分为直径 25cm 枯干

图 5b　雕刻时和主干逐渐过渡，不宜加大破面，更不宜将边缘挖深

图 6a　有水线经过的地方适当做进去凹槽，随着愈合组织的包裹将更有野趣

图 6b　有水线经过的地方适当做点不规则变化，将更自然

图 6c　枯干在水线上可以适当将枯干体量缩小，随着形成层包裹延伸，疤口将逐渐缩小

图 6d　类似这样为了完成过渡而大面积破坏主干的做法是错误的

图 7　枯干的雕刻也要和干的线条和谐统一

图 8　根据创作需要，也可以保留较长的枯枝

图 9a　类似这样的截头桩很常见，必须雕刻以后定向培养

图 9b　不同部位断面雕刻方法不同

图 9c　截头桩不同部位雕刻处理情况

图 9d　截头断面雕刻留点骨刺愈合更快更自然

图 9e　雕刻完成后用黄泥养护，愈合效果非常理想。此图为一个夏天愈合量

图 10　经过 5 年的定向培养，截头断面已形成自然过渡

图 11　经过 3 年定向培养，虽然过渡还差点，但已不算大毛病

图 12　此图为图 10 正面，已经看不出截头桩的痕迹

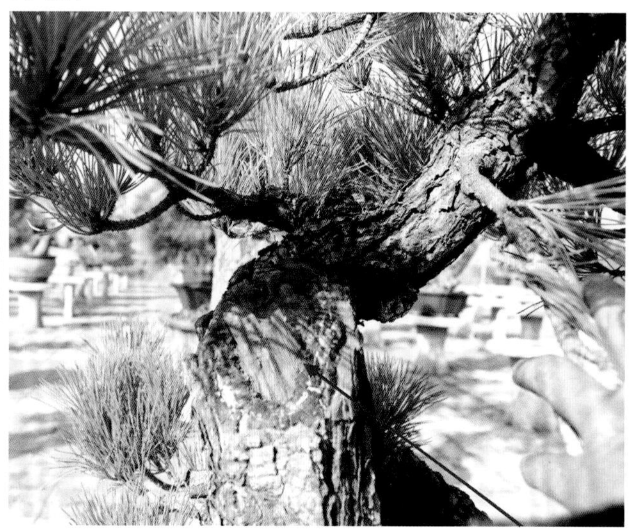

图 13　这个断面 10cm，经过 2 年定向培养已愈合了 1/3，再有一段时间即可形成“马眼”

图 14　所雕刻的骨刺已经被愈合组织包裹，成为视角美点

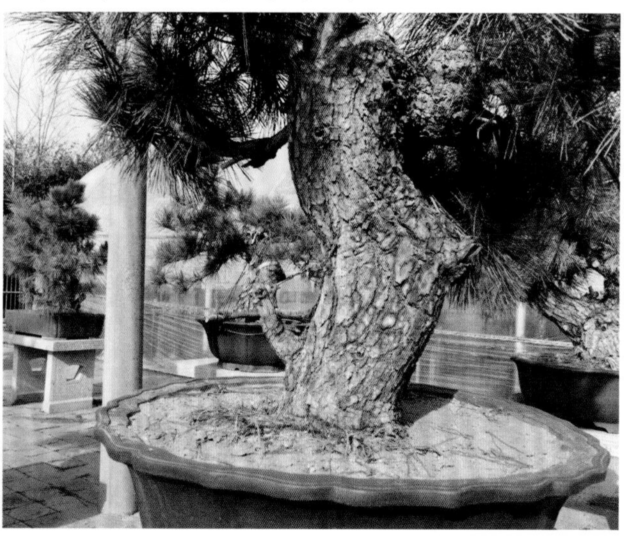

图 15　这个有个性的桩材是由截口直径 22cm 的截头桩经 5 年时间培养而来

图 16　经过长达 6 年的定向培养，基部直径 43cm 的巨大黑松桩坯骨架已基本贯通，原 22cm 截面疤口也已缩成具有审美意义的“马眼”

图 17　局部特写

图 18　经过雕刻的断面和主线条融为一体是雕刻创作的目的

图 19　雕刻以修复线条残缺为最终目的

图 20　雕刻疤口愈合所形成的“马眼”是松树盆景的审美特征之一

05 盆景开坯技法

一、松树盆景开坯技法

（一）赤松盆景开坯技法（图1~图15）

图1　拟选正观赏面

图2　背面

图3　右侧面

图4　左侧面

图 5　去除无用枝叶

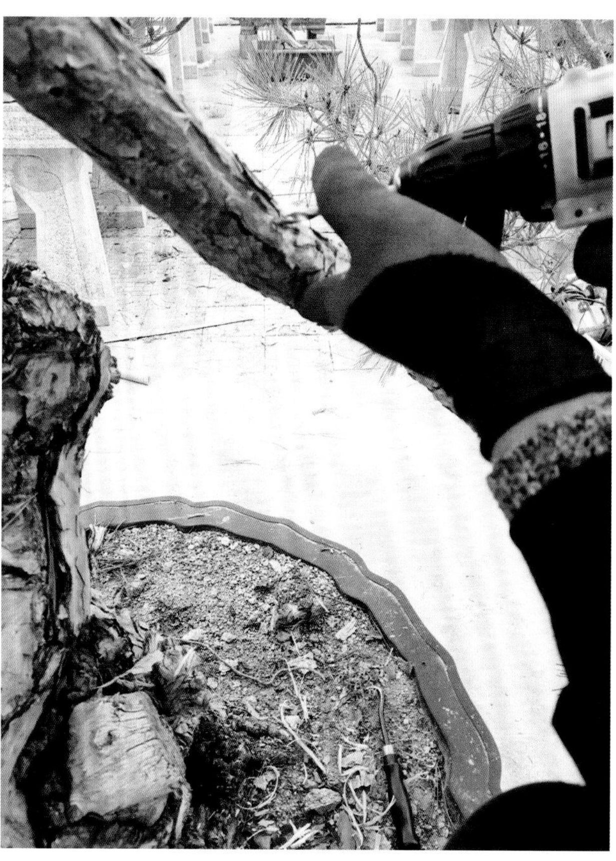

图 6　在需要弯曲部位开槽，槽宽以弯曲部位直径的 15% 左右为宜

图 7　如有木芯部位干枯的，须将木芯大部分掏出，以免折断

图 8　对于调整幅度较大的枝条用棉布带按弯曲方向裹紧加以保护，金属丝缠绕方向和布带缠绕方向一致

图 9　这是左侧面原状

图 10　经过弯曲调整后的枝条

图 11　作者在操作中

图 12　制作完成后的正观赏面

图13　制作完成后的背面

图14　制作完成后的左侧面

图15　制作完成后的右侧面

（二）黑松盆景开坯技法（图16~图19）

图16　原桩相

图17　空间构图调整

图18　细部调整

图19　创作完成图

二、柏树盆景开坯技法

柏树品种众多，在盆景中常用的有侧柏、刺柏、真柏等，由于其不畏严酷坚韧等精神象征，深受广大盆景爱好者钟爱。

制作柏树盆景要根据柏树的树性把握住两个重点：其一是，断面的雕刻制作。柏树的舍利表现是柏树盆景的最重要内容之一，在制作时要注重虚实关系、线条的流动变化等环节；其二是，线条的空间布局。根据线条的变化规律，以独特的空间结构表现柏树所传达的内在精神及禅意。下面以两个开坯实例说明之。

（一）侧柏桩嫁接台湾真柏毛坯的开坯初创作（图20~图30）

图 20　素材的正面

图 21　素材的左侧面

图 22　素材的右侧图

图 23　作者对左面断面雕刻

图 24　作者对正面断面雕刻

图 25　作者对右面断面雕刻

图 26　雕刻完成后的正面

图 27　雕刻完成后的左侧面

图 28　雕刻完成后的右侧面

图 29　雕刻完成后的右后面

图 30　毛坯素材经过雕刻、取舍蟠扎后完成的盆景雏形，经过若干年放养再创作，最终完成盆景作品的创作

（二）崖柏嫁接济州真柏毛坯的开坯初创作（图31~图37）

图 31　素材的原始树相

图 32　素材的侧面

图 33　这是待雕刻的较大断面

图 34　作者对素材进行推敲取舍

图 35　对断面进行雕刻处理

图 36　这是雕刻完成后的情况

图 37　经过蟠扎造型后的树相

三、罗汉松盆景开坯技法

罗汉松叶片翠绿优美，桩型古拙，是制作盆景的上好材料。由于罗汉松枝条木质化后脆硬，因此，在创作上要根据罗汉松的树性，循序渐进地进行循环培养，对于较粗大枝条拿弯最好采用保护措施。下面以开坯实例说明之（图38~图42）。

图38　罗汉松毛坯的原始正面照

图39　罗汉松毛坯的背面照

图40　罗汉松毛坯的侧面照

图41　经取舍修剪后树相正面照

图42　经蟠扎造型后的树相

06 定向培养技法（以黑松为例）

黑松是制作盆景的上佳材料，然而诸多山采素材均不符合盆景创作素材的基本要求，尤其断面较大的“断头桩”更需培养枝条及过渡。黑松生长十分缓慢，加之国内缺乏系统、成熟的培植经验，盆栽增粗十分困难，故采用科学的方法结合造型要求快速育桩，对缩短黑松盆景的成型时间，提高其艺术价值具有十分重要的意义。

我对黑松盆景的培养及创作有长达二十多年的实践和研究，积累了大量一手数据和成功经验，取得满意的效果。现将做法和体会总结如下，以期与同仁共同交流、提高。

一、选材及栽培管理

（一）选材

选材是定向培养及创作的基础性工作，对养成作品档次具有决定性作用。一般选材遵循“一根、二干、三条位”的规律，即不管何种形式的素材，根盘要有力，最好四面出根，扎基，给人以稳重感；基和根要衔接流畅，不能“断线”，没有死角，基部硕大，基干变化丰富自然，线条优美，过渡匀称，断面可以雕刻改造，有可用于后天培养的条位或者可以嫁接的点位。具备以上潜质的黑松桩材才有定向培养的价值。

采用类似地瓜埂栽植的方法，将下山桩连同土球成行摆放于地面，将土球四周覆土形成埂，埂中间留有凹槽用于灌溉，埂两边留排水沟用于排水，效果良好

（二）栽培及管理

黑松不耐严寒，尤其下山桩最怕冻根，根据本人及桩农多年移植经验，江苏、山东、安徽及周边地区适宜移栽时间为3~5月，最佳移栽时间为清明前后，最差移栽时间为冬至至大寒期间。移栽时带好土球，适当修剪枝叶，不可强剪，保留适当枝叶带水分是移栽成活的又一关键。桩材栽植用土以软风化岩最佳。底层垫上10cm厚风化岩大颗粒，将土球平放其上，调整好角度，四面用风化岩打围，灌足水。规模化养桩适宜采用类似地瓜梗栽植法，易于管理，旱涝无碍，成活率高，生长茂盛。根据多年的经验，泥浆法栽植是提高成活率最有效的办法，即用硬管接在塑料管前部，沿土球四周边浇边捣，使泥水灌实土球四周，确保泥土和根紧密接触，泡透土球，利于水分吸收和形成新的“豆芽根”。在管理上，保持原土球湿润，早晚喷叶面水，忌原土球长时间水渍，忌中午阳光暴晒时喷叶面水，忌下山桩种温室大棚。在病虫害防治上主要是定期打药（尤其5月、10月）防治红蜘蛛、松干蚧。

二、黑松桩的定向培养

根据黑松的生理特性、生长规律，按照盆景艺术的审美要求进行培养和改造，以期达到预设效

雕刻后的伤口用黄泥封口，效果较好

雕刻 2 年后的伤口愈合状

同一棵树定向 4 年培养前后对比

同一棵树定向 5 年培养前后对比

果。具体做法如下。

（一）炼根

俗话说根深叶茂，根系发达强壮了，黑松才能生长茂盛抗病力强。黑松是深根性树种，穿透能力强，在养桩实践中，地栽成活一年以上的桩材采用控水的办法进行炼根，与此同时做到不剪枝促进光合作用，促进根系生长，以复壮植株。

（二）科学配肥用肥

黑松是松菌共生体，根据这一特性，在配肥和施肥上若能兼顾松菌的繁殖，那么两者将相得益

大面积破干伤口极难愈合

大面积破干背后形成的疙瘩

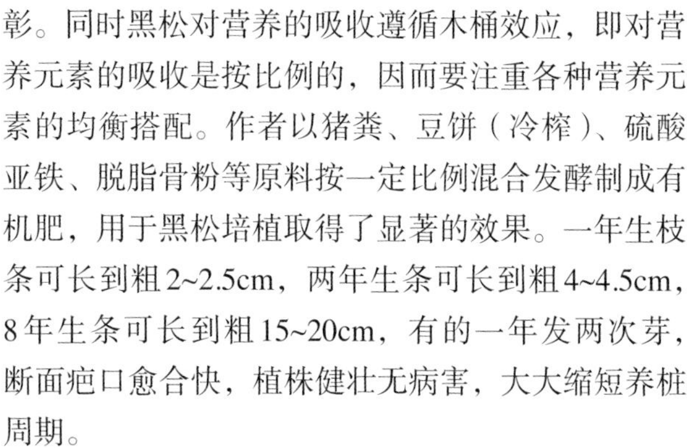

彰。同时黑松对营养的吸收遵循木桶效应，即对营养元素的吸收是按比例的，因而要注重各种营养元素的均衡搭配。作者以猪粪、豆饼（冷榨）、硫酸亚铁、脱脂骨粉等原料按一定比例混合发酵制成有机肥，用于黑松培植取得了显著的效果。一年生枝条可长到粗2~2.5cm，两年生条可长到粗4~4.5cm，8年生条可长到粗15~20cm，有的一年发两次芽，断面疤口愈合快，植株健壮无病害，大大缩短养桩周期。

（三）初调

下山桩养植1~2年起旺后即可开始此项工作，包括选观赏面、调相取势、选择理想条位蓄养、补条等基础性工作。首先从根部开始找出根盘，根据主干走向，选择最佳观赏面，并调整好角度，制作简单效果图。在此基础上挑选理想原生枝进行蓄养。桩材原生枝是宝贵资源，一般情况下，用于定向培养的顶枝位于干的前侧最佳，位于动势强一侧次之，位于动势弱一侧再次，位于反面走向最差。当缺乏重要条位时采用皮下接或靠接补位。

（四）开坯

应用现代技术手段及盆景新理论对培养的桩材进行初步定位及初步创作，其过程包括截桩、调校枝条走向、搭建骨架及枝真判断将无用的干枝去除（粗干酌情预留雕刻）；按照主干线条走向及预想构思顺势做弯培养枝。较细的枝条直接用铝线上丝调校即可，较粗枝条则要用棉布条或麻线缠紧再顺势绕铝线，借助撬棍用杠杆原理调校，粗干做弯用开槽法最为适宜。根据预想构思或效果图将预留创作枝片做弯，留一个壮芽放长，让增粗和养片同时进行。黑松基部的断面处理伤口宜小不宜大，没水线的断面不宜增加破面。对于蓄枝的断面应在枝条叶量足以带起水分的情况下进行，防止主干失水，影响愈合，造成线条缺陷。蓄枝的断面雕刻必须细致，伤口和愈合后的线条必须匹配自然，根据多年的比较，断面雕刻的适宜季节是3~8月，冬季不适宜作业。伤口用黄泥封口较用一般愈合剂等封口愈合效

开槽做弯4个月后愈合状

定向培养5年后的培养枝粗达12cm

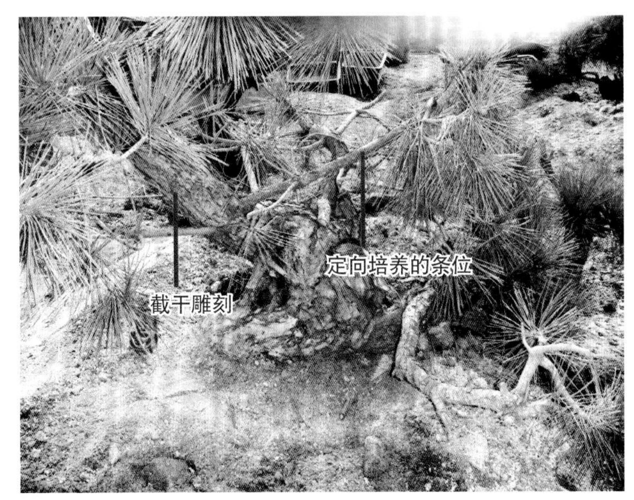

待培养的黑松原桩

果更好，简单易行，一般流油的地方很快就可以形成愈伤组织。

（五）放养

这阶段是定向培养的关键环节，耗时长，管理难度大。期间重点有3个方面。一是重点培养牺牲枝，以牺牲枝培养一级过渡，培养牺牲枝首先要培养壮芽和顶端优势，必要的用木棍支撑向高处发展空间，以增加光合量；二是科学用肥，自配的有机肥不伤根，一年两次，并辅以大水，其生长速度惊人，当年条可长到2.5cm；三是加强管理；管理的重点是修剪，及时修剪透风，保护内部芽点，防止脱条闷片，需要增粗的放长，不需要增粗的剪去强势芽控制其生长。分期处理根部，切除或短截粗根，整理乱根，以便上盆。在梅雨季节之前用多菌灵、甲基托布津等药物交替喷洒预防细菌性叶枯病、叶锈病、枯枝病等细菌性疾病。分别于5~6月、10~11月用蚧击、多菌灵原粉、阿维菌素、阿维哒螨灵等药物防治松干蚧、红蜘蛛。

（六）上盆及管理

经过一段时间的强化培育，主干已全线贯通，过渡自然，此时即可上盆。上盆时间选在3~4月最佳。上盆时去除牺牲枝，清理根部，即可装盆。待服盆后再进行进一步调整，通过短针等技术手段完善作品。在管理上，每3~5年换盆一次，每年施有机肥一次，加强防病治虫。

三、几点体会

松类盆景专用肥亟待研发黑松是松菌共生体，其特殊的生理特性决定了其特殊的水肥等管理措施。目前国产松类肥料尤其黑松盆景专用肥尚属空白，产品依赖日本进口，价格高，盆景养植者大多弃用。盆景从业者及爱好者有的用化肥，有的用饼肥、麻油渣等，有的甚至用没经发酵的家禽粪便、厩肥。由于营养不全面不均衡、火气大、滋生寄生虫，造成植株生长不良，严重的造成死亡。因此松类盆景专用肥亟待研发。经多年的探索和试用，本人土法配制的有机物松类专用肥，可起到疏松土壤，防治土壤板结，增加透气性，从改善生态的角度为黑松提供较全面的营养元素及微量元素，既为树提供营养，又改善其生存环境，既养树又养菌，极大促进了黑松的快速生长和疤口愈合，提高了树格，值得进一步研究完善配方，大范围推广应用。

（一）几种粗干拿弯技术效果及利弊分析

在黑松桩培养和创作中，粗干做弯是常见的难点之一，在创作实践中，有以下几种常用的技术手段。一是破干掏去木质部做弯法。小林国雄先生在扬州做过示范表演。此法将树干木质部基本掏空，缠上麻线铝丝借助杠杆做弯。个人觉得破面太大，很难愈合伤口，且弯部容易形成疙瘩，将主干线条破坏影响树格，不适宜松树拿弯。二是电钻打眼做弯法，用电钻在需要做弯的部位以45° 角将木质打通做弯，此法优点是掏空木质后做弯容易，但很难掌握幅度，容易造成树干部分坏死，严重的造成植株死亡，有的弯曲部隆起疙瘩，影响树格。三是用麻绳缠紧树干绕上铝丝做保护，借助力点用杠杆原理，在不破干情况下顺势硬弯。此法优点是对树干线条破坏较小，弯曲自然，但需循序渐进，力度掌握不好容易造成失败。四是开槽做弯法。即在做弯的部位用钩刀及窄凿开槽，将木质掏出，槽的长度、宽度、深度根据做弯部位粗度确定，以做弯后槽能合拢为参考，干粗则槽适当宽些深些长些，干细则槽窄些浅些短些。较细干则用裁纸刀穿透即可（勿用破干钳破黑松干）。开好槽后，用棉布带顺向缠紧，上铝丝，用杠杆原理顺势做弯。此法做弯简单易行成功率很高，弯曲自然，伤口愈合好，

经过8年的养植，主干骨架完全贯通

值得推广。

（二）培养和创作相互联系，不可偏废

黑松桩创作全程实际上是培养—创作—再培养—再创作的多重循环。培养和创作相互联系，培养为创作服务，而创作依赖培养，故各个环节不可偏废，重养轻做，桩坯只能荒长，永不成材；而重做轻养同样不出作品，两者有机结合能很好解决一些难题，尤其是断头树的难题，使一些不可能成为盆景的桩变成优秀的盆景作品。山采黑松是我国盆景宝贵资源，资源数量相对较少（目前仅胶东半岛出产），经过多年的滥采乱挖，资源破坏极其严重，已近枯竭。而现存熟桩中，有的基础较好但过渡不好的截头桩遭到废弃或不重视，更有甚者，急功近利，将很细的枝条拧成狗尾巴弯硬拼成帽子戴在大截头上充当盆景，造成了资源的极大浪费。而定向培养却能解决这一难题，使之变废为宝，使黑松盆景资源得到合理的开发利用，对我国盆景的健康发展具有重要意义。

07 循环培养技法（以罗汉松为例）

罗汉松，别名土杉，属罗汉松科罗汉松属常绿针叶乔木，本属约130多种，我国约13种3个变种，分布于长江以南各地。其叶色翠绿，姿态优美，是制作盆景的上佳材料，深受我国尤其是南方盆景爱好者的喜爱。

由于罗汉松喜温暖湿润气候，耐寒性弱，在北方地区生长十分缓慢，探索罗汉松盆景快速培养法对罗汉松盆景的创作和推广具有积极的意义。对此，笔者以研制罗汉松特效肥为基础，从毛坯开始对罗汉松适应性、养植方法、快速增粗成形技术、创作技法以及艺术表现形式等进行了10多年的探索，积累了一套成功经验，概括总结为3个循环，现结合作品《展望》的成型过程将做法和体会总结如下，以期交流。

一、初期循环

从毛坯开始的基础性工作，其循环过程为：栽植—嫁接（品种改良）—放条—开坯（第一次创作）。

（一）栽植

罗汉松喜疏松土壤，栽植用土选用风化岩，透气、透水、利于用肥。有条件的最好地栽，没地栽条件的宜选用大点的盆器或连盆埋在风化岩土中，上面打围，便于强化培养。

（二）嫁接

罗汉松品种较多，有的品种不适合制作盆景，必须进行品种改良，而嫁接是改良的最佳手段。北方地区适宜嫁接雀舌、中叶等耐寒、适应性强、抗性强的品种，苏北地区嫁接季节为4~5月，一般采用皮下接的方法，接穗以有生长优势的半木质化旺条为佳，嫁接成活后生长旺盛，成形快。

（三）放条

嫁接成活后不动剪，任其旺长，经过1~2年放条直径可长到1~1.5cm即开始第一次创作。

（四）开坯

首先制作预想成型效果图，然后根据效果图截干蓄枝，对培养的枝条进行蟠扎，为中期循环做准备（图1）。其间于每年5月用多菌灵或甲基托布津加菊酯类杀虫剂混合使用预防叶斑病、红蜘蛛、介壳虫等病虫害。

二、养成期循环

此阶段耗时最长，是最关键环节，重点是培养骨架和过渡，其循环过程为：复壮植株—培养牺牲枝—二级枝调校—中期创作。

（一）复壮植株

根据罗汉松生物学特性，给罗汉松植株创造良好的营养环境和生态环境以促进其快速生长。经过多年试验，用猪粪、冷榨豆饼、脱脂骨粉再配以其他微量元素制作成罗汉松专用有机肥对罗汉松进行复壮养植，生长季节每2~3个月施肥一次(一般春夏秋各一次)，辅以大水，植株很快进入旺长期，进入旺长期的罗汉松枝条当年可长1m多长，每年增粗1~2cm。

（二）科学培养

选择芽头健壮饱满有明显生长优势的枝条作为牺牲枝培养枝，用竹竿等牵引高出其他枝条，形成顶端优势，让其“疯长”，提高光合量，为罗汉松过渡骨架快速培养创造条件，尽量缩短罗汉松盆景成形周期。

（三）二级枝调校

经2~3年的强化培育，一级过渡枝粗度达3~5cm后，适时进行二级枝调校等工作，内容包括一级过渡完成后及时切除一级牺牲枝，进行二级过渡枝调校造型，枝片预布局，剪除影响创作枝片的无用枝条，培养二级牺牲枝继续增粗培干。进一步雕刻截面疤口，有利疤口的愈合和线条的流畅。继续放养到骨架和过渡完成，进行中期创作。

（四）中期创作

切除牺牲枝，按照成形效果图对枝片进行蟠扎造型，进一步调整树势，为后期循环做准备（图2）。

三、成形期循环

此阶段为半成品向成品过渡阶段。其循环过程为：上盆—日常管理—成型创作等环节。

（一）上盆

于春季3~4月将罗汉松起出，整理根部进行上盆作业，初次上盆用盆大一些，进行过渡期养植。

（二）日常管理

入盆后的罗汉松转入常规日常管理，加强病虫害防治，北方地区空气干燥，每天晚上喷一次叶面水，养护一年后加施罗汉松专用肥对植株复壮，待服盆后进行成形创作（图3）。

（三）成型创作

罗汉松树形或挺拔伟岸，或奇形怪状，在艺术表现上以崇高美、古拙美、灵秀美等为宜。经过一段时间过渡养植和进一步完善创作，待作品成熟后即可换盆，完成作品的创作（图4）。

四、培养和创作体会

（一）更新传统观念

北方地区同样可以采取岭南的技法培养和创作罗汉松盆景。作为具有我国特色的优秀传统盆景树种，由于受地域和气候的影响，北方养护有一定的困难，普及和推广受到限制，因此北方地区探索出科学养植方法具有重要意义。罗汉松为菌根型植物——丛枝状真菌侵染植物根部所形成的菌根共生体，而丛枝状根菌属内生菌即进入根细胞内部生

图1　毛坯经开坯初创作后的桩相

图2　骨架过渡基本完成，经中期创作后的桩相

图 3　养成上盆后的桩相

图 4　初步成型后的作品，题名《展望》

长，因此适合其生长的有机肥对其共生体都有促进作用。在多年养植实践中，作者根据罗汉松的生物学特性研制的罗汉松专用肥其原料配方皆为有机质，虽然配方还有待进一步完善，但在罗汉松盆景的应用上已经取得了明显的效果，不管是地栽还是盆栽，只要用好肥用好水，管理措施科学合理，罗汉松在北方地区同样生长得很快很好。同样可以采取岭南的技法培养和创作罗汉松盆景。

（二）培养和创作的有机结合是快速培养和创作罗汉松盆景作品的有效途径

所谓的培养就是用科学的方法促进植株对营养元素的吸收和利用，提高光合量，促进其快速生长增粗，达到干枝自然过渡的目的。培养有两个关键环节，一是科学的配肥用肥以及日常管理。实践证明，春、夏、秋三个节点用肥合理，效果明显，植株生长健壮，基本上没有病害发生，生长速度比一般养植方式快3~5倍；二是在初期循环和养成期循环的过程中，创作的目的只是搭建盆景构成骨架而非成型作品的布局，所以素材的取舍、断面的雕刻处理、调校培养枝条的线条变化走向、培养树势等几个方面是创作的重点。尤其枝条的及时做弯调校尤为重要，可以起到事半功倍的效果。实际上在作品培养创作成型过程中，三个循环是紧密相连环环相扣的，培养和创作始终贯穿其中，是“培养—创作”“创作—再培养”“再培养—再创作”的多重循环，培养为创作服务，创作为培养指明方向，培养是手段，创作是目的，培养和创作相互联系，相互作用，缺一不可。

（三）转变重做轻养的思想

坚持养创结合，是我国盆景合理利用资源，坚持可持续发展的必由之路。养好和管理好盆景是盆景艺术的基础，而缺乏这一基础，盆景艺术将成为无本之木、无源之水。罗汉松包括其他桩坯的培养和盆景的创作是个系统工程，时间漫长，不仅需要科学的养植技术而且还需要盆景艺术理论的指导，同时还得耐得住时间考验。由于多种原因，重做轻养的现象很普遍，有的甚至违背植物的生长规律及艺术表现规律，不分树种均以“舍利”等表现手法达到“过渡”目的，造成素材的浪费。为此呼吁从业者抛弃急于求成、急功近利的思想，沉下心来，向日本等国家先进的养植和管理经验学习，从基础做起，加强新技术、新理论在养植和管理上应用，为我国盆景艺术可持续发展做出贡献。

08 松树短针法及管理

松树主干苍老刚劲，针叶苍翠，是目前最受欢迎的盆景树种之一。然而，由于自然生长的松树松针较长，有的部分松针甚至下垂无力，影响观赏价值，因此，成形的松树需要采用短针法进行短针管理，以提高其观赏价值。

所谓的短针法就是在其生长旺盛的季节，对其切芽处理，以促使植株二次发芽（实际上是植物的修复作用），由于切芽后树势得到一定削弱，再加之生长时间较短，生长期适当控水控肥，形成的松针较粗短，呈簇状向上，苍劲有力，呈现勃勃生机，由此大大提高其观赏价值，使松树焕发更加迷人的艺术魅力。

短针法从技术层面看，没有多少技术含量，但真正做好也不是一件容易的事，操作不当轻者造成短针失败，重者造成失片甚至整个植株死亡，因此，必须按照作业程序细心操作。短针法包括短针之前准备作业、短针作业、短针后的管理、抹芽以及摘除老叶5个阶段。

一、短针之前的准备作业

1月，开始疏叶作业，松树每个片层都有强、中、弱三种芽，需区别对待。强势芽可留2~3对叶（环状留叶），中势芽留4~5对叶，弱势芽留6~7对叶，最弱芽必须保留全部叶。

4月，松树笔芯开始萌发伸长，此时需实施摘芽作业以均衡树势，具体要将强势芽摘至与中势芽平齐位置，如果植株过于旺盛，芽头很多，可以将强势芽彻底摘除，保留生长较均匀的中势芽。以均衡长势。

二、7月中旬左右开始实施短针作业

具体操作就是将过长枝条剪去，留下几组叶（环状留叶），最安全的做法就是将松树分为三等份，由下而上每隔一周分阶段实施。在具体作业中，还要把握先后顺序，弱芽先剪，隔一周再剪中势芽，再隔一周剪强势芽。短针实施时退肥，否则新针叶还会徒长，影响短针效果。

三、短针作业后的日常管理

短针作业后的日常管理有别于常规管理，关键注意如下事项：一是控水控肥。在切芽后的一周内勿喷叶面水，保持针叶干燥可以降低细菌感染。此外，大部分针叶被切除后，植株的吸水能力下降，应减少供水量，并见干见湿，否则容易造成针叶徒长，如果浇水量过大也容易造成针叶黄化，严重的造成闷根、烂根甚至植株死亡。短针期间禁止施用氮肥，可以施用少量磷钾肥，植株生长很旺盛的无需施肥，这样可以促成针叶又短又粗壮，确保短针效果。二是雨季保证盆土排水通畅，必要时适当遮挡防止雨水长期浸泡。根部长期浸泡在高温高湿的环境中松树特别容易烂根，应细心管理。三是加强病虫害防治。在短针作业之前的5月重点防治一次介壳虫和红蜘蛛（针叶、树干老皮等地方进行全面防治），短针作业后用甲氰菊酯、多菌灵合剂防治松梢螟、红蜘蛛等虫害以及细菌性疾病。

四、抹芽

大约半个多月后，被剪除的伤口处会被逼出新芽点（从预留的松针根部萌发），2~3个月后，（具体需要细心观察切芽后新芽的生长情况）待芽长到

约1cm长的时候，即可开始选芽。切点一般留2~3个芽即可。选芽要坚持如下几个原则：一是去两头留中间，即去除强势芽、弱势芽留中势芽；二是留生长方向较好的平长芽，去除向下、向上、腋窝生长的不协调的芽；三是保留的芽要均匀分布在切点枝条上，不要形成堆积芽。

五、摘除老叶

这是短针法最后一个环节。新叶历经4、5个月生长，至11月、12月，针叶基本长成，此时，应拔除老针。这个环节需要注意的是，摘除老叶不能操之过急，不能过早摘除，必须等到新叶长成后。至此经过短针作业后的松树针叶短粗有力，针叶整齐，叶色翠绿，进入最佳观赏期。

此外，短针作业还需特别注意如下事项：

①短针作业期间忌拿弯、扎片等造型作业；

②短针作业过早，如5~6月进行，之后还是生长的旺盛期，造成无用功；

③长期没换盆，根部在盆中已经盘实，排水能力减弱，或者植株开始弱化的老盆口松树忌短针作业；

④切芽作业后的松树忌换盆作业。切芽后松树光合作用能力大大下降，树势削弱，此时换盆作业无异于雪上加霜，轻者影响新芽萌发，重者造成失片甚至植株死亡。

⑤如盆松生长不旺盛，切牙前需加施有机肥将盆松催旺后再进行切牙作业。

09 个性化黑松盆景初创作

——黑松盆景线条美、空间美及其组合美探索尝试

线条与空间是盆景艺术结构要素及艺术表现载体，展现盆景线条之美、空间之美，以线条及空间的形象符号表现创作者的思想情感是盆景艺术创作的首要任务。本件初作即是对黑松盆景线条美、空间美及其组合美表现形式一种探索尝试。

本创作素材系山采，地栽3年后上盆培养3年。

图 1　拟选作品正面

图 2　拟选作品背面

图 3　左侧面

图 4　右侧面

图 5　枝位分布情况

图 6　去除背上枝

图 7　去除遮挡线条切干枝以及忌枝，并雕刻

图 8　整理好的素材背面

图 9　上丝蟠扎

图 10　调整空间布局

图 11　完成作品正面

图 12　完成作品背面

图 13　完成作品左侧面

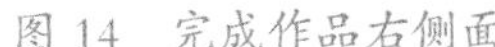

图 14　完成作品右侧面

图 15　微调以后的正面

根据素材特点，上盆时已做了初步调相处理。仔细审视，此素材主干刚柔相济，过渡较自然，有较强的节奏韵律及动感，枝条分布均在高位，属高位出枝，枝条较多但凌乱，且同一平面上出枝较多，经过剪裁创作后应有较大的提升空间。

经分析素材优缺点之后，即对作品立意创作。经过反复推敲构思，确立“打破常规，以形写神，突出作品个性化，用自然生命的形象符号，传达哲理精神”的创作思路。

第一，提炼概括线条美，突出线条刚柔的节奏韵律变化，营造气势。

第二，空间随线条布局，线条运动趋势向左，故取左势，空间布局相应随线条走势向左位移，枝片布局在主线条下方，突出层次的节奏感，中间大面积留白，后位枝增加深度，以表现空间的幽深。作品实体空间悬于盆外，融入广袤无际的宇宙，使作品置身于无边的虚白中，空中荡漾着视之不见、听之不闻、搏之不得的“道”。

第三，右面根盘粗壮有力，去除浮根，借助理根技术增强根部力量感，以平衡左倾的树势，使整个作品在动感中达成平衡。作品配异形石头盆(待长势恢复后换盆并做细部微调)，题名《悟道》。表现自信挥洒，淡定自在，抛开一切诱惑，与世无争，独悟自然生命本真的精神境界（图1~图16)。

黑松俗称男人松，其主干刚劲有力，其肌理富含张力、韵律，其叶苍翠欲滴，是最具线条及空间表现力的优秀盆景树种之一，有独特的创作欣赏魅力。中国传统文化里，松有崇高的地位和很深的文化内涵，在古代被视为仙物，时常以鹤为伍，寓意松鹤延年；《荀子·大略》则有“岁不寒，无以知松柏。事不难，无以知君子。”将松柏与君子并列；秦始皇甚至把松人性化，封泰山一棵松为五大夫松，为大夫之尊。古今文人墨客更是对松有特殊的偏爱，他们歌以赞松，诗以咏松，文以记松，画以绘松。人们对松的喜爱不仅因为其形态的优美，更重要的是其高洁、坚贞以及顽强不衰的高贵品质，这些高贵的品质都是人类追求的最高精神境界，往往作为抒情言志的载体，因此挖掘这些松的文化审美内涵并融入盆景作品创作中，将形式美和艺术美有机结合起来，是创作富含意境的黑松盆景佳作的必由之路。

图 16　还原的原桩角度

赏析

作者部分作品

《山林舞曲》作品赏析

每一件深含意境的盆景艺术作品都是创作者借助一定的表现手法寓情于景以抒发自己思想感情的产物。该作为一本多干大型盆景，系海岛罗汉松嫁接小叶罗汉松品种，盆龄20多年，先后历经2次改作。从整体上看，作品轮廓呈不等边三角形，主干大致位于左侧黄金分割点，为整个作品的视角主中心；右前方的两个较粗副干组合成一组，为视角次中心；其他4个体量较小的干分布于作品左右侧后方，起均衡、贯穿以及增加深度作用，整个作品左高右低，高低起伏多变，跳动感较强，尽显山林的自然之美。从作品细部看，每个干都独立成景，形态各异，有曲干大树型、曲干临水型、卧干悬崖型等。具有多样性的七株树通过有机地过渡、穿插、衔接形成了和谐的整体，整个作品磅礴大气，虽由人作，宛若天成，自然气息浓厚，富含“中和之美”。多干盆景创作难点不仅在处理好各干之间的争让、顾盼、疏密、高低、对比、对立统一关系，更重要的还要处理好空间关系，而且这个空间关系不是简单的虚实对比，而是以体现“道”的美学思想为基础的节奏化、流动化为标准，以线条的节奏韵律和流动的节奏化空间的有机结合，表现作品的灵动、悠远的深度以及幽深的意境。细观此作，以主干左后侧一株体量较小的临水型小树（作为远景），与主树形成强烈的对比，且主树左侧大量留白，极大渲染了大自然的苍茫幽深感；主树右侧，也以表现深度为主旨，前面枝片简洁处理，后面枝条适当厚重，片层灵动穿插，富有野趣。一片山林尽现眼前，使人身临其境，与大自然融为一体。每一件有艺术感染力的盆景艺术作品，无不以借景抒情为表现手法，来表达个人思想感情及个人意趣。该作采用以形入神的表现手法，以形的塑造为载体，以人的主观精神创造为主体，突出线条的节奏韵律以及空间的节奏化流动，以营造具有生命意味的“生气”以及生命有机结构显示出来的风韵与节律。细品此作，组成山林的每株树，都以“舞”的韵律来塑造，动感强烈，而整个作品高低起伏蕴涵音符的跳动，使人联想大自然的狂欢舞曲，在欣赏盆景的同时人的心灵也得到洗礼。

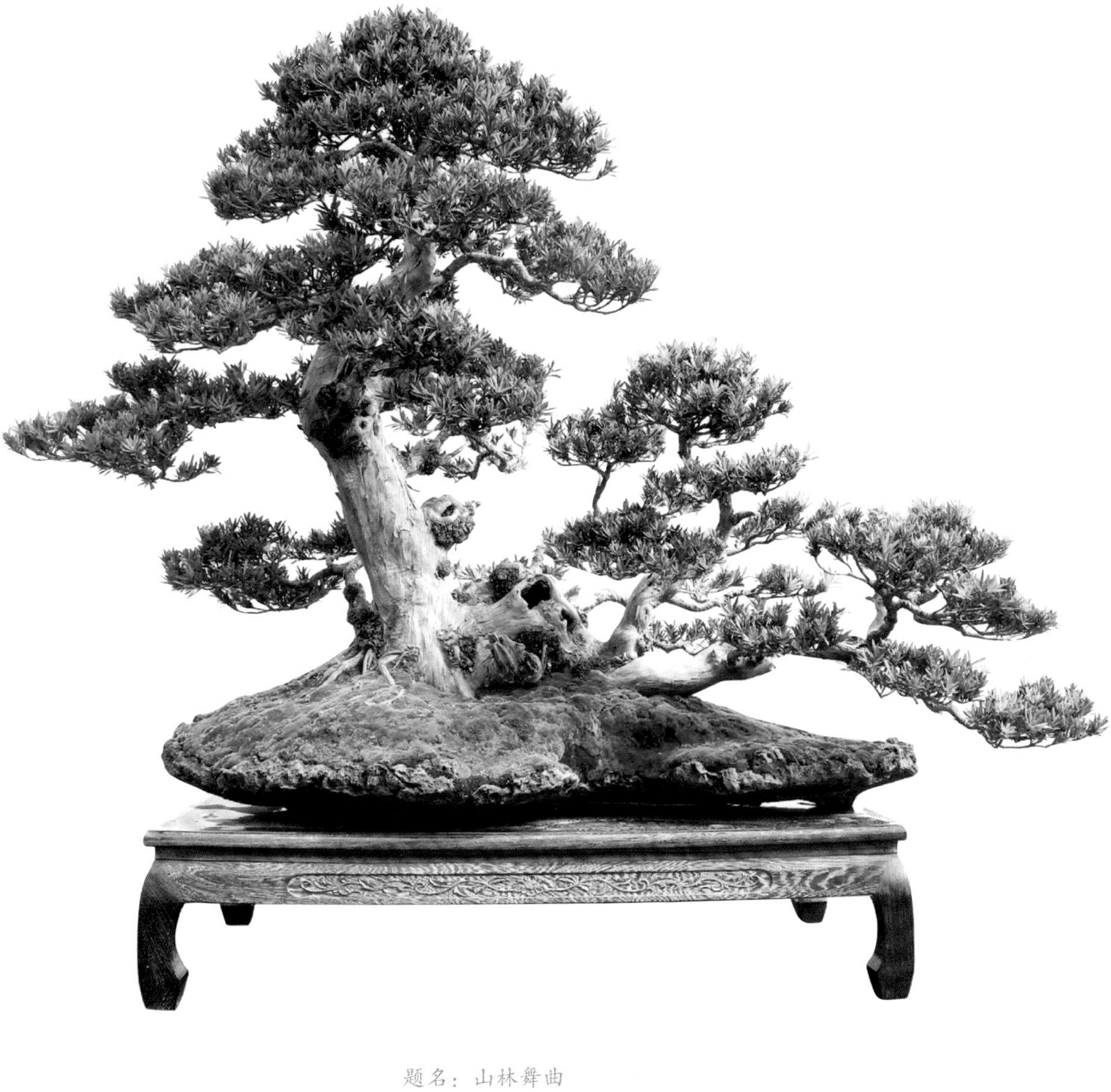

题名：山林舞曲
树种：雀舌罗汉松
规格：高 109cm，宽 158cm
作者：薛以平

《米芾书意》作品赏析

米芾为北宋书法家、画家、书画理论家，与蔡襄、苏轼、黄庭坚合称“宋四大家”。传说其个性怪异，举止癫狂，遇石称“兄”，膜拜不已，因而人称“米颠”。

米芾在书法上造诣颇深，初期受唐人欧阳询、颜真卿、柳公权等影响较大，后转师晋人王羲之、王献之，从此崇晋轻唐，连其书斋也取名为“宝晋斋”，可见其对晋书的膜拜程度。其成就主要归功于勤学苦练，从艺期间临摹了大量魏晋的书法，终得晋人二王笔意。

此扁柏作品讲述的是米芾对书法艺术的膜拜故事。该作取侧倾的右势，和米芾的草书（侧倾的体势）风格不谋而合；舍利与水线节奏明快，和谐统一，线条有“颜筋柳骨”的气韵，似米芾狂草，潇洒奔放，迅疾而刚健，富含“狂”“颠”的意味；作品底部似单膝下跪，主飘似谦谦君子求教，有表现米芾虚心求教、顶礼膜拜晋书的蕴意。

该作美中不足的是扁柏叶性较差，顶部枝片构图也不尽合理，没有有效表现柏树的韵味，相信在进一步改作上半部分构图基础上再嫁接真柏改造叶性，作品将更加完美。

题名：米芾书意
树种：侧柏
规格：高 120cm
作者：薛以平

题名：秋上枝头
树种：木瓜
规格：高 118cm，宽 130cm
作者：薛以平

题名：魏晋风度
树种：小叶罗汉松
规格：高 120cm，宽 125cm
作者：薛以平

题名：高洁图
树种：黑松
作者：薛以平

题名：静静的树林
树种：米叶罗汉松
作者：薛以平

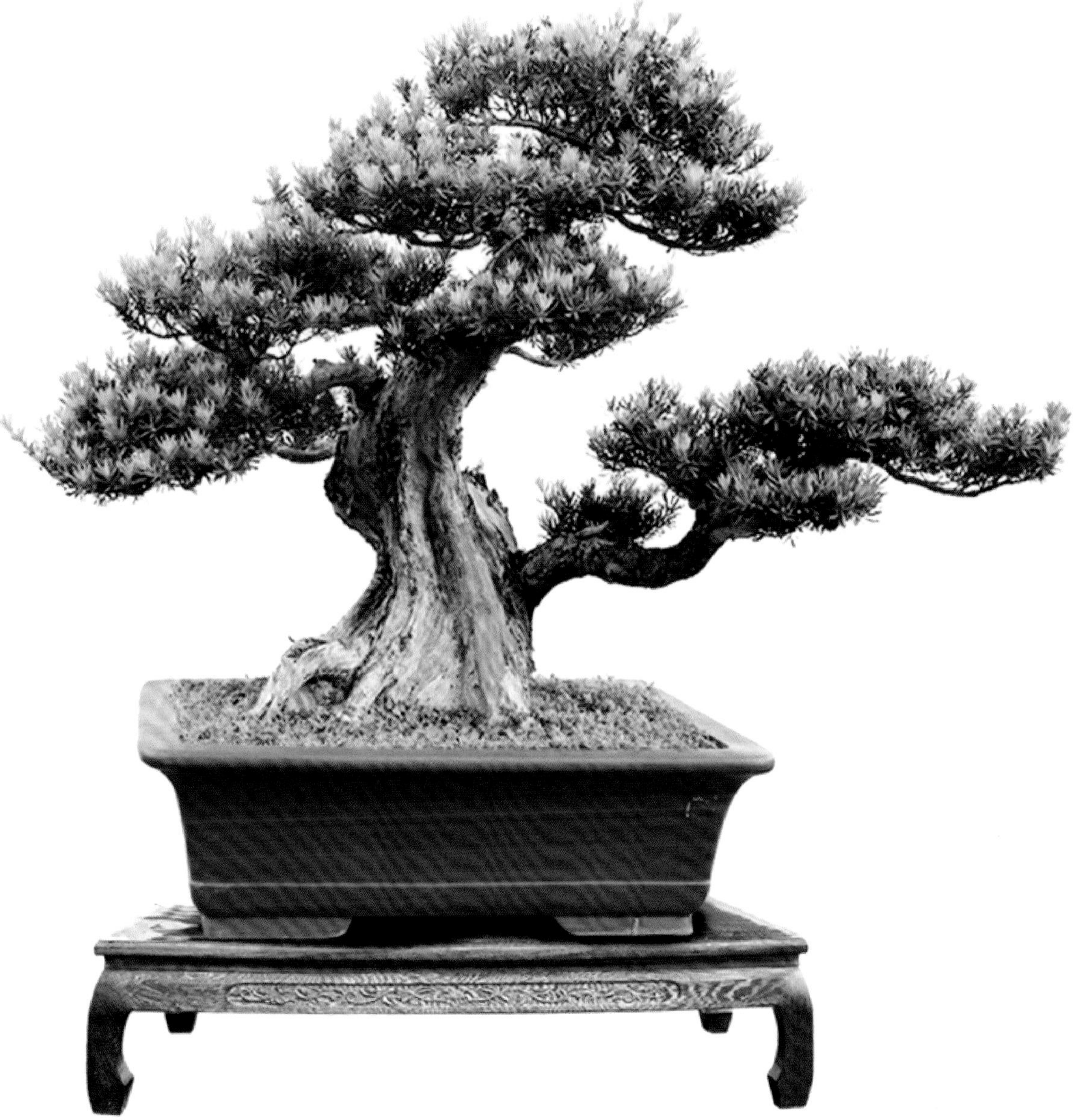

题名：展望
树种：雀舌罗汉松
规格：高 115cm，宽 140cm
作者：薛以平

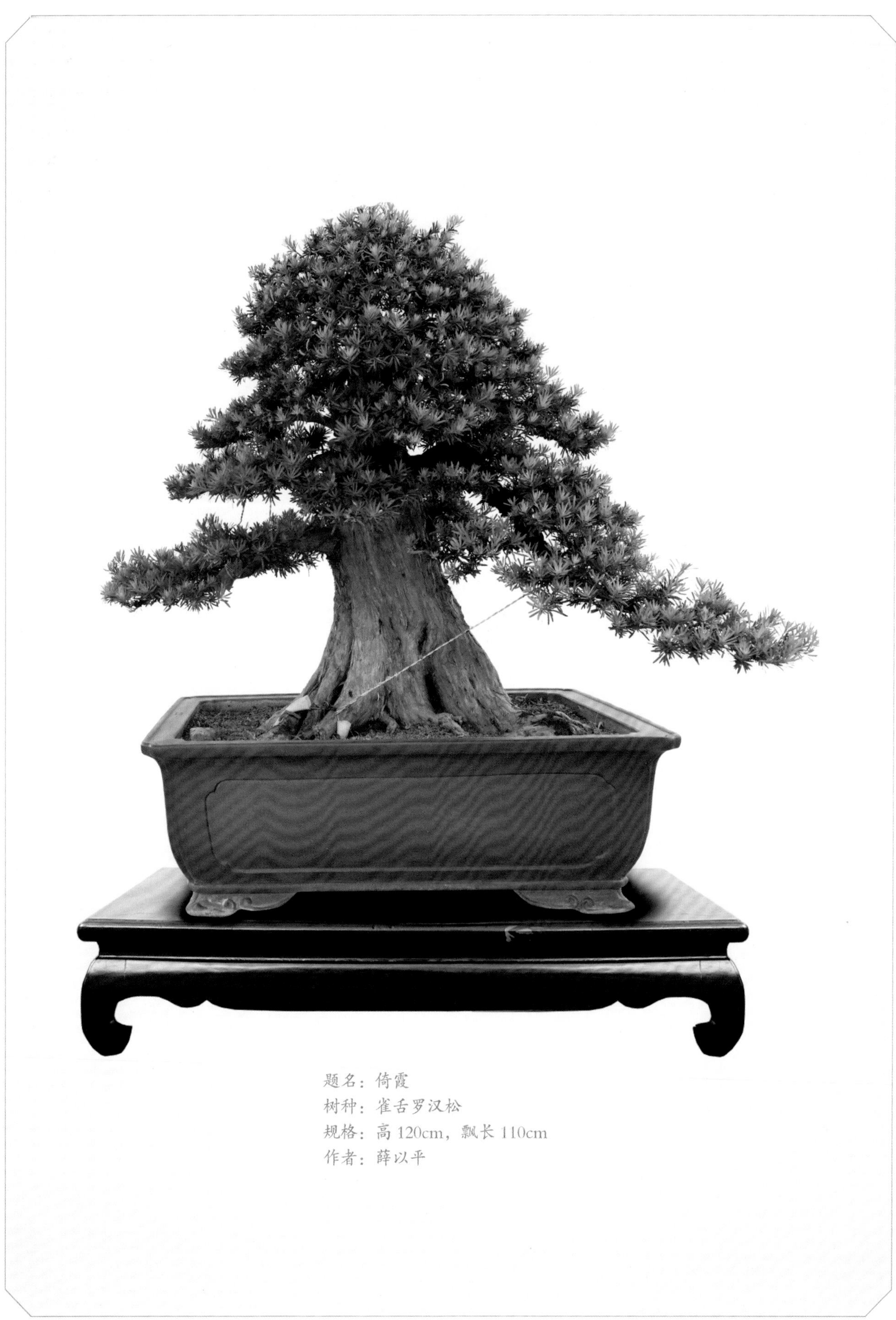

题名：倚霞
树种：雀舌罗汉松
规格：高 120cm，飘长 110cm
作者：薛以平

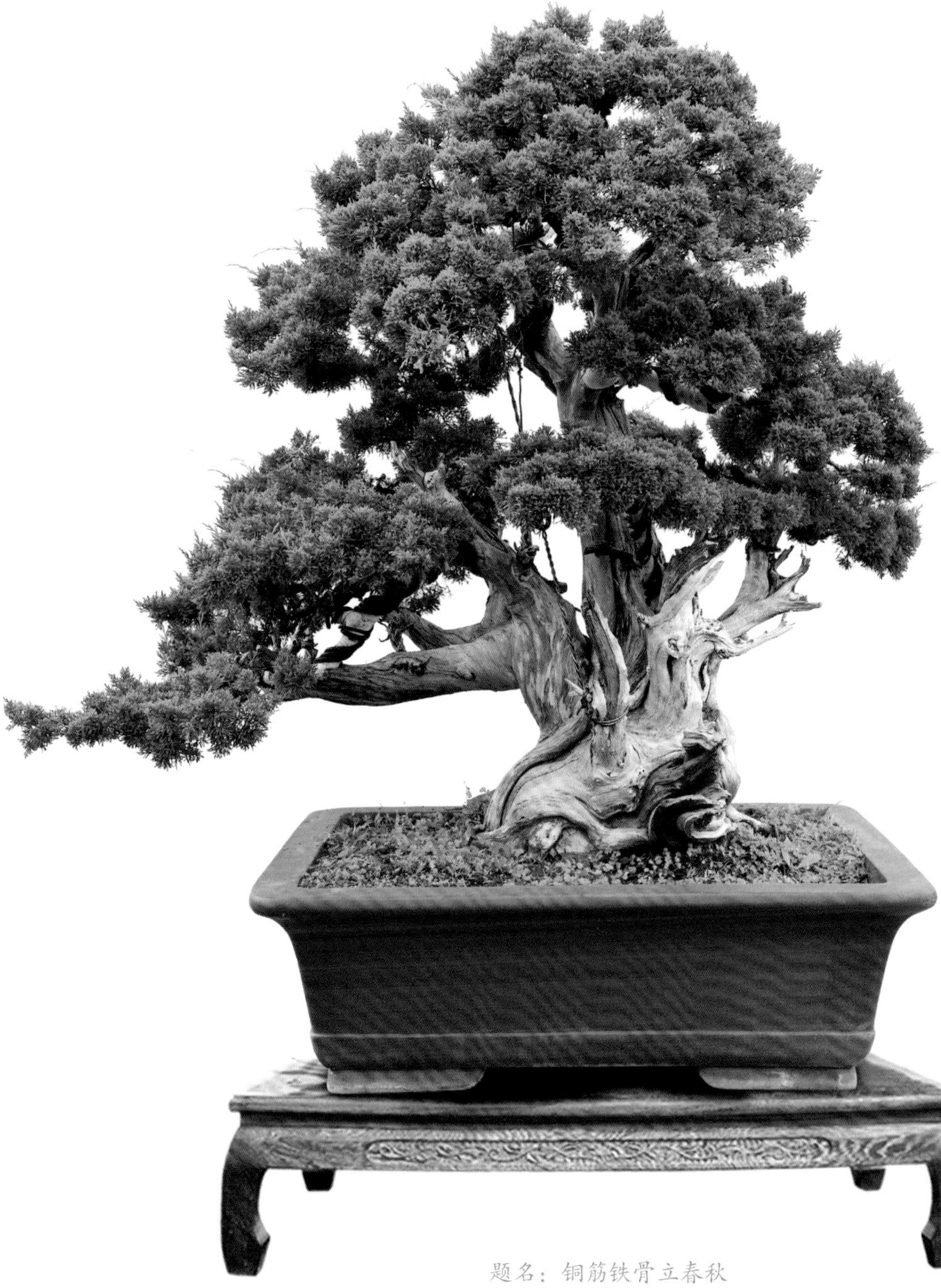

题名：铜筋铁骨立春秋
树种：真柏
作者：薛以平

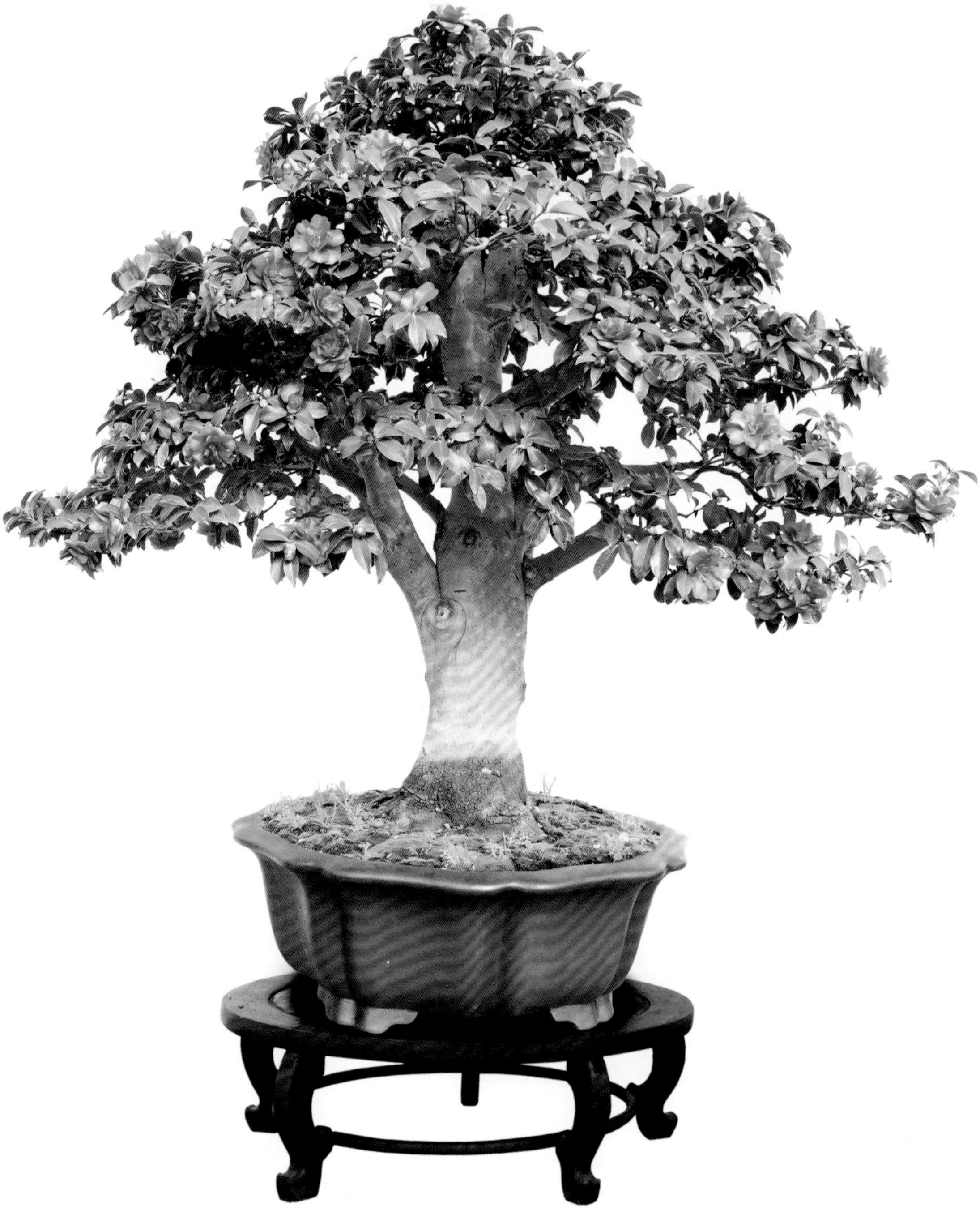

题名：巾帼丈夫
树种：茶梅
规格：高 115cm，宽 130cm
作者：薛以平

题名：归隐
树种：大阪松
规格：高 120cm，宽 130cm
作者：薛以平

题名：古木烟霞
树种：小叶罗汉松
规格：高 120cm，宽 128cm
作者：薛以平

题名：化蝶
树种：地柏
规格：高 110cm
作者：薛以平

题名：爱洒人间
树种：小叶罗汉松
规格：高 110cm，宽 120cm
作者：薛以平

题名：屹立
树种：黑松
作者：薛以平

题名：悠然
树种：济州真柏
规格：高 120cm，飘长 60cm
作者：薛以平

题名：竹林七贤
树种：鸡爪槭
规格：高 128cm，宽 60cm
作者：薛以平

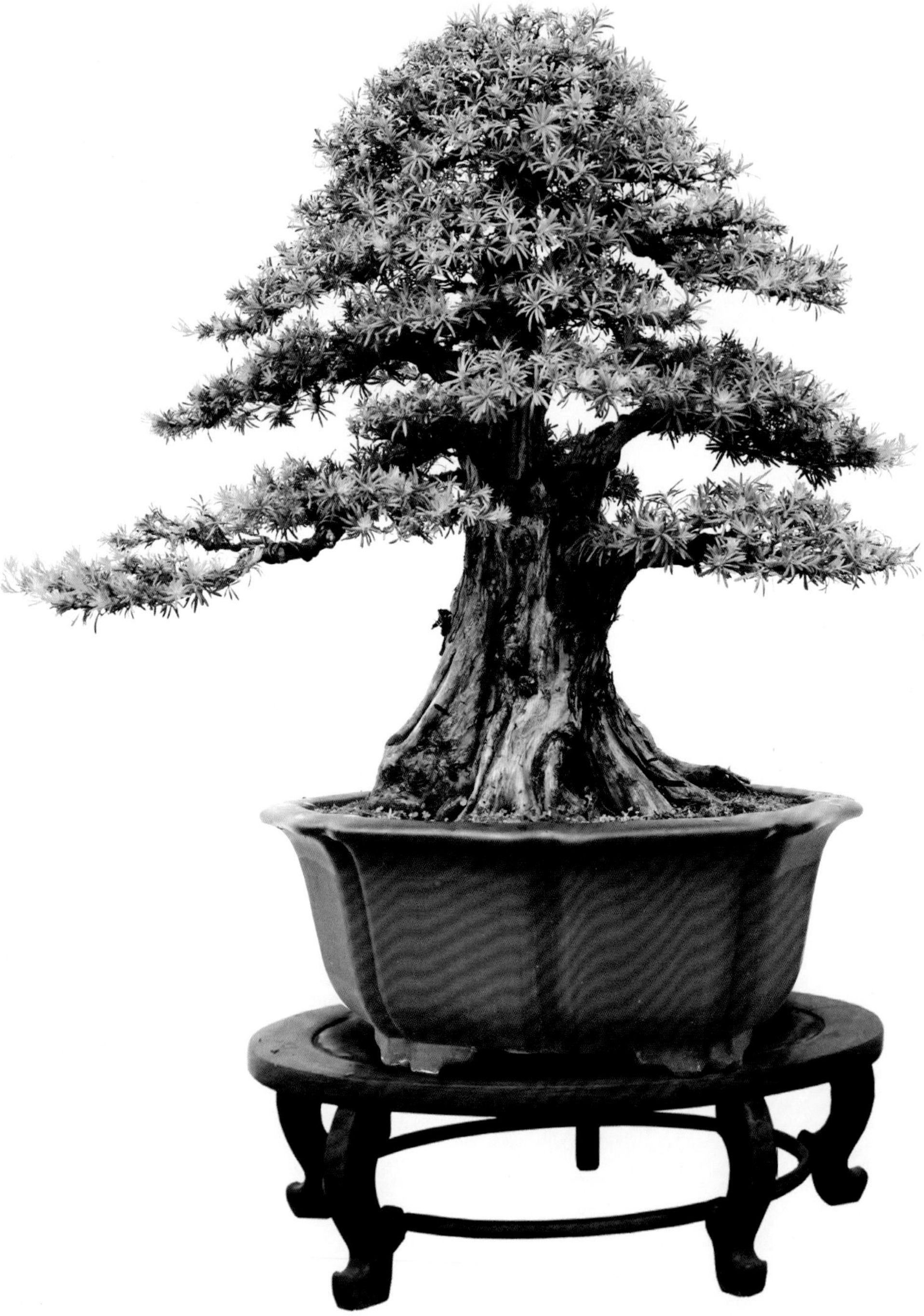

题名：叠翠
树种：雀舌罗汉松
规格：高116cm，宽130cm
作者：薛以平

美学理论指导下培养的具有潜在艺术价值的部分盆景素材展示

主要参考文献

陈传席，2009.中国绘画美学史[M].北京：人民美术出版社.

陈伟南，刘萍著，2000.线的艺术[M].上海：上海人民美术出版社.

傅松雪，2008.禅宗“空寂之美”的时间性阐释[J]. 思想战线，34（5）：76-80.

康定斯基，2003.康定斯基论点线面[M]. 罗世平，译.北京：中国人民大学出版社.

克莱夫·贝尔，2015.艺术[M].马钟元，周金环，译.北京：中国文联出版社.

李树华，2019.中国盆景文化史[M].2版.北京：中国林业出版社.

李泽厚，1981.美的历程[M].北京：三联书店出版社.

铃木大拙，2017.开悟之旅[M].徐进夫，译.海口：海南出版社.

铃木大拙，2017.自性自见[M]. 徐进夫，译.海口：海南出版社.

刘桂荣，2020.宋代禅宗美学与禅画艺术研究[M].北京：人民出版社.

南怀瑾，1973.禅与道概论[M].8版.台北：老古文化事业公司.

皮朝纲，1994.禅宗美学史稿[M].成都：电子科技大学出版社.

饶尚宽，2006.老子[M].北京：中华书局.

汪传龙，赵庆泉，2014.赵庆泉盆景艺术[M].修订版.合肥：安徽科学技术出版社.

王海鸥，梁友，2013.儒家美学思想之于当代中国绘画的价值[J].大舞台（2）：120-121.

王志彬，文心雕龙[M].北京：中华书局.

韦金笙，1998.中国盆景艺术大观[M].上海：上海科学技术出版社.

吴传富，2019.庄子[M].北京：北京时代华文书局.

谢军，2012.论中国画论的形神观[J]. 黑河学刊（6）：29-30.

徐复观，2019.中国艺术精神[M].沈阳：辽宁人民出版社.

许共城，1995.论儒家美学思想的特征和演变[J]. 厦门大学学报（3）:33-38.

杨成寅，2008.艺术美学[M]. 上海：学林出版社.

杨成寅，成立，黄岳杰，2018.中华美学命题概论[M]. 上海：上海三联书店.

叶朗，2009.美学原理[M].北京：北京大学出版社.

曾佳，2005.禅宗顿悟与艺术思维的异质同构关系[J]. 艺术百家（2）：62-66.

张建华，2004.禅宗与艺术[J].西安政治学院学报（4）：84-86.

张节末，2006.禅宗美学[M]. 北京：北京大学出版社.

朱光潜，2017.谈美[M]. 杭州：浙江文艺出版社.

宗白华，2005.美学散步[M]. 上海：上海人民出版社.

致谢

历时多年，《盆景美学与创作技法》终于封笔。虽然成书，却未感轻松，相反心情却愈加忐忑，毕竟中国传统文化博大精深，依本人能力和美学理论水平是很难达到一定深度和广度的。好在我是第一个壮着胆吃螃蟹的人，希望拙作能够起到抛砖引玉的作用，让更多的盆景艺人能够重视并一起探讨盆景美学，共同创造具有民族特色的盆景文化。

本书编写过程中，得到了众多盆景艺术家、美学家、盆景界友人的热心帮助。中国盆景艺术大师赵庆泉先生、魏积泉先生、刘传刚先生、张志刚先生以及《花木盆景》杂志社副主编刘启华先生、中国林业出版社张华女士等，对本书都曾提出了宝贵意见和建议，为本书的撰写指明了方向。

更让我感动的是，盆景界德高望重的老前辈郑永泰先生，著名园林与文化研究专家、清华大学教授李树华先生，占用春节休息时间为本书审稿并作序。刘传刚大师为本书题写书名，对本人给予了极大的鼓励。

盆景美学植根于中国传统美学的理论基础之上，盆景美学和中国诗词、绘画、书法等姊妹艺术美学，在理论上是相通的。因此，盆景美学在立论上也借鉴了其他姊妹艺术的美学立论。同时在本书的撰写上也参考引用了一些美学家的新的研究成果。如美学研究所所长皮朝纲教授在其编写的《禅宗美学史稿》中提出的“以悟为则的审美认识”“般若观照与审美体验”等美学命题；张节末教授在其编写的《禅宗美学》中提出的“禅宗自然心相化”等美学命题；美学家杨成寅先生等编写的《中华美学命题概论》中提出的“妙造自然”等美学命题……在盆景美学命题的阐发上也借鉴了美学家的独特观点，如傅雪松研究员对“禅宗空寂之美的时间性阐释”，北京大学哲学社会科学资深教授叶朗先生在其编写的《美学原理》中对自然美和艺术美的深度认识理解，著名美学家李泽厚先生对中国文艺中儒道禅的融合及回归的阐述等等，所有这些，对本书的编写都有重要的启发意义。

此外，众多的盆景艺术家、友人为本书提供了大量的精美的盆景作品图片，为本书增光添彩。

在此，作者谨对以上所有支持和帮助致以深深的谢意！

薛以平

2022年2月于连云港